由 中国科学院植物研究所系统与进化植物学国家重点实验室 福建梅花山国家级自然保护区管理局 共同资助出版

福建梅花山国家级自然保护区
苔藓植物多样性

Bryophyte Diversity in Mt. Meihua National Nature Reserve, Fujian

贾 渝 吴锦平◎主 编
何 强 于宁宁◎副主编

中国林业出版社
China Forestry Publishing House

图书在版编目（CIP）数据

福建梅花山国家级自然保护区苔藓植物多样性 / 贾渝，吴锦平主编．— 北京：中国林业出版社，2021.11

ISBN 978-7-5219-1377-4

Ⅰ．①福… Ⅱ．①贾… ②吴… Ⅲ．①自然保护区—苔藓植物—生物多样性—研究—福建 Ⅳ．① Q949.35

中国版本图书馆 CIP 数据核字 (2021) 第 198099 号

福建梅花山国家级自然保护区苔藓植物多样性

Bryophyte Diversity in Mt. Meihua National Nature Reserve, Fujian

责任编辑： 于界芬　于晓文

出版发行： 中国林业出版社有限公司
（100009　北京西城区德内大街刘海胡同 7 号）
网　　站： http://www.forestry.gov.cn/lycb.html
印　　刷： 北京博海升彩色印刷有限公司
电　　话： (010) 83143542　83143549
版　　次： 2021 年 11 月第 1 版
印　　次： 2021 年 11 月第 1 次
开　　本： 787mm × 1092mm　1/16
印　　张： 17
字　　数： 357 千字
定　　价： 288.00 元

《福建梅花山国家级自然保护区苔藓植物多样性》

编写组

主　　编　贾　渝　吴锦平

副 主 编　何　强　于宁宁

编写人员　贾　渝　吴锦平　何　强　于宁宁　王庆华
俞文杰　罗康鹏　韩　威　王钧杰

前言

F O R E W O R D

苔藓植物（藓类植物门、苔类植物门、角苔植物门）是最原始的高等植物类群，其种类数量仅次于被子植物，广泛分布于世界各地。全世界有 20000 ～ 25000 种。苔藓植物是植物界从水生栖息向陆地生长的过渡类群，是研究陆地植物起源和演化的重要类群。苔藓植物体形通常 1 ～ 5 厘米，喜欢生长于阴湿的环境中，在森林生态系统中有着重要的生态价值。它们是森林中重要的地被植物，在森林蓄存水分过程中发挥着重要的作用。同时，它们对于环境的变化较为敏感，尤其是对于水分的变化极其敏感，是一种非常好的环境指示植物。对于长期监测当地生态环境和维持生物多样性都是至关重要的。长期以来，由于各种原因对于苔藓植物多样性的认识和重视程度远不及维管植物。这一方面可能是源于苔藓植物缺乏直接的利用价值；另一方面也是由于对于苔藓植物的多样性研究薄弱而造成。在过去长期的地区或保护区调查中大多缺少有关苔藓植物多样性的资料和数据。这对于我们全面认识某一地区或者某一保护区的高等植物是一个不小的缺陷。

福建梅花山国家级自然保护区地处武夷山脉南段东南坡与戴云山之间的玳瑁山主体部分，上杭、连城、新罗三县（区）的毗连地带。保护区地貌特征以中山地貌为主体，地势中部高、四周低，西部高，东部低，山地面积占 96.3%，少部为丘陵与盆地。保护区内海拔 1000 米以上的山峰有 70 余座，最高峰石门山海拔 1811 米。地质岩层以侵入岩花岗岩为主；气候呈中亚热带向南亚热带的过渡地带特征，年平均气温为 13 ～ 18℃，无霜期长达 280 天；年降水量为 2000 毫米，降水期长，降水量大，是福建省暴雨中心地带之一。由于梅花山自然保护区所处的地理位置和地貌特征独特，区内自然资源呈现出明显的生物多样性和自然景观多样性。

福建梅花山自然保护区此前专门作过维管植物调查和研究，但是苔藓植物的调查和研究一直是空白。为了更好认识保护区内植物多样性及其珍稀濒危特有物种的状况，保护区管理局委托中国科学院植物所系统与进化植物学国家重点实验室苔藓课题组对保护区的苔藓植物多样性进行专项的野外调查、标本采集和多样性研究，为保护区未来的生态环境监测和生物多样性监测及保护提供基础的资料和数据。在梅花山国家级保护区管理局大力支持和共同努力之下，于 2017 年和 2018 年先后四次在该保护区辖区范围进行苔藓植物专项采集。野外考察期间采集的苔藓植物标本约 2600 号，拍摄野外照片约 4000 张。这四次采集的地点基本覆盖了整个保护区，因此本次调查的结果基本可以反映本地区苔藓植物多样性的实际状况。经过室内标本鉴定，目前保护区辖区范围内有苔藓植物 78 科 197 属 408 种 8 亚种 6 变种，其中苔类植物：31 科 54 属 156 种 7 亚种 2 变种；藓类植物：43 科 139 属 246 种 1 亚种 4 变种；角苔植物：4 科 4 属 6 种。从区系成分来看，热带亚洲类型占 27%，东亚分布类型占 26.2%，温带分布类型占 19.1%，中国特有分布类型较少，只有 3%。总体来看，热带成分最多，占到 45.1%，其次为东亚成为 26.2%，温带成分为 19.1%。

在本次调查中，有 3 种苔藓植物是首次在中国发现：光萼苔科光萼苔属的粗齿光萼苔羽枝亚种 *Porella campylophylla*（Lehm. & Lindenb.）Trevis. subsp. *tosana*（Steph.）Hatt.，耳叶苔科耳叶苔属的欧耳叶苔圆叶变种 *Frullania tamarisci* var. *balansae*（Steph.）Hatt.，毛耳苔科毛耳苔属的北美毛耳苔 *Jubula pennsylvanica*（Steph.）Evs.。福建新分布种 70 种，新分布亚种 1 种。

保护区的面积大，地形复杂，生物多样性丰富，加之苔藓植物体形细小，能够生长在各种基质和小环境中，而且不同种类产生孢子体的时间存在差异，因此距离完全了解保护区的苔藓植物多样性状况仍然存在一定的差距。在本次调查中难免还存在一些遗漏和不足，尤其是由于时间和经费的原因无法做到同一采集地点在不同季节都有标本采集记录。希望在将来的调查中能继续完成少数空白点的采集，同时，对尚未完成鉴定的标本继续研究，并且增加不同时间和季节的采集以加深我们对保护区苔藓植物多样性的认识。在此需要指出的是，虽然课题组各考察人员也尽了最大的努力完成此项工作，但由于水平和能力有限，难免存在一些不足、遗漏之处，恳望予以批评指正。

本书编委会

2021 年 8 月

目 录

contents

第四章 苔藓植物新记录种

第五章 苔藓植物种类及分布

01

第一章 保护区自然概况

一、基本自然概况

福建梅花山国家级自然保护区地处福建西南部（图 1-1），是武夷山脉南段东南坡与戴云山脉之间的玳瑁山主体，为新罗、连城、上杭三县（区）的交界地带，地理位置为北纬 25° 15′ 14″～25° 35′ 44″，东经 116° 45′ 25″～116° 57′ 33″。该地区在民间俗称“梅花十八洞”。保护区东西宽 20 公里，南北长 19 公里，总面积 22168.5 公顷。保护区内有 7000 余公顷被划为保护区的核心保护区域，那里人迹罕至，物种荟萃，至今保持较完整的亚热带原始森林特征。

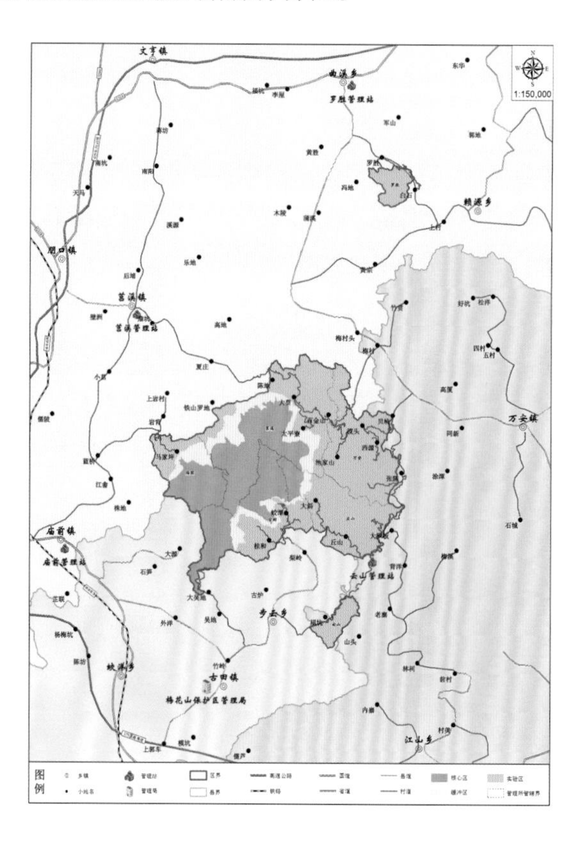

图 1-1　福建梅花山自然保护区区域

保护区内平均海拔 900 米以上，境内有千米以上山峰 70 余座，主峰石门山海拔 1811 米，为福建西南部第一高峰。岩石复杂多样（花岗岩、砂页岩、火山岩等），发育四列西北－东南相互平行的山岭。在山岭之间发育有断裂谷地和断陷盆地，是九龙江、汀江、闽江的上游水系组成部分，为闽江、汀江、九龙江的分水岭，俗称“水流三江地”。由于复杂的地质构造和流水切割的影响，加之茂密的森林覆盖，被认为是福建西部地区的“天然空调”和“生物基因库”。

保护区地处中亚热带南缘，离海洋较近，常受到东南海洋暖湿气流影响，加上西北武夷山脉和东南戴云山脉作天然屏障，对寒流南下和海洋暖湿气流入侵起阻挡和截留作用，形成冬暖夏凉，气温、湿度较为稳定的特点。保护区年均气温 13 ～ 18℃，最高月均温 22.9 ～ 23.8℃，最低月均温 7.5 ～ 8.3℃，极端最高气温 35℃，极端最低气温 –5.5℃，月均温≥ 10℃的年活动积温 4500 ～ 5100℃，年日照时数 1920 小时左右。梅花山是福建省暴雨中心地之一，降雨期长，雨量充沛，降雨强度大，年均降水量为 1700 ～ 2200 毫米，相对湿度 70% ～ 96%，霜期 75 天，结霜日 15 ～ 25 天。

保护区植物区系成分复杂，植被区系具有中亚热带南缘向南亚热带过渡的特点，形成典型的亚热带森林植被景观，具有亚热带常绿阔叶林，针叶林，针、阔、竹混交林，竹林，亚热带山地灌丛，草丛等 11 个植被类型和 63 个植物群系。区内维管束植物有 187 科 786 属 1869 种，其中属国家重点保护野生植物有福建柏、钟萼木、伞花木、花榈木、闽楠、浙江楠等 48 种。

梅花山由于山体高大及所处的特定地理位置，形成了典型的亚热带湿润山地气候，因离海洋较近，常受到东南海洋暖湿气流的影响，加上西北和东南有武夷山脉和博平岭作天然屏障，对寒流南下和海洋暖湿气候入侵起阻挡和截留作用，形成龙岩中心城市冬暖夏凉，气温、湿度较为稳定的特点。梅花山的存在不仅对龙岩中心城市气候调节起着不可代替的作用，而且对邻近地区的气候产生巨大影响，由于山体对冷空气的屏障作用，使处于梅花山东南侧的雁石溪谷地、永定河谷地及南侧的黄潭河谷地、汀江谷地成为整个闽西地区热量最丰富的地方。

梅花山国家级自然保护区保存着完整的山地生态系统，具有复杂多样的生境条件，层次分明的垂直景观，蕴藏着种类丰富、区系成分复杂的动植物资源，具有极高的生态价值和潜在的社会、经济效益，是从事科学研究和教学实践的理想基地，也是向广大干部群众普及自然科学知识，进行自然保护教育的天然大课堂，更是促进闽西革命老区两个文明建设的生态保障。

二、保护区苔藓植物基本概况

苔藓植物是高等植物中种类仅次于被子植物的第二大类群，约有 25000 种，分布于包括南北极在内世界各地。有关梅花山自然保护区的植物多样性调查始于 20 世纪 80 年代，至 1988 年正式建立国家级自然保护区，在该地区作了比较详细的调查。然而，上述的调查均仅限于维管植物，未包括苔藓植物，因此，在该地区的苔藓植物多样性调查和研究至今仍然是空白状态。

2017 年 3 月和 9 月，2018 年 3 月和 10 月，中国科学院植物研究所苔藓植物课题组与梅花山自然保护区管理局合作，4 次专门对保护区苔藓植物进行了专项调查，采集的范围基本覆盖了整个保护区的不同海拔、生境和植被类型，采集苔藓植物标本约 2600 号。

梅花山自然保护区在中国植物地理区划上属于华南地区（中国科学院《中国自然地理》编辑委员会, 1985）。这一地区是属于中国 – 日本植物区系的核心部分，但受印度 – 马来西亚植物区系的深刻影响，表现出由亚热带向热带过渡的趋势。在植物区系上形成向古热带印度 – 马来西亚植物区系过渡的特征。在保护区内有较多为热带分布的苔藓植物科。例如，花叶藓科、桧藓科、细鳞苔科等。

02

第二章 调查范围与方法

2 调查范围与方法

一、调查范围

于 2017 年 3 月和 9 月、2018 年 3 月和 10 月对保护区的苔藓植物进行了全面的调查。调查的地点包括：上杭县、连城县和新罗区。上杭县的采集地点有古田镇吴地村三坑口、古田会址；步云乡云辉村西坑、桂和村大凹门、桂和村贵竹坪、桂和村永安亭、狗子脑、大斜村大斜头。连城县的采集地点有庙前镇岩背村马家坪组；莒溪镇池家山村、太平僚村、罗地村、陈地村盂堀组、陈地村盘坑；曲溪乡罗胜村。新罗区的采集地点有江山镇福坑村石斑坑、江山镇背洋村林斜；万安镇张陈村、西源村渡头组。本次调查所涉及的地点基本上覆盖了保护区的辖区范围。

二、调查方法

主要通过标本采集，在野外用废旧报纸包好，并在其上记录采集信息。带回标本馆后更换成统一的牛皮纸标本袋，并统一制作规格一致的标签，再进行分类鉴定。

苔藓植物分类系统依据 2009 年出版，由 Frey 主编的《Syllabus of Plant Families》（Part 3 “Bryophytes and seedless Vascular Plants”）。鉴定主要依据《中国苔藓志》（第 1 ～ 10 卷）、《Mossflora of China》（第 1 ～ 8 卷）、《东北苔类植物志》、《西藏植物志》、《横断山区苔藓植物志》、《云南植物志》（第 17 卷）、《中国苔藓志》（第 9 ～ 10 卷）、《Epiphyllous Liverworts of China》为主要参考资料，同时，也参考其他一些国际上新近发表的专著或论文等。

在本次调查过程中，还拍摄了大量的苔藓植物野外生长的照片，并且这些拍摄的照片均有凭证标本，所拍照片的编号与标本的编号是一致的。所有标本均存放于中国科学院植物研究所标本馆（PE）。

03

第三章 保护区苔藓植物多样性特征

3 保护区苔藓植物多样性

福建梅花山自然保护区是我国目前中亚热带南缘森林生态系统类型中保存较好、受人为干扰较少的地区。位于福建西南部的梅花山自然保护区在中国苔藓植物区划中属于华东区。该区自然地理为中亚热带，四季分明，春夏之交多梅雨，还明显受太平洋台风影响，而在冬季则多为晴天，年降水量在1800毫米，多为海拔2000米以下的中山和丘陵地区。该区域由于地理生境和海拔幅度高度变化，孕育着大量特有苔藓植物的属和种，东亚特有苔藓植物中部分东亚特有属群集中分布于该区。此外，印度洋暖湿气流沿河谷北上带来不少热带苔藓种类，然而高海拔处为北温带类型（吴鹏程和贾渝，2006）。保护区的苔藓植物多样性呈现如下的特征：

一、基本的区系特征

依据吴征镒《中国种子植物属的分布类型》(1991)，将梅花山保护区的苔藓植物划分为下列区系成分（表3-1）。

表3-1　梅花山保护区苔藓植物分布区类型（包括种下等级）

区系成分		种数	所占比例（%）
北半球广布		2	0.5
世界广布		13	3.0
北温带		68	15.8
温带亚洲		8	2.0
旧世界温带		5	1.2
东亚和北美洲间断		13	3.2
东亚	中国－日本	60	14.3
	中国－喜马拉雅	21	5.2
	日本－喜马拉雅	27	6.7

（续）

区系成分	种数	所占比例（%）
中国特有	13	3.0
旧世界热带	12	3.0
热带亚洲	115	27.0
热带亚洲至热带大洋洲	33	8.2
热带亚洲至热带非洲	7	1.7
泛热带	21	5.2
合计	418	100

主要的区系成分：热带亚洲类型占 27%，东亚分布类型占 26.2%，温带分布类型占 19.1%，中国特有分布类型较少，只有 3%。总体来看，热带成分最多，占到 45.1%，其次为东亚成分为 26.2%，温带成分为 19.1%。

从表 3–1 可以看出，比例最高的是热带成分 45.1%，其次由日本 – 喜马拉雅、中国 – 日本、中国 – 喜马拉雅构成的东亚成分占 26.2%。这些数据表明，梅花山保护区主要以热带成分（45.1%）和东亚成分（26.2%）为主，这也符合该保护区所处的地域位置，属于亚热带向热带的过渡地区。另外，中国特有种的比例较少，仅有 3%，而温带成分明显减少（19.4%），说明该地并不具有地域的特殊性。

梅花山保护区由于所处的地理位置和其他因素的影响，其苔藓植物区系具有丰富的旧热带区系成分，但以东亚区系成分为主的基本特点。

世界广布的有大羽藓 *Thuidium cymbifolium*、地钱（原亚种）*Marchantia polymorpha*、高领黄角苔 *Phaeoceros carolinianus*、石地钱 *Reboulia hemisphaerica*、真藓 *Bryum argenteum*、丛生真藓 *B. caespiticium*、虎尾藓 *Hedwigia ciliata*、泛生丝瓜藓 *Pohlia cruda*、小石藓 *Weissia controversa*、毛地钱 *Dumortiera hirsuta* 等。

北半球广布的有多形小曲尾藓 *Dicranella heteromalla*、全缘裂萼苔 *Chiloscyphus integristipulus*、蛇苔 *Conocephalum conicum* 等。

北温带分布的有牛角藓 *Cratoneuron filicinum*、曲尾藓 *Dicranum scoparium*、绿片苔 *Aneura pinguis*、波叶片叶苔 *Riccardia chamaedryfolia*、暗绿多枝藓 *Haplohymenium triste*、角苔 *Anthoceros punctatus*、无隔疣冠苔 *Mannia fragrans*、泽藓 *Philonotis fontana*、睫毛苔 *Blepharostoma trichophyllum*、芽胞护蒴苔 *Calypogeia muelleriana*、毛口大萼苔 *Cephalozia lacinulata*、裂齿苔 *Odontoschisma denudatum*、黄牛毛藓 *Ditrichum pallidum*、长柄绢藓 *Entodon macropodus*、卷叶凤尾藓 *Fissidens dubius*、梨蒴立碗藓

Physcomitrium pyriforme、尖叶油藓 *Hookeria acutifolia*、赤茎藓 *Pleurozium schreberi*、拟垂枝藓 *Rhytidiadelphus squarrosus*、青毛藓 *Dicranodontium denudatum*、芽胞裂萼苔 *Chiloscyphus minor*、异叶提灯藓 *Mnium heterophyllum*、匐灯藓 *Plagiomnium cuspidatum*、丝瓜藓 *Pohlia elongata*、黄角苔 *Phaeoceros laevis*、大曲背藓 *Oncophorus virens*、合睫藓 *Symblepharis vaginata*、花叶溪苔 *Pellia endiviifolia*、沼生长灰藓 *Herzogiella turfacea*、长尖对齿藓 *Didymodon ditrichoides*、折叶纽藓 *Tortella fragilis*、皱叶小石藓 *Weissia longifolia*、弯叶大湿原藓 *Calliergonella lindbergii*、扁萼苔 *Radula complanata*、芽胞扁萼苔 *Radula lindenbergiana*、林地合叶苔 *Scapania nemorea*、斜齿合叶苔 *Scapania umbrosa*、尖叶泥炭藓 *Sphagnum capillifolium*、泥炭藓 *S. palustre*、狭叶小羽藓 *Haplocladium angustifolium*、绒苔 *Trichocolea tomentella* 等。

东亚和北美洲间断分布的有宽片叶苔 *Riccardia latifrons*、双齿护蒴苔 *Calypogeia tosana*、柱蒴绢藓 *Entodon challengeri*、亚美绢藓 *Entodon sullivantii*、黄无尖藓 *Codriophorus anomodontoides*、密枝粗枝藓 *Gollania turgens*、白氏藓 *Brothera leana*、新丝藓 *Neodicladiella pendula*、卵蒴丝瓜藓 *Pohlia proligera*、扭叶小金发藓 *Pogonatum contortum*、柔叶同叶藓 *Isopterygium tenerum*、腋毛合叶苔 *Scapania bolanderi*、北美毛耳苔 *Jubula pennsylvanica* 等。

温带亚洲的有短尖美喙藓 *Eurhynchium angustirete*、日本曲尾藓 *Dicranum japonicum*、盔瓣耳叶苔 *Frullania muscicola*、欧耳叶苔高山亚种 *Frullania tamarisci* subsp. *obscura*、互生叶鳞叶藓 *Taxiphyllum alternans*、疣灯藓 *Trachycystis microphylla*、短枝高领藓 *Glyphomitrium humillimum*、钝叶蓑藓 *Macromitrium japonicum* 等。

旧世界温带的有钝叶光萼苔 *Porella obtusata* 等。全缘褶萼苔 *Plicanthus birmensis*、圆枝青藓 *Brachythecium garovaglioides*、扁平棉藓 *Plagiothecium neckeroideum*、阔叶棉藓 *Plagiothecium platyphyllum* 等。

东亚成分的有台湾角苔 *Anthoceros angustus*、拳叶苔 *Nowellia curvifolia*、瘤壁裂齿苔 *Odontoschisma grosseverrucosum*、小叶拟大萼苔 *Cephaloziella microphylla*、钝叶绢藓 *Entodon obtusatus*、垂叶凤尾藓 *Fissidens obscurus*、细齿疣鳞苔 *Cololejeunea denticulate*、长叶疣鳞苔 *Cololejeunea longifolia*、日本角鳞苔 *Drepanolejeunea erecta*、弯叶细鳞苔 *Lejeunea curviloba*、斑叶细鳞苔 *Lejeunea punctiformis*、异鳞苔 *Tuzibeanthus chinensis*、狭叶麻羽藓 *Claopodium aciculum*、平叶异萼苔 *Heteroscyphus planus*、圆叶异萼苔 *Heteroscyphus tener*、楔瓣地钱东亚亚种 *Marchantia emarginata* subsp. *tosata*、垂藓 *Chrysocladium retrorsum*、侧枝匐灯藓 *Plagiomnium maximoviczii*、福氏蓑藓 *Macromitrium ferriei*、短齿羽苔 *Plagiochila vexans*、稀齿对羽苔 *Plagiochilion mayebarae*、直叶棉藓 *Plagiothecium euryphyllum*、拟大紫叶苔 *Pleurozia subinflata*、东亚小石藓

Weissia exserta、齿边缩叶藓 *Ptychomitrium dentatum*、刺边合叶苔 *Scapania ciliata*、舌叶合叶苔多齿亚种 *Scapania ligulata* subsp. *stephanii*、小睫毛苔 *Blepharostoma minus*、尖叶青藓 *Brachythecium coreanum*、平枝青藓 *Brachythecium helminthocladum*、日本毛柄藓 *Calyptrochaeta japonica*、绿叶绢藓 *Entodon viridulus*、早落耳叶苔 *Frullania caduca*、日本葫芦藓 *Funaria japonica*、小粗疣藓 *Fauriella tenerrima*、毛叶梳藓 *Ctenidium capillifolium*、密枝灰藓 *Hypnum densirameum*、湿地灰藓 *Hypnum sakuraii*、密叶拟鳞叶藓 *Pseudotaxiphyllum densum*、拟硬叶藓 *Stereodontopsis pseudorevoluta*、细尖鳞叶藓 *Taxiphyllum aomoriense*、柔软明叶藓 *Vesicularia flaccida*、短肋疣鳞苔 *Cololejeunea subfloccosa*、九洲疣鳞苔 *Cololejeunea yakusimensis*、耳瓣细鳞苔 *Lejeunea compacts*、日本细鳞苔 *Lejeunea japonica*、白绿细鳞苔 *Lejeunea pallide-virens*、异猫尾藓 *Isothecium subdiversiforme*、厚角鞭苔 *Bazzania fauriana*、细麻羽藓 *Claopodium gracillimum*、尖叶拟草藓 *Pseudoleskeopsis tosana*、粗裂地钱风兜亚种 *Marchantia paleacea* subsp. *diptera*、东亚蔓藓 *Meteorium atrovariegatum*、拟金毛藓 *Eumyurium sinicum*、栅孔藓 *Palisadula chrysophylla*、曲枝平藓 *Neckera flexiramea*、长帽蓑藓 *Macromitrium tosae*、长刺带叶苔 *Pallavicinia subciliata*、东亚小金发藓 *Pogonatum inflexum*、威氏缩叶藓 *Ptychomitrium wilsonii*、扁枝小锦藓 *Brotherella complanata*、日本扁萼苔 *Radula japonica*、东亚小羽藓 *Haplocladium strictulum*、粗齿光萼苔 *Porella campylophylla*、克什米尔曲尾藓 *Dicranum kashmirense*、横生绢藓 *Entodon prorepens*、中华耳叶苔 *Frullania sinensis*、南亚剪叶苔 *Herbertus ceylanicus*、小蔓藓 *Meteoriella soluta*、叶生角鳞苔 *Drepanolejeunea foliicola*、黑冠鳞苔 *Lopholejeunea nigricans*、疣叶树平藓 *Homaliodendron papillosum*、小火藓 *Schlotheimia pungens*、司氏羽苔 *Plagiochila stevensiana*、牛尾藓 *Struckia argentata*、密叶光萼苔长叶亚种 *Porella densifolia*、短叶对齿藓 *Didymodon tectorus*、细拟合睫藓 *Pseudosymblepharis duriuscula*、急尖耳平藓 *Calyptothecium hookeri*、尼泊尔合叶苔 *Scapania nepalensis*、拟尖叶泥炭藓 *Sphagnum acutifolioides*、浅棕顶鳞苔 *Acrolejeunea infuscata*、突尖灰气藓 *Aerobryopsis deflexa* 等。

泛热带分布的有羊角藓 *Herpetineuron toccoae*、树平藓 *Homaliodendron flabellatum*、苞片苔 *Calycularia crispula* 等。

热带亚洲分布的有短月藓 *Brachymenium nepalense*、西南树平藓 *Homaliodendron montagneanum*、暖地大叶藓 *Rhodobryum giganteum*、塔叶苔 *Schiffneria hyaline*、刺毛合叶苔 *Scapania ciliatospinosa*、单胞片叶苔 *Riccardia kodamae*、东亚泽藓 *Philonotis turneriana*、气藓 *Aerobryum speciosum*、长蒴藓 *Trematodon longicollis*、拟大叶真藓 *Bryum salakense*、巴西网藓鞘齿变种 *Syrrhopodon prolifer* var. *tosaensis*、小蛇苔 *Conocephalum japonicum*、毛枝藓 *Pilotrichopsis dentate*、东亚黄藓 *Distichophyllum maibarae*、密叶苞领藓 *Holomitrium densifolium*、东亚短颈藓 *Diphyscium fulvifolium*、广叶绢藓 *Entodon flavescens*、异形凤尾藓 *Fissidens anomalus*、大凤尾藓 *Fissidens nobilis*、列胞耳叶苔 *Frullania moniliata*、刺苞叶耳叶苔 *Frullania ramuligera*、尖叶梨蒴藓 *Entosthodon wichurae*、圆叶裸蒴苔 *Haplomitrium mnioides*、钝角剪叶苔 *Herbertus armitanus*、柔枝梳藓 *Ctenidium andoi*、齿叶梳藓 *Ctenidium serratifolium*、南木藓 *Macrothamnium macrocarpum*、平边厚角藓 *Gammiella panchienii*、狭叶厚角藓 *Gammiella tonkinensis*、大灰藓 *Hypnum plumaeforme*、钝头鳞叶藓 *Taxiphyllum arcuatum*、粗齿雉尾藓 *Cyathophorum adiantum*、刺疣鳞苔 *Cololejeunea spinosa*、线角鳞苔 *Drepanolejeunea angustifolia*、暗绿细鳞苔 *Lejeunea obscura*、巴氏薄鳞苔 *Leptolejeunea balansae*、多褶苔 *Spruceanthus semirepandus*、新悬藓 *Neobarbella comes*、三裂鞭苔 *Bazzania tridens*、细指苔 *Kurzia gonyotricha*、东亚指叶苔 *Lepidozia fauriana*、齿叶麻羽藓 *Claopodium prionophyllum*、长叶青毛藓 *Dicranodontium didymodon*、爪哇白发藓 *Leucobryum javense*、南亚异萼苔 *Heteroscyphus zollingeri*、南溪苔 *Makinoa crispata*、楔瓣地钱 *Marchantia emarginata*、卵叶毛扭藓 *Aerobryidium aureo-nitens*、大灰气藓 *Aerobryopsis subdivergens*、悬藓 *Barbella compressiramea*、纤细悬藓 *Barbella convolvens*、软枝绿锯藓 *Duthiella flaccida*、假丝带藓 *Floribundaria pseudofloribunda*、粗蔓藓 *Meteoriopsis squarrosa*、鞭枝新丝藓 *Neodicladiella flagellifera*、短尖假悬藓 *Pseudobarbella attenuata*、拟木毛藓 *Pseudospiridentopsis horrida*、小多疣藓 *Sinskea flammea*、扭叶反叶藓 *Toloxis semitorta*、脆叶红毛藓 *Oedicladium fragile*、拟扁枝藓 *Homaliadelphus targionianus*、卵叶亮蒴藓 *Shevockia anacamptolepis*、狭叶蓑藓 *Macromitrium angustifolium*、多形带叶苔 *Pallavicinia ambigua*、树形羽苔 *Plagiochila arbuscula*、褐色对羽苔 *Plagiochilion braunianum*、苞叶小金发藓 *Pogonatum spinulosum*、毛边光萼苔 *Porella perrottetiana*、兜叶藓 *Horikawaea nitida*、粗枝拟疣胞藓 *Clastobryopsis robusta*、角状刺枝藓 *Wijkia hornschuchii*、刺毛合叶苔 *Scapania ciliatospinosa*、密枝细羽藓 *Cyrto-hypnum tamariscellum* 等。

旧世界热带的有齿边褶萼苔 *Plicanthus hirtellus*、桧叶白发藓 *Leucobryum juniperoideum*、小树平藓 *Homaliodendron exiguum*、明叶藓 *Vesicularia montagnei*、棉毛疣鳞苔 *Cololejeunea floccosa*、短叶角鳞苔 *Drepanolejeunea vesiculosa*、皱萼苔 *Ptychanthus striatus*、曲柄藓 *Campylopus flexuosus*、四齿异萼苔 *Heteroscyphus argutus*、丝带藓 *Floribundaria floribunda*、具喙匐灯藓 *Plagiomnium rhynchophorum*、缺齿小石藓 *Weissia edentula* 等。

热带亚洲至热带大洋洲分布的有节茎曲柄藓 *Campylopus umbellatus*、林氏叉苔 *Metzgeria lindbergii*、剑叶花叶藓 *Calymperes fasciculatum*、柔叶白锦藓 *Leucoloma molle*、南亚小曲尾藓 *Dicranella coarctata*、麻齿梳藓 *Ctenidium malacobolum*、平叶偏蒴藓 *Ectropothecium zollingeri*、长尖明叶藓 *Vesicularia reticulata*、粗茎唇鳞苔 *Cheilolejeunea trapezia*、卷边唇鳞苔 *Cheilolejeunea xanthocarpa*、单体疣鳞苔 *Cololejeunea trichomanis*、单齿角鳞苔 *Drepanolejeunea ternatensis*、异叶细鳞苔 *Lejeunea anisophylla*、疏叶细鳞苔 *Lejeunea discreta*、大麻羽藓 *Claopodium assurgens*、拟草藓 *Pseudoleskeopsis zippelii*、中华曲柄藓 *Campylopus sinensis*、双齿异萼苔 *Heteroscyphus coalitus*、灰气藓 *Aerobryopsis wallichii*、反叶粗蔓藓 *Meteoriopsis reclinata*、蔓藓 *Meteorium polytrichum*、小扭叶藓 *Trachypus humilis*、刺叶羽苔 *Plagiochila sciophila*、鞭枝藓 *Isocladiella surcularis*、淡色同叶藓 *Isopterygium albescens*、尖瓣扁萼苔 *Radula apiculata*、矮锦藓 *Sematophyllum subhumile*、垂蒴刺疣藓 *Trichosteleum boschii*、长喙刺疣藓 *Trichosteleum stigmosum*、南亚顶鳞苔 *Acrolejeunea sandvicensis* 等。

热带亚洲至热带非洲分布的有橙色锦藓 *Sematophyllum phoeniceum*、东亚大角苔 *Megaceros flagellaris*、褐角苔 *Folioceros fuciformis*、小厚角藓 *Gammiella ceylonensis*、狭瓣疣鳞苔 *Cololejeunea lanciloba*、硬指叶苔 *Lepidozia vitrea*、南亚火藓 *Schlotheimia grevilleana* 等。

中国特有的有中华裂萼苔 *Chiloscyphus sinensis*、小叶美喙藓 *Eurhynchium filiforme*、拟花叶藓海南变种 *Calymperes levyanum* var. *hainanense*、华南小曲尾藓 *Dicranella austro-sinensis*、海南明叶藓 *Vesicularia hainanensis*、白叶鞭苔 *Bazzania albifolia*、中华细指苔 *Kurzia sinensis*、粗肋薄罗藓 *Leskea scabrinervis*、中华附干藓 *Schwetschkea sinica*、全缘异萼苔 *Heteroscyphus saccogynoids*、耳蔓藓 *Neonoguchia auriculata*、多纹泥炭藓 *Sphagnum multifibrosum* 等。

二、热带、亚热带成分和东亚成分

保护区地处中亚热带的南缘，离海洋较近，常年受到东南海洋暖湿气流影响，降水量充沛，湿度很高，加上西北面武夷山脉和东南面博平岭山脉成为它的天然屏障，对寒流南下和海洋暖湿气流入侵起阻挡和截留作用，形成冬暖夏凉，气温、湿度较为稳定的特点。而水分和温度对于苔藓植物的生长又是十分重要的，梅花山保护区内极为丰富的苔藓植物很好地说明了这一点。在这些丰富的苔藓植物中有较多的热带、亚热带分布的类群。典型的分布于热带、亚热带的裸蒴苔科 Haplomitriaceae、桧藓科 Rhizogoniaceae、花叶藓科 Calymperaceae、蔓藓科 Meteoriaceae、蕨藓科 Pterobryaceae、锦藓科 Sematophyllaceae、平藓科 Neckeraceae、细鳞苔科 Lejeuneaceae 和扁萼苔科 Radulaceae 在这里也有分布。其中，蔓藓科有17属（毛扭藓属 *Aerobryidium*、灰气藓属 *Aerobryopsis*、悬藓属 *Barbella*、垂藓属 *Chrysocladium*、绿锯藓属 *Duthiella*、丝带藓属 *Floribundaria*、粗蔓藓属 *Meteoriopsis*、蔓藓属 *Meteorium*、新丝藓属 *Neodicladiella*、耳蔓藓属 *Neonoguchia*、假悬藓属 *Pseudobarbella*、拟木毛藓属 *Pseudospiridentopsis*、拟假悬藓属 *Pseudotrachypus*、多疣藓属 *Sinskea*、反叶藓属 *Toloxis*、拟扭叶藓属 *Trachypodopsis*、扭叶藓属 *Trachypus*）；平藓科有4个属（拟扁枝藓属 *Homaliadelphus*、树平藓属 *Homaliodendron*、平藓属 *Neckera* 和亮蒴藓属 *Shevockia*）；细鳞苔科有12个属（顶鳞苔属 *Acrolejeunea*、唇鳞苔属 *Cheilolejeunea*、疣鳞苔属 *Cololejeunea*、管叶苔属 *Colura*、角鳞苔属 *Drepanolejeunea*、细鳞苔属 *Lejeunia*、薄鳞苔属 *Leptolejeunea*、冠鳞苔属 *Lopholejeunea*、鞭鳞苔属 *Mastigolejeunea*、皱萼苔属 *Ptychanthus*、多褶苔属 *Spruceanthus* 和异鳞苔属 *Tuzibeanthus*）；扁萼苔科有1属（扁萼苔属 *Radula*）。

三、东亚特有类型

苔藓植物东亚特有属被认为是一类着生于温带湿润环境的“第三纪孑遗植物”（吴鹏程等，1987），它们的分布区多限于亚热带、温带地区。保护区内存在的东亚特有的种类或东亚特有属相对较少，尤其是东亚特有属仅有5属：小蔓藓属 *Meteoriella*、拟木毛藓属 *Pseudospiridentopsis*、拟金毛藓属 *Eumyurium*、多瓣苔属 *Macvicaria* 和兜叶藓属 *Cryptogonium*。前4个属为单种属，小蔓藓属分布于日本、不丹、马来西亚、越南和印度，在中国分布于安徽、江西、甘肃、四川、重庆、贵州、云南、西藏、福建、台湾、广西。拟木毛藓属分布于日本、不丹、菲律宾、越南和印度，在中国分布于上海、浙江、江西、湖南、贵州、云南、西藏、福建、台湾、广西。兜叶藓属全世界有3种，分布于印度、马来西亚、印度尼西亚、菲律宾和越南，在中国分布于江西、四川、贵州、云南、西藏、福建、台湾、广西、广东、海南。

在我国存在3个东亚特有苔藓植物属的分布中心：藏东南－横断山区、四川东南部－贵州东北部和中国东南部（Wu, 1992）。中国东南部分布中心是以安徽黄山为中心的区域，其东界可达武夷山，保护区可能就是这个分布中心的边缘。而与其邻近的浙江西天目山也属于这个分布中心。保护区的东亚特有苔藓属与黄山、武夷山的数量由表3-2可见。尽管金佛山与保护区相距并不遥远，从表3-2中我们可以发现保护区的东亚特有藓类属仅5个，而安徽黄山则有9个属存在，浙江西天目山有7个属，与它相连的武夷山分布有5个属。

表 3-2 保护区及其邻近地区东亚藓类植物特有属

属	安徽黄山	西天目山	神农架	梅花山	武夷山
拟牛毛藓属 *Ditrichopsis*					
拟短月藓属 *Brachymeniopsis*					
疣齿藓属 *Scabridens*					
毛枝藓属 *Pilotrichopsis*					
异节藓属 *Diaphanodon*	+				
拟木毛藓属 *Pseudospiridentopsis*				+	+
拟悬藓属 *Barbellopsis*					
滇蕨藓属 *Pseudopterobryum*					
小蔓藓属 *Meteoriella*	+	+		+	+
船叶藓属 *Dolichomitra*	+				
拟船叶藓属 *Dolichomitriopsis*	+	+			
兜叶藓属 *Horikawaea*				+	
树雉尾藓属 *Dendrocyathophorum*					
粗疣藓属 *Fauriella*					
锦丝藓属 *Actinothuidium*					
瓦叶藓属 *Miyabea*	+		+		
毛羽藓属 *Bryonoguchia*			+		
厚边藓属 *Sciaromiopsis*					
拟草藓属 *Pseudopleuropsis*					
白翼藓属 *Levierella*					
薄羽藓属 *Leptocladium*					
褶叶藓属 *Okamuraea*	+	+	+		
拟灰藓属 *Hondaella*					
单齿藓属 *Dozya*					
新船叶藓属 *Neodolichomitra*		+			

（续）

属	安徽黄山	西天目山	神农架	梅花山	武夷山
异蒴藓属 *Lyellia*					
拟金毛藓属 *Eumyurium*				+	+
多瓣苔属 *Macvicaria*	+	+		+	+
囊绒苔属 *Trichocoleopsis*	+	+			+
新绒苔属 *Neotrichocolea*	+	+			

04

第四章 苔藓植物新记录种

4 苔藓植物新记录种

在本次调查中，尽管由于时间紧迫并没有全部鉴定完所采集的标本，但是我们仍然在保护区内发现了一些中国新分布种类和福建新分布种类，为中国和福建的苔藓植物区系增加了新的资料。另一方面也充分显示保护区内苔藓植物的丰富。我们相信，随着调查的深入和继续鉴定工作还会有新的发现。下面是对中国新分布种类的简介。

1. 欧耳叶苔圆叶变种（新拟）

Frullania tamarisci（L.）Dumort. var. *balansae*（Steph.）Hatt., Journal of the Hattori Botanical Laboratory 35: 220. 1972.

这个变种原分布于越南北部。与原变种的区别在于该变种侧叶为圆形。

2. 粗齿光萼苔羽枝亚种（新拟）

Porella campylophylla（Lehm. & Lindenb.）Trevis. subsp. *tosana*（Steph.）Hatt., Journal of the Hattori Botanical Laboratory 33: 49. 1970.

图 4–1　粗齿光萼苔羽枝亚种 *Porella campylophylla*（Lehm. & Lindenb）Trevis. subsp. *tosana*（Steph.）Hatt.

（照片：张若星 RX038，溪边树干，海拔：1191 ~ 1269 米，上杭县，步云乡，桂和村，笙竹坪）

这个亚种原分布于日本（Hattori, 1970）。其主要特征：①侧叶背瓣锐尖，尖部的齿较长；②叶细胞更大；③植物体湿润时明显伸展开。

3. 北美毛耳苔（新拟）

Jubula pennsylvanica（Steph.）Evs., Rhodora 7（75）: 55 ～ 56. 1905.

本种属于毛耳苔科毛耳苔属。在中国该属原有 3 种分布记录：广西毛耳苔、日本毛耳苔和爪哇毛耳苔。这个种原分布于印度和北美地区（Singh et al., 2010; Schuster, 1992）。它区别于中国其他 3 种的主要特征在于侧叶全缘，腹叶 2 裂而且全缘。下面是中国分布的毛耳苔属 4 种的检索表。

分种检索表

1. 侧叶全缘 ………………………………………… 北美毛耳苔 *J. pennsylvanica*
1. 侧叶边缘或顶端具齿 ………………………………………… 2
2. 腹叶边缘全缘 ………………………………………… 广西毛耳苔 *J. kwangsiensis*
2. 腹叶边缘具齿 ………………………………………… 3
3. 侧叶和腹叶边缘具多数齿；腹叶齿长 4 ～ 12 个细胞 ……… 日本毛耳苔 *J. japonica*
3. 侧叶和腹叶边缘齿稀少；腹叶齿长 1 ～ 4 个细胞 ……… 爪哇毛耳苔 *J. javanica*

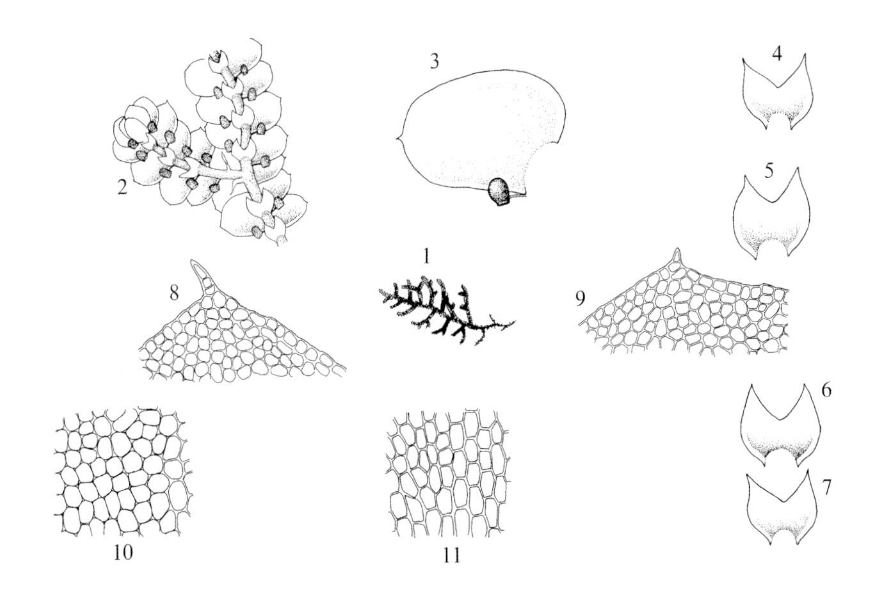

图 4-2 北美毛耳苔 *Jubula pennsylvanica* (Steph.) Evs.（郭木森 绘）

1. 植物体；2. 枝条一部分；3. 叶片；4 ～ 7. 腹叶；8 ～ 9. 叶尖部细胞；10. 叶中部细胞；11. 叶基部细胞；标尺 =1 厘米，1；=0.3 厘米，2；=0.2 厘米，3 ～ 7；=38 微米，8 ～ 11。（福建：上杭县，古田镇，大吴地至桂和，三坑口，林中石上，1040 米，何强 10254，PE）

05

第五章
苔藓植物种类及分布

5 苔藓植物种类及分布

根据对保护区各种生境和不同海拔地段苔藓植物的调查、采集和鉴定，结果显示保护区的苔藓植物是非常丰富的，总计有 78 科 197 属 408 种 8 亚种 6 变种。下面我们分别详细介绍这些苔藓植物在保护区的分布。其中，* 表示福建新分布；** 表示中国新分布。

一、苔类植物门

在本次调查中，保护区展示了丰富的苔类植物，共计 31 科 54 属 156 种 7 亚种 2 变种。下面就它们的主要特征、在保护区的生境以及分布地点作简要介绍。

（一）裸蒴苔科 Haplomitriaceae Dèdeek

植物体直立，具横茎，柔弱，鲜绿色或淡绿色，横展生长。茎高 0.5 ～ 2.5 毫米，上部不分枝，或有短枝，直径 0.4 ～ 0.6 毫米；无皮部和中轴分化。叶片长椭圆形或圆卵形；叶边有缺刻或波纹。腹叶小。叶细胞六边形，薄壁。精子器黄色或橙黄色，着生于茎顶端。颈卵器 2 至多个，受精后颈卵器基部发育形成短筒状蒴帽。蒴柄直径 25 ～ 35 个细胞。孢蒴褐色，短柱状椭圆形，成熟后一侧纵裂。弹丝两列螺纹加厚。

全世界只有 1 属，热带和亚热带山区分布。我国有分布。

1. 裸蒴苔属 *Haplomitrium* Nees

属的特征同科。

全世界约 7 种，我国有 2 种。

圆叶裸蒴苔 *Haplomitrium mnioides* (Lindb.) R. M. Schust.

生境 田埂边土壁，土面；海拔：763 ～ 939 米。

分布地点 连城县，莒溪镇，太平僚村。

标本 王钧杰 ZY281；于宁宁 Y04235，Y4305，Y04549。

本种植物体为肉质状，绿色，散生，具横走茎和直立茎；叶片在茎上呈 3 列着生，圆形或椭圆形。本种在保护区生于人为活动较多的生境中，如路边水沟边，或农田的土面上。

（二）疣冠苔科 Aytoniaceae Cavers

叶状体中等大小，多数叉状分枝或具腹枝。气室通过多个细胞组成的片层所隔离，气孔单一型，由多列 6 ～ 8 个细胞围绕而成，呈火山口状。鳞片大，半月形，紫堇色，覆瓦状排列，具 1 ～ 2 条披针形钩状尖，细胞有或无油体。

雌雄同株或异株。精子器生于花芽状枝上或单个着生于叶状体上。颈卵器着生于叶状体背部先端的雌器托上，托柄上有 1 条假根沟，有气室和大山口形气孔，托顶上部有一些气室，每一个总苞中有 1 ～ 4 个孢子体。在雌器托腹面具有由颈卵器苞裂成的单个长裂片。蒴柄短，基足球形。孢蒴球形，成熟后由顶端向下开裂 1/3 或盖裂或不规则开裂，开裂后呈蒴形破裂，不呈裂片状。孢蒴无环状加厚螺纹。孢子具疣或小凹，具宽的透明边。

全世界有 5 属，中国有 5 属，本地区有 2 属。

分属检索表

1. 植物体旱生型；托柄有单假根槽和气室；雌托分裂 4 ～ 7 瓣…2. 石地钱属 *Reboulia*
1. 植物体湿生或旱生型；托柄无气室带；雌托头状或盘状，不裂成瓣状……………………………………………………………………………………………… 1. 疣冠苔属 *Mannia*

1. 疣冠苔属 *Mannia* Opiz

叶状体形小，呈带状，灰绿色至绿色，质厚；多叉状分枝。叶状体背面表皮细胞有时具油细胞；气室多层；气孔单一，有的属种明显突起；口部周围细胞单层；中肋分界不明显，渐向边缘渐薄。叶状体横切面有时具油细胞。腹面鳞片于中肋两侧各 1 列，覆瓦状排列；形较大，近半月形，常具油细胞及边缘有黏液细胞疣；先端多具 1 ～ 2（～ 3）个附片，呈披针形或狭长披针形。

雌雄同株或异株。雄托无柄，生于叶状体背面前端。雌托近球形或半球形，基部通常浅裂或近于不开裂；下方具苞膜；每一苞膜内各含 1 个孢子体。雌托柄短或长，具 1 条假根沟，着生于叶状体中肋前端缺刻处。孢蒴球形，成熟时，顶端 1/3 处不规则盖裂。孢子四分体型，表面常具细疣及网纹，直径 55 ～ 80 微米。弹丝直径 8 ～ 15 微米，长 200 ～ 300 微米，具 2 ～ 3（4）列螺纹加厚。

本属全世界有 16 种，中国有 5 种，本地区只有 1 种。

无隔疣冠苔 *Mannia fragrans* (Balb.) Frye & Clark

生境 土面；海拔：957 米。

分布地点 上杭县，古田镇，大吴地至桂和村，三坑口。

标本 王庆华 1727。

本种叶状体呈带形，有时叶边紫色。气室 2 ～ 3 层；气孔口部周围细胞 6 ～ 8 个，一般 2 ～ 3 圈。中肋分界不明显。腹面鳞片先端具 1 ～ 3 条狭披针形附片。雌雄同株。雌托半球形，边缘不整齐；下方具膨大的球形孢子体。本种在保护区分布极少，属于稀有物种。

2. 石地钱属 *Reboulia* Raddi

叶状体中等大小，呈带形，宽（3 ～）5 ～ 8 毫米，长 1 ～ 4 厘米，绿至深绿色，质厚，干燥时边缘有时背卷，多叉状分枝。叶状体背面表皮细胞常具明显膨大的三角体，有时具油细胞；气室多层；气孔单一型，口部周围细胞单层，胞壁多较薄；中肋分界不明显，渐向边缘渐薄。叶状体横切面有时具油细胞。腹面鳞片在中肋两侧各 1 列，呈覆瓦状排列；形较大，近于半月形，带紫色，常具油细胞；先端多具 1 ～ 3 条狭长披针形附片。

多数雌雄多同株。雄托无柄，生于叶状体背面前端。雌托半球形，边缘（4 ～）5 ～ 7 深裂；顶部平滑或凹凸不平，有时具气室与气孔；裂瓣下方有苞膜，内含 1 个孢子体。雌托柄长 1 ～ 3 厘米，柄上具 1 条假根沟；柄上或柄两端有时具多数狭长鳞毛，着生于叶状体中肋前端缺刻处。孢蒴球形，成熟时顶端 1/3 处不规则开裂；蒴壁无环纹加厚。孢子四分体型，表面常具细疣和网纹，直径 60 ～ 90 微米。弹丝直径 10 ～ 12 微米，长可达 400 微米，具 2 ～ 3 列螺纹加厚。

石地钱 *Reboulia hemisphaerica* (L.) Raddi

特征同属。

生境 土面，岩面薄土；海拔：758～957米。
分布地点 连城县，莒溪镇，陈地村盘坑。
标本 何强 11286。

本属全世界只有1种，世界广泛分布，在保护区分布极少。本种雌托半球形，质地厚，柄长，具1条假根沟而区别于其他种类。

（三）蛇苔科 Conocephalaceae Müll. Frib. ex Grolle

叶状体宽或狭带形，绿色，多回叉状分枝。叶状体背面表皮细胞薄壁；具明显的气孔和气室，气室单层，内有营养丝，营养丝顶端常着生无色透明的长颈瓶形或梨形细胞；中肋分界不明显。腹面鳞片先端具1个近椭圆形附片。无芽胞杯。

雌雄异株。雄托椭圆形，无柄。雌托长圆锥形，下方具袋状苞膜，内着生孢子体。孢蒴长卵形，蒴壁具半环纹加厚。雌托柄长，具1条假根沟。孢子近球形。弹丝具螺纹加厚。

全世界只有1属。

1. 蛇苔属 *Conocephalum* Hill

属的特征同科。

全世界有3种，中国有3种，本地区有1种。

分种检索表

1. 叶状体形大，深绿色，一般宽约1厘米；气室内具长颈瓶形无色细胞……1. 蛇苔 *C. conicum*
1. 叶状体小形，浅绿色，宽度仅2～5毫米；气室内具无色的梨形细胞……………………2. 小蛇苔 *C. japonicum*

蛇苔 *Conocephalum conicum* (L.) Dumort.

生境 路边石上，土面上；海拔：516～671米。
分布地点 连城县莒溪镇，池家山村三层寨；新罗区江山镇福坑村石斑坑。
标本 贾渝 12579；张若星 RX013。

本种叶状体宽带形，深绿色至暗绿色，有时具光泽；叶状体背面具明显气孔和多边形气室分格，内有绿色营养丝顶端常着生无色透明的长颈瓶形细胞；气孔单一，口部周围6～7个单层细胞，呈5～6圈；中肋分界不明显；腹面鳞片弯月形，先端具1个椭圆形附片。

小蛇苔 *Conocephalum japonicum* (Thunb.) Grolle

生境 土面，河边石上，路边土面；林下土面，砂土面；海拔：400～1270米。

分布地点 上杭县，步云乡，桂和村，贵竹坪。新罗区，江山镇，福坑村石斑坑；万安镇，张陈村，西源村。

标本 何强12316，12337；贾渝12412；娜仁高娃Z2090；王钧杰ZY1371。

本种植物体小形，前端边缘常呈多数不规则的小裂瓣，形成花边状；气室内具梨状透明细胞是该种重要的识别特征。

（四）地钱科 Marchantiaceae Lindl.

叶状体多大形，稀形小，带状，灰绿色、绿色至暗绿色，多数质厚，常多回叉状分枝，有时自腹面着生新枝。叶状体背面具气室，常具绿色营养丝；烟突型气孔口部圆桶形，内常呈十字形；中肋分界不明显。腹面鳞片近于半月形；先端具1个心形、椭圆形或披针形附片，多数基部收缩，边全缘、具粗齿或齿突；一般在中肋两侧各具1～3列，呈覆瓦状排列。通常腹面密生平滑或具疣2种假根。叶中肋背面常着生杯状芽胞杯，边缘平滑或具齿；杯内着生具短柄的近扁圆形芽胞。

雌雄异株或同株。雌、雄托伞形或圆盘形，均具长柄。托柄有2条假根沟，一般着生于叶状体背面中肋上或前端缺刻处。雄托边缘深或浅裂。雌托边缘常深裂，下方具多数两瓣状苞膜；内有数个假蒴萼，各含单个孢子体。孢蒴卵形，由蒴被包裹，成熟时伸出，不规则开裂，蒴壁具环纹加厚。

全世界有3属，中国有2属，本地区有1属。

1. 地钱属 *Marchantia* L.

叶状体多较大，稀形小，带状，灰绿色、绿色至暗绿色，多数质厚，干燥时边缘有时背卷，常多回叉状分枝，有时腹面着生新枝。叶状体背面气室较小或退化，常着生绿色营养丝；具烟突气孔，口部圆桶形，下方常呈十字形；中肋分界不明显，叶状体渐向边缘渐薄；横切面下部基本组织厚，多为大形薄壁细胞，常有大形黏液细胞及小形油细胞。腹面鳞片一般较大，近于半月形，有时呈紫色，常具油细胞；

先端具1个心形、椭圆形或披针形附片，多数基部收缩，边缘具细齿或齿突；鳞片多4～6列呈覆瓦状排列。杯形芽胞杯着生于叶背面中肋处，边缘平滑或具齿，杯内着生具短柄的近扁圆形芽胞。

雌雄异株或同株。雌、雄托伞形或圆盘形，均具长柄，一般着生于叶状体背面中肋或前端缺刻处。雌托边缘一般深裂，下方裂瓣间常具两瓣状苞膜，内有数个呈一列的假蒴萼，各含单个孢子体；托柄具2条假根沟。孢蒴卵形，由蒴被包裹，成熟时伸出后呈不规则开裂，蒴壁具环纹加厚。孢子通常四分体型，表面具疣或脊状网纹。弹丝具螺纹加厚。

本属具芽胞杯是野外识别的最主要特征。

全世界有36种，中国有10种，本地区有4种。

分种检索表

1. 叶状体边缘波曲；腹鳞片4～6列，附器圆形，宽大于长，全缘或齿尖；雄托浅裂，盘形，边缘具微凹；芽杯边缘具粗齿，多细胞，基部宽6个细胞以上，背部具疣……2

1. 叶状体边缘平直；腹鳞片2～4列，附器长形或长圆形，长大于宽，具粗齿或毛状齿；雄托深裂呈裂瓣或指状；芽杯边缘具细齿，基部单细胞或2～3个细胞宽，背部平滑……3

  2. 雌托裂瓣平均细长，指状，托柄基部常无叶状鳞毛……4. 地钱 *M. polymorpha*

  2. 雌托裂瓣宽片状或不平均，或具2个翼状瓣；托柄基部常具宽叶状鳞片……2. 粗裂地钱原亚种 *M. paleacea*

    3. 叶状体背表皮常具瘤；腹鳞片附器常长椭圆形，具2～3个细胞毛尖，边缘具2～3个细胞的锐齿，伸向基部……1. 楔瓣地钱 *M. emarginata*

    3. 叶状体背表皮无瘤；腹鳞片附器阔卵形，边缘具单细胞齿突……3. 疣鳞地钱 *M. papillata*

楔瓣地钱原亚种 *Marchantia emarginata* Reinw., Blume & Nees subsp. *emarginata*

生境 林中石上，土面，路边石上；海拔：678～1375米。

分布地点 上杭县，步云乡，桂和村永安亭。连城县，莒溪镇，太平僚村七仙女瀑布；池家山村鱼塘。

标本 韩威239；贾渝12467，12605。

本种叶状体淡黄绿色或暗绿色，背腹两面无明显的中线，叉状分枝；叶边全缘，表面细胞具多数紫色的硬结细胞；腹鳞片紫色，附器紫色，红色或透明，长椭圆形，先端锐尖，常具2～3个细胞小尖头，边缘有不规则锐齿，2～3个细胞长，弯向基部；雄器托成熟时4～10个深瓣裂；雌器托成熟时5～10个深瓣裂。

楔瓣地钱东亚亚种 *Marchantia emarginata* Reinw.，Blume & Nees subsp. *tosata* (Steph.) Bischl.

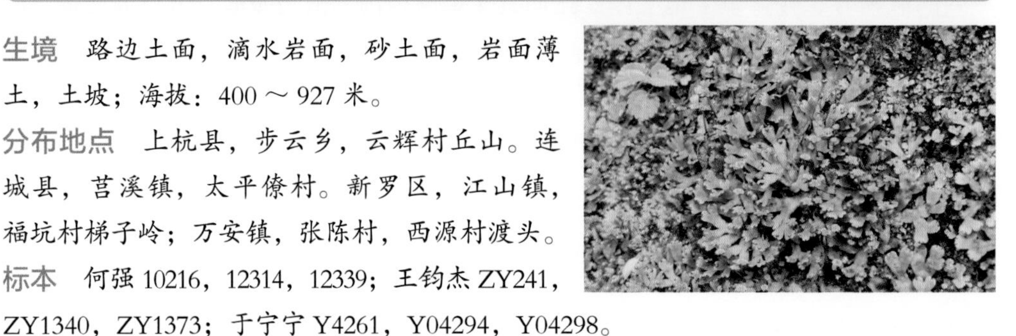

生境 路边土面，滴水岩面，砂土面，岩面薄土，土坡；海拔：400～927米。

分布地点 上杭县，步云乡，云辉村丘山。连城县，莒溪镇，太平僚村。新罗区，江山镇，福坑村梯子岭；万安镇，张陈村，西源村渡头。

标本 何强10216，12314，12339；王钧杰ZY241，ZY1340，ZY1373；于宁宁Y4261，Y04294，Y04298。

本亚种叶状体暗绿色，2～3回叉状分枝；具烟突式气孔，口部周围细胞一般4个，6～8圈呈桶形；腹面鳞片呈4列覆瓦状排列，紫色，弯月形；先端附片淡黄色，卵状披针形，钝尖或锐尖，边缘具多数弯长齿；常具大形黏液细胞及小形油细胞。芽胞杯表面平滑，边缘具1～3个单列细胞尖齿；雄托星形，具4～6深裂瓣；雌托5～7瓣深裂，裂瓣楔形，近于呈放射状排列；托柄长1～2厘米，具2条假根沟；孢子表面具不规则弯曲的宽脊状纹。

粗裂地钱凤兜亚种 *Marchantia paleacea* Bertol. subsp. *diptera* (Nees & Mont.) Inoue

生境 岩面薄土，河边土面，田埂边土壁；海拔：867～1120米。

分布地点 上杭县，古田镇，吴地村，三坑口。连城县，莒溪镇，罗地村。

标本 贯渝12657，12685；于宁宁Y04306。

本变种与原变种的主要区别在于雌托深裂，其中1对为大卵圆形裂瓣，近于呈两侧对称，其他裂瓣明显较小，向一侧伸展。

疣鳞地钱粗鳞亚种* *Marchantia papillata* subsp. *grossibarba* (Steph.) Bischl.

生境 潮湿岩面；海拔：1417米。

分布地点 上杭县，步云乡，桂和村贵竹坪。

标本 何强11432。

本亚种是在福建首次记录。叶状体深绿色，边缘带紫色，背面中央具一条中线，叉状分枝；气孔烟突型；腹面鳞片先端附片近于呈宽三角形，具短尖，边缘具少数齿突；常具大形黏液细胞及油细胞。芽胞杯外壁有时具疣突；边缘粗齿上具多数齿突；雄托 6 ～ 8 瓣深裂，托柄具 2 条假根沟和 2 层气室；雌托 9 ～ 11 瓣深裂，其中一裂瓣深裂至近基部，裂瓣楔形。孢子表面具不规则网纹。

地钱 *Marchantia polymorpha* L.

生境 土面，田埂边土面；海拔：670 ～ 939 米。

分布地点 连城县，莒溪镇，太平僚村风水林，罗地村；庙前镇，岩背村马家坪。上杭县，古田镇，古田会址。

标本 何强 10230，10231；贯渝 12359，12645；于宁宁 Y04294，Y4393。

这是一个广泛分布而且常见的种类。因叶状体上的芽胞杯边缘粗齿上具多数齿突，雄托圆盘形，7 ～ 8 浅裂，雌托 6 ～ 10 瓣深裂，裂瓣指状而容易被识别。

（五）毛地钱科 Dumortieraceae D. G. Long

叶状体大形，一般宽 1 ～ 2 厘米，长 2 ～ 15 厘米，暗绿色，表面常具长纤毛，多回叉状分枝，边缘略波曲。无气室和气孔分化；中肋分界不明显。腹面鳞片小，不规则或退化后略有痕迹。

雌雄同株或异株。雄托圆盘形，精子器着生其上，周围密生长刺状毛，托柄极短。雌托半球形，表面具多数纤毛，6 ～ 10 瓣浅裂，孢子体着生在其下方。托柄长 3 ～ 6 厘米，具 2 条假根沟。每一雌托裂瓣下有一个两瓣形的苞膜，每一苞膜内有 1 个孢子体。孢蒴球形，外由蒴被包裹，成熟时孢蒴伸出，不规则 4 ～ 8 瓣裂；蒴壁具环纹加厚。孢子球形或不规则形，直径 30 ～ 40 微米，表面为翅状脊纹。弹丝细长，22 ～ 28（34）微米，具 2 ～ 5 列螺纹加厚。

全世界只有 1 属。

1. 毛地钱属 *Dumortiera* Nees

属的特征同科。

本属植物体表面具密的毛，以及雄托和雌托具密生长刺状毛或纤毛是其野外识别的重要特征。

毛地钱 *Dumortiera hirsuta* (Sw.) Nees

生境 土面，岩面，滴水岩面，林下土面，路边土面，潮湿岩面，腐木，阴土壁，岩面薄土；海拔：392 ～ 1269 米。

分布地点 连城县，庙前镇，岩背村马家坪；莒溪镇，太平僚村七仙女瀑布；太平僚村百金山组；太平僚村石背顶；陈地村盂堀组，陈地村盘坑。上杭县，步云乡，云辉村西坑，云辉村丘山；桂和村贵竹坪。新罗区，江山镇，背洋村林畲；万安镇，西源村。

标本 韩威 197，207，242，250；何强 10001，10206，11284，111312，1503；贾渝 12241，12262，12385，12542，12612，12629；娜仁高娃 Z2037；王钧杰 ZY237，ZY257，ZY1170，ZY1342，ZY1389；王庆华 1762；张若星 RX046。

本种在保护区是常见种。本种叶状体暗绿色，边缘常具多数纤毛而易于识别。在每年的 3 ～ 4 月产生孢子体时极易识别。

（六）南溪苔科 Makinoaceae Nakau

叶状体宽阔，深绿色，不规则二歧分枝，一般呈片状生长；无气室和气孔；边缘多明显波曲；中央色泽明显深于两侧；腹面密生红棕色假根；腹面鳞片细小，宽 1 个细胞，长数个细胞。

雌雄异株。雌苞着生叶状体背面前端。蒴被筒状，尖端边缘具齿。蒴柄细长。成熟时由蒴被内伸出。孢蒴长椭圆形，成熟时一侧开裂。

全世界只有 1 属。

1. 南溪苔属 *Makinoa* Miyake

属的特征同科。

全世界仅有 1 种。

南溪苔 *Makinoa crispata* (Steph.) Miyake

生境 岩面薄土，岩面，溪边石上，土面，潮湿岩面；海拔：405 ～ 1530 米。

分布地点 上杭县，步云乡，云辉村西坑及丘山；桂和村油婆记，桂和村贵竹坪。连城县，庙前镇，岩背村马家坪；莒溪镇，太平僚村；曲溪乡罗胜村岭背畲；新罗区，张陈村。

标本 韩威 139；何强 10036，10043，10045，12335，12361；贾渝 12260，12361，12468；王钧杰 ZY217，ZY1339。

本种在野外可通过如下特征识别：二歧分枝；中肋宽，与叶状体界限不明显；两侧边缘波曲，全缘；中肋腹面密生红褐色假根。

（七）带叶苔科 Pallaviciniaceae Mig.

叶状体宽阔带状，二歧分枝；中肋明显，与叶状体间具清晰界限；横切面中央有厚壁细胞组成的中轴。叶状体细胞单层，多边形，薄壁；假根着生中肋腹面。腹面鳞片单细胞。雌雄苞无特化生殖枝。雄苞 2 列至多列着生中肋背面。颈卵器群生。孢蒴通常圆柱形，成熟时不完全 2 ～ 4 瓣裂，内壁细胞无半球状加厚。

全世界有 7 属，中国有 1 属。

1. 带叶苔属 *Pallavicinia* Gray

叶状体淡绿色，二歧分枝；中肋明显，向背腹面突出，具分化中轴；叶状体两侧细胞单层，边缘有时具纤毛。鳞片长 2 ～ 3 细胞，仅见于叶状体腹面尖部。雄苞 2 列至多列，着生于中肋上。苞膜杯形，假蒴萼筒状，高于苞膜。蒴柄白色，纤长。孢蒴短圆柱形，成熟时 2 ～ 4 瓣开裂。弹丝具 2 列螺纹加厚。孢子棕色，直径约 25 微米。

全世界有 15 种，中国有 4 种，本地区有 3 种。

分种检索表

1. 叶状体分枝的分叉基部具短柄或无柄……………………3. 长刺带叶苔 *P. subciliata*
1. 叶状体分枝的分叉基部具长柄……………………………………………………………… 2
  2. 叶状体边缘具 4 ～ 9 个细胞形成的纤毛…………………… 1. 多形带叶苔 *P. ambigua*
  2. 叶状体边缘具 1 ～ 2 个细胞形成的纤毛…………………………2. 带叶苔 *P. lyellii*

多形带叶苔 *Pallavicinia ambigua* (Mitt.) Steph.

生境 路边土面，潮湿岩面，土面，岩面，石壁，岩面薄土；海拔：496 ～ 1530 米。

分布地点 新罗区，江山镇，福坑村石斑坑。上杭县，步云乡，桂和村贵竹坪，大吴地至桂和村（三坑口），桂和村油婆记及狗子脑，云辉村丘山。连城县，庙前镇，岩背村马家坪；莒溪镇，陈地村盘坑。

标本 韩威 141，179；何强 10012，10017，10018，10028，10208，11248，11267，11273，

11276，11309，11310，11311，11384，11402，11410，11411，11467，11508，11513，11517；贾渝 12284，12289，12411；娜仁高娃 Z2045，Z2049，Z2053，Z2101；王钧杰 ZY1248，ZY1351；张若星 RX014。

本种植物体中等大小，黄绿色、绿色或褐绿色，具多数假根，不规则稀疏分枝；叶状体舌形或狭舌形，基部具柄，边缘具小的波纹和少数的毛，毛长 4 ～ 9 个细胞，中肋粗；表面细胞长方形或六边形；腹鳞片小，由 2 ～ 3 个细胞组成，位于中肋两侧，成对平行排列。

带叶苔 *Pallavicinia lyellii* (Hook.) Gray

生境 路边土面，腐木，潮湿土面，溪边石上，林中土面，砂土面，岩面；海拔：400 ～ 1057 米。

分布地点 连城县，庙前镇，岩背村马家坪；莒溪镇，陈地村盘坑；太平僚村石背顶。上杭县，古田镇，大吴地至桂和，三坑口；步云乡，云辉村西坑。新罗区，江山镇，福坑村；万安镇，西源村。

标本 何强 10026，10037，10213，10210，10223，11271，11272，11281，11288，11307，11308，12315；贾渝 12246，12272，12274，12275，12296，12358，12371，12373，12386，12404，12423，12459；王钧杰 ZY285，ZY1252，ZY1365，ZY1387；王庆华 1668；于宁宁 Y04236，Y4352，Y4469。

本种叶状体阔带状，稀二歧分枝，中肋粗壮，常不贯顶，中轴分化，中肋两侧为单层细胞，宽 10 多个细胞，细胞呈不规则六角形，薄壁；叶状体边缘不规则波曲，具 1 ～ 2 个细胞长的纤毛。鳞片圆形，单细胞，不规则着生于叶状体腹面尖部。

长刺带叶苔 *Pallavicinia subciliata* (Austin) Steph.

生境 沟边土面，林中土面，土面；海拔：392 ～ 875 米。

分布地点 新罗区，江山镇，背洋村林畲。上杭县，步云乡，云辉村丘山。连城县，莒溪镇，池家山村神坛下沿途，陈地村湖堀组。

标本 贾渝 12541，12590，12631；王钧杰 ZY1104，ZY1344a。

本种叶状体淡绿色，长带状，有时二歧分枝，或从中肋腹面产生新枝，中肋与叶状体间界限分明，向背腹面突出，具明显中轴，叶状体单层细胞，宽 10 多个细胞，细胞呈不规则六角形，细胞壁薄，边缘略呈波曲，具多数长 3 ～ 6 个单列细胞组成的纤毛；鳞片单细胞。

（八）溪苔科 Pelliaceae H. Klinggr.

叶状体带状，宽度不等，色泽多绿色或黄绿色，常叉状分枝，多成片相互贴生；横切面中部厚达 10 多层细胞；渐向边缘渐薄，为单层细胞；假根着生于腹面中央。

雌雄同株或异株。精子器呈棒状，多生于叶状体内前端。颈卵器着生叶状体背面袋形或圆形总苞内。孢蒴球形，成熟时 4 瓣纵裂，由 2 层细胞组成，外层细胞大。孢子绿色，单细胞或多细胞。弹丝具 3 ～ 4 列螺纹加厚。

全世界只有 1 属。全世界有 6 种，中国有 3 种，本地区有 2 种。

分种检索表

1. 叶状体细胞里无红色加厚边缘；叶状体先端腹面具黏茸毛，长 4 ～ 8 个细胞，末端具黏疣；蒴帽隐生于总苞内 ……………………………… 1. 花叶溪苔 *P. endiviifolia*
1. 叶状体细胞具红色加厚边缘；叶状体先端具黏疣，短棒状，基部多为 1 个细胞；蒴帽长，伸出包膜之外 ………………………………………………… 2. 波绿溪苔 *P. neesiana*

花叶溪苔 ***Pellia endiviifolia*** (Dicks.) Dumort.

生境 溪边石上，潮湿岩面；海拔：400～850 米。

分布地点 上杭县，步云乡，大斜村大坪山组。连城县，莒溪镇，太平僚村百金山组；庙前镇，岩背村马家坪。新罗区，万安镇，西源村渡头。

标本 何强 12312；贯渝 12376，12616；娜仁高娃 Z2064。

本种植物体呈带状，淡绿色或褐绿色，不规则叉状分枝，尖端常产生多数小裂瓣；雌雄异株；孢蒴球形，成熟时 4 瓣开裂；孢子椭圆状卵形，多细胞，表面具疣。

波绿溪苔 ***Pellia neesiana*** (Gottsche) Limpr.

生境 岩面薄土；海拔：451 米。

分布地点 新罗区，万安镇，西源村。

标本 王钧杰 ZY1388

本种叶状体大形，黄绿色或深绿色，中肋区域有时红色或红紫色，多叉状分枝，假根丰富，褐色；中肋与叶细胞分界不明显；叶状体边缘呈波状，常为紫红色；背腹面表皮细胞壁薄，近于长方形，每个细胞含 16 ～ 23 个椭圆形的油体；腹面的黏疣具一个组成的柄。

（九）小袋苔科 Balantiopsaceae H. Buch

植物体体形中等大小，绿色或淡绿色，有时黄绿色或带粉红色，从集生长。茎匍匐或倾立，不分枝或少分枝；分枝生于腹叶和侧叶叶腋；茎横切面皮部 1 ～ 2 层黄色略厚壁细胞，中部细胞大而薄壁。叶片 3 列；侧叶内凹，不对称或稍对称，先端 2 ～ 3 或再分裂；叶边平滑或具齿。腹叶多较大，两侧对称，先端两裂，具齿或平滑。叶中下部细胞通常长方形。雌雄异株。雄苞顶生，生于茎或主枝上；雄苞叶 4 ～ 8 对，呈穗状。雌苞叶和雌苞腹叶均较大，内卷。蒴萼小。蒴囊大，长棒状。孢蒴短柱形，成熟后 4 瓣开裂，螺旋状卷曲。

全世界有 7 属，分布于热带和亚热带的高海拔地区。中国仅 1 属。

1. 直蒴苔属 *Isotachis* Mitt.

植物体淡绿色、淡红色至暗红色，有时呈紫红色，簇状生长或散生于其他苔藓丛中。茎匍匐或倾立，不分枝或叉状不规则分枝；茎横切面皮部 1 ～ 2 层黄绿色小形厚壁细胞，中部为无色透明大形薄壁细胞；假根无色，生于腹叶基部，呈束状。叶 3 列，蔽前式，横展，2 裂或再次分裂呈 2 ～ 4 不等裂瓣，裂瓣三角形；边缘有齿或具毛状齿，稀平滑。叶中上部细胞多边形，基部细胞长六边形，长为宽的 2 ～ 6 倍；叶边细胞多不规则长方形，细胞壁薄，无三角体或不明显，表面平滑或具细条状疣。腹叶离生或密生，或背仰，先端 2 ～ 4 裂，裂瓣边缘有齿。

雌雄异株。雄苞生于茎或主枝先端或中间；雄苞叶数对。雌苞生于茎或主枝先端；雌苞叶和雌苞腹叶大。蒴萼不发育，残存于蒴囊先端。孢蒴卵状圆柱形，成熟时 4 瓣开裂。蒴壁 3 层细胞。弹丝褐色，2 列螺纹加厚。孢子褐色，平滑。

本属世界有 15 种，中国有 3 种，本地区有 1 种。

瓢叶直蒴苔 *Isotachis armata* (Nees) Gottsche

生境 岩面薄土；海拔：1358 米。

分布地点 上杭县，步云乡，桂和村贵竹坪。

标本 何强 11415。

本种植物体中等大小，硬挺，红褐色或暗红色，丛生垫状，假根少，生于腹叶基部；叶片 3 列着生，侧叶横生茎上，不对称，阔卵形或圆形，内凹背凸瓢形，2 次复裂达叶长的 1/5，裂瓣三角形，先端锐，背边中上部具齿，背边中下部齿疏或平滑，腹边具密齿或下部疏齿，齿均伸向叶尖端；叶细胞不规则多边形，近于等轴型，无三角体，角质层具细密疣，每个细胞具 4 ～ 15 个球形的油体；腹叶卵形或近于圆形，2 裂至 1/5，裂瓣具锐尖，边缘均具不规则齿。

（十）叶苔科 Jungermanniaceae Rchb.

植物体细小至中等大小，绿色、黄绿色、暗绿色或红褐色。茎直立、倾立或匍匐，侧枝生于茎的腹面，少数种类末端形成鞭状枝。假根无色或淡褐色或紫色，散生于茎的腹面，叶片基部或叶片腹面，有时假根呈束状沿整个茎呈下垂状生长。侧叶蔽后式着生，全缘，偶尔先端微凹，稀呈浅 2 裂状，斜列状生长或近于横生，前缘基部有短或长下延。腹叶多缺失，如存在则呈舌形或三角状披针形，稀 2 裂。叶细胞方形或圆六角形，细胞壁厚，三角体大，有时呈球状，有时不明显，通常细胞平滑，少数具疣；油体少至多数，球形、椭圆形或长条形。

雌雄同株、异株或有序同苞。雄苞顶生或间生，雄苞叶 2 ～ 3 对。雌苞顶生或生于短侧枝上；雌苞叶多大于侧叶，同形或略异形。蒴萼通常为圆柱形、卵形、梨形或纺锤形，平滑或上部有纵褶，部分种类在茎先端膨大形成蒴囊。蒴萼生于蒴囊上。孢蒴通常圆形或长椭圆形，黑色，成熟时 4 瓣裂，蒴壁细胞多层，外层细胞壁球状加厚。蒴柄由多数细胞构成。弹丝多为 2 列螺纹加厚，稀 1 或 3 ～ 4 列螺纹加厚。孢子褐色或红褐色，具细疣，直径 10 ～ 20 微米。

全世界有 31 属，中国有 9 属，本地区有 1 属。

1. 假苞苔属 *Notoscyphus* Mitt.

植物体中等大小，鲜绿色或黄绿色，平铺丛生。分枝产生于茎腹面。假根生于茎腹面腹叶基部和假蒴苞背面，无色或褐色。叶 3 列，侧叶近于对生，全缘或先端 2 裂。腹叶小，2 裂至叶长的 1/2 ～ 2/3。叶细胞六边形或长圆形，三角体小或大而呈球状。

雌雄异株。卵细胞受精后茎顶端膨大形成肉质半球形蒴囊。雌苞叶着生蒴囊上，叶边波状或先端开裂。不形成蒴萼。

本属全世界有 7 种，主要分布热带地区。中国有 3 种，本地区有 1 种。

假苞苔 *Notoscyphus lutescens* (Lehm. & Lindenb.) Mitt.

生境 土面；海拔：700 米。

分布地点 上杭县，步云乡，云辉村丘山。

标本 王钧杰 ZY1344c。

本种植物体中等大小，黄绿色；叶片阔舌形；叶细胞椭圆形，厚壁，三角体明显，有细疣，腹叶大，2 裂至 1/2，两侧有 1 ～ 2 齿；蒴囊顶生，半球形，肉质，密被假根。

（十一）小萼苔科 Myliaceae Schljakov

密集或疏松丛生，浅黄绿色至黄绿色。茎匍匐，长达 10 厘米，宽 3 ～ 4 毫米，不规则分枝，有时分枝出自蒴萼腹面。叶 3 列，侧叶长方形或长椭圆形，先端圆钝，斜列，上下叶相接或离生，基部不下延；叶边全缘。腹叶狭披针形，常被密假根。叶细胞薄壁或厚壁，通常具三角体，表面具细疣或平滑。油体较大，长梭形，每个细胞含 5 ～ 12 个。

雌雄异株。雌苞生于茎顶端，雌苞叶与侧叶同形或略大。蒴萼长椭圆形或扁平卵形，口部平滑或有短毛。雄株较纤细；雄苞生于茎、枝中部；雄苞叶莲瓣形，1 ～ 2 对。孢蒴球形，蒴壁厚 3 ～ 5 层细胞。蒴柄高出蒴萼口部。孢子直径 15 ～ 20 微米。弹丝具 2 列螺纹加厚。

全世界只有 1 属，中国有 3 种，本地区有 1 种。

1. 小萼苔属 *Mylia* Gray

属的特征同科。

全世界有 12 种，中国有 3 种，本地区有 1 种。

瘤萼小萼苔* *Mylia verrucosa* Lindb.

生境 砂土面；海拔：386 米。

分布地点 新罗区，万安镇，西源村。

标本 王钧杰 ZY1401。

本种植物体浅黄绿色或褐黄绿色，有时先端具紫红色；叶片长方形或长椭圆形，有时阔舌形，后缘基部下延，背曲，叶边缘全缘；叶细胞近于六边形，薄壁，三角体呈球状，表面有细疣，每个细胞含 12 ～ 23 个椭圆形或球形的油体，腹叶狭披针形，基部宽 2 ～ 3 个细胞，多隐于假根中；蒴萼长椭圆形，下部淡红色，有粗疣，口部扁平，有短毛；孢蒴长椭圆形；孢子有细疣。

（十二）护蒴苔科 Calypogeiaceae Arnell

植物体小形至中等大小，绿色或褐绿色，疏松生长，常与其他苔藓植物形成小片群落。茎柔弱，横切面皮部细胞与中部细胞同形，有时皮部细胞略小，壁稍加厚；稀疏分枝。侧叶斜列于茎上，蔽前式排列，近于与茎平行，卵形、椭圆形、狭长椭圆形或钝三角形，一般基部至中部宽阔，向上渐窄，先端圆钝或浅2裂；叶边全缘。腹叶大，形状多变，圆形至2～4瓣裂，基部中央细胞厚2～3层；假根着生腹叶基部。叶细胞通常形大，薄壁，或有三角体。油体球形或长椭圆形，每个细胞具3～10个油体。

雌雄同株或异株。雄枝短，生于茎腹面；雄苞穗状。雄苞叶膨起，上部2～3裂，每个雄苞叶中有1～3个精子器。雌苞在卵细胞受精后在雌枝先端迅速膨大。蒴囊长椭圆形或短柱形，外部有假根或鳞叶。孢蒴圆柱形或近椭圆形，黑色，成熟后4裂至基部。蒴壁两层，外层为8～6列长方形细胞，壁厚，有时不规则球状加厚；内层细胞壁呈环状加厚。孢子球形，直径9～16微米。弹丝2（3）列螺纹，直径7～12微米。

全世界有4属，世界广泛分布。中国有3属，本地区有1属。

1. 护蒴苔属 *Calypogeia* Raddi

体形纤细，扁平，灰绿色或绿色，略透明。茎匍匐，直径0.8～4.5毫米，单一或具少数不规则分枝。假根生于腹叶基部。侧叶斜列于茎上，覆瓦状蔽前式排列，椭圆形或椭圆状三角形，先端圆钝，尖锐，或具两钝齿。腹叶较大，近圆形或长椭圆形，全缘，或2裂至腹叶长度的1/4～1/2，裂瓣外侧常具小齿。叶细胞四边形至六边形，薄壁，三角体无或不明显。每个细胞含10～20个油体。

雌雄同株或异株。蒴囊长椭圆形。孢蒴短柱形，成熟时纵向开裂，裂瓣披针形，扭曲。孢蒴壁2层细胞，外层细胞壁连续加厚，内层细胞壁螺纹加厚。孢子圆球形。弹丝2列螺纹加厚。芽胞椭圆形，含1～2个细胞，多生于茎枝先端。

全世界有35种，中国有12种，本地区有4种。

分种检索表

1. 腹叶2裂瓣外侧具钝齿或锐齿，呈4裂瓣状 ………………………… 2
1. 腹叶2裂瓣全缘，呈2裂瓣状 ………………………………………… 3
  2. 叶细胞大，中部细胞直径约45微米 ……………… 2. 护蒴苔 *C. fissia*
  2. 叶细胞小，中部细胞直径约36微米 …………… 4. 双齿护蒴苔 *C. tosana*
    3. 腹叶小，略宽于茎，2裂至1/4～1/2处 ………… 1. 三角叶护蒴苔 *C. azurea*
    3. 腹叶大，宽为茎的2～3倍，圆形或椭圆形，2裂至1/3处 ……………………
    ………………………………………………………… 3. 芽胞护蒴苔 *C. muelleriana*

三角叶护蒴苔 *Calypogeia azurea* Stotler & Crotz

生境 林下土壁；海拔：606 米。

分布地点 连城县，莒溪镇，太平僚村。

标本 于宁宁 Y04542。

本种侧叶为心形，腹叶略宽于茎，2 裂至 1/3 ～ 1/2。

护蒴苔 *Calypogeia fissa* (L.) Raddi

生境 背阴土壁上；海拔：516 ～ 555 米。

分布地点 新罗区，江山镇，福坑村石斑坑。

标本 娜仁高娃 Z2038。

本种侧叶上部窄，浅 2 裂，腹叶具 4 瓣裂。

芽胞护蒴苔 *Calypogeia muelleriana* (Schiffn.) K. Müller

生境 岩面；海拔：1339 米。

分布地点 连城县，曲溪乡，罗胜村岭背畲。

标本 王钧杰 ZY1405。

本种植物体小，淡灰绿色，多与其他苔藓形成群落，茎具不规则分枝；叶片阔卵形，近基部处最宽，先端渐尖，圆钝，有时略 2 裂，腹叶大，椭圆形，宽为茎的 2 ～ 3 倍，先端 2 裂至腹叶长度的 1/3 处，裂瓣全缘或有钝齿状突起；叶细胞五边形至六边形，薄壁，无三角体，油体无色透明，椭圆形，由小油滴聚集而成。孢蒴圆柱形，成熟时纵裂；芽胞黄绿色，椭圆形，由 1 ～ 2 个细胞组成，常生于茎顶。

双齿护蒴苔 *Calypogeia tosana* (Steph.) Steph.

生境 溪边砂石上，林下路边土面，林中岩面薄土，林下土面；海拔：400 ～ 1272 米。

分布地点 新罗区，江山镇，福坑村石斑坑；西源村渡头。

标本 何强 12326；贾渝 12407；于宁宁 Y4335，Y4366。

本种与护蒴苔相似，但是叶细胞要明显小于后者。

（十三）圆叶苔科 Jamesoniellaceae He-Nygren, Juslén, Ahonen, Glenny & Piippo

植物体通常坚挺，深褐色。向地生长的假根轴存在或缺乏。叶片蔽后式生长，无腹瓣。腹叶钻形或披针形，非常小或者缺乏。雌雄异株。雌雄生殖器官具 1 ～ 2 个苞叶。具一大的雌苞腹叶，明显，但在 *Anomacaulis* 属种缺乏。蒴萼突出。无蒴囊。棒状蒴帽明显。孢蒴壁 4 ～ 7 层。

全世界有 11 属，中国有 4 属，本地区有 2 属。

分属检索表

1. 叶片紧密覆瓦状排列，横生于茎，圆形；蒴萼口部无毛………1. 服部苔属 *Hattoria*
1. 叶片疏生，斜生于茎，舌形；蒴萼口部具纤毛…………………2. 对耳苔属 *Syzygiella*

1. 服部苔属 *Hattoria* R. M.Schust.

植物体中等大小，长 1 ～ 2 厘米，连叶宽 0.8 ～ 1.0 毫米，黄绿色，带孢子体的植株常带淡紫红色。茎匍匐，上部倾立，分枝生于茎腹面。假根少，无色。叶片紧密覆瓦状排列，前后相接，近横生，内凹，近于圆形，宽 0.8 ～ 1.1 毫米，长 0.6～0.8 毫米。叶边细胞透明，10～18 微米，胞壁不规则加厚，淡褐色，三角体大；每个细胞含 2 ～ 4 个油体。

雌雄异株。雄苞叶 3 ～ 4 对，呈瓢形，每个雄苞叶中有 1 个精子器。蒴萼长椭圆状卵形，高出于雌苞叶，上部渐收缩，有 4 ～ 5 条浅褶。蒴囊不发育。雌苞叶 1 对，大于茎叶，半球形或瓢形，全缘。

本属全世界现有 1 种。

服部苔 *Hattoria yakushimense* (Horik.) R. M. Schust.

生境 岩面；海拔：1811 米。
分布地点 上杭县，步云乡，狗子脑。
标本 何强 11463。

本种为中国 - 日本分布类型。植物体未成熟时为绿色，成熟后常带淡紫色，叶片排列紧密，圆形且内凹。

2. 对耳苔属 *Syzygiella* Spruce

植物体大形，棕色，黄褐色或红褐色，交织成松散垫状。茎倾立，长 2.5 ～ 5

厘米，连叶宽 2 ～ 3 毫米；茎横切面圆形，直径 0.4 ～ 0.6 毫米，细胞分化明显，皮部 2 ～ 3 层小而厚壁的细胞，中部细胞大，薄壁。假根无色或浅褐色，生于腹面。叶疏生，长舌形，基部阔卵形，全缘，长 1.2 ～ 1.5 毫米，宽 0.8 ～ 1 毫米；斜生于茎上，水平伸展，腹侧叶基部相连，呈抱茎状，下延。叶细胞圆方形，20 ～ 35 微米，细胞壁厚，三角体明显，角质层表面平滑。每个细胞具 4 ～ 8 个油体。

雌雄异株。雌苞顶生，腹面基部具新萌枝。蒴萼长椭圆形，口部收缩，边缘具纤毛状齿。

本属植物主要特征为茎单一，叶片对生，腹面基部相连。

本属全世界约有 25 种，中国有 2 种，本地区有 1 种。

筒萼对耳苔* *Syzygiella autumnalis* (DC.) K. Feldberg, Váňa, Hentschel & J. Heinrichs

生境 岩面，岩面薄土；海拔：762 ～ 1320 米。

分布地点 上杭县，步云乡，桂和村贵竹坪。连城县，莒溪镇，陈地村湖堀。

标本 娜仁高娃 Z2121；王钧杰 ZY1121。

本种植物体绿色或褐绿色，密集生长，不分枝，假根生于茎腹面，散生；叶片阔卵形或圆方形，基部下延，上部背仰；叶细胞圆形或长椭圆形，薄壁，三角体明显，腹叶在茎中下部缺失；雌雄异株；蒴萼长圆柱形，直立，先端收缩成小口，口部有单列细胞长毛；孢蒴长卵形，黑褐色；孢子球形，具细疣。

（十四）大萼苔科 Cephaloziaceae Mig.

植物体细小，黄绿色或淡绿色，有时透明。茎匍匐生长，先端倾立，皮部有一层大细胞，内部细胞小，薄壁或厚壁；不规则分枝。叶 3 列，腹叶小或缺失；侧叶 2 列，斜列茎上，先端 2 裂，全缘。叶细胞薄壁或厚壁，无色，稀稍呈黄色；油体小或缺失。

雌雄同株。雌苞生于茎腹面短枝或茎顶端。蒴萼长筒形，上部有 3 条纵褶。蒴柄粗，横切面表皮细胞 8 个，内部细胞 4 个。孢蒴卵圆形，孢蒴壁由 2 层细胞组成。弹丝具 2 列螺纹加厚。芽胞生于茎顶端，由 1 ～ 2 个细胞组成，黄绿色。

全世界有 15 属，中国有 7 属，本地区有 4 属。

分属检索表

1. 茎扁平，上下叶中下部常相连生……………………………………4. 塔叶苔属 *Schiffneria*

1. 茎圆形，上下叶不连生，分离明显 ………………………………………………………… 2
  2. 侧叶圆形或卵形，全缘或先端微凹 ……………………… 3. 裂齿苔属 *Odontoschisma*
  2. 侧叶长椭圆形或卵形，先端 2 个裂瓣 ………………………………………………… 3
    3. 叶片无水囊 ………………………………………………… 1. 大萼苔属 *Cephalozia*
    3. 叶片具水囊 ………………………………………………… 2. 拳叶苔属 *Nowellia*

1. 大萼苔属 *Cephalozia* (Dumort.) Dumort.

植物体细小或中等大小，有时透明，浅黄绿色或鲜绿色，老时呈黄褐色。茎匍匐生长，生殖枝常分化，具背腹分化；横切面皮部细胞较大，壁薄，略透明，杂生多数小形厚壁细胞。侧叶疏生，不呈覆瓦状排列，有时宽于茎直径，斜列，卵形或圆形，平展或内凹，一般先端 2 裂，裂瓣锐或钝，一侧基部常下延。叶细胞多薄壁，大形，三角体常小或缺失。有油体，形态多样。腹叶存在时，常着生于雌苞或雄苞腹面。无性芽胞小，卵圆形或长椭圆形，1 ～ 2 个细胞，生于茎、枝顶端或叶尖。

雌雄同株或异株，少数杂株。雌苞生于长枝或短侧枝上；雌苞叶一般大于侧叶，裂瓣边缘常具粗齿，有时分裂成 3 ～ 4 个细胞裂瓣；雌苞腹叶大，与雌苞叶同形。蒴萼大，高出于雌苞叶，长椭圆形或短柱形，口部有毛状突起，有 1 ～ 3 纵长褶。蒴柄长，透明或白色，横切面周围 8 个细胞，中部 4 个细胞。孢蒴圆形或椭圆形。孢子直径一般 8 ～ 15（18）微米，有细疣，直径与弹丝等宽。弹丝具 2 列螺纹加厚。

全世界有 29 种，中国有 21 种，本地区有 2 种。

分种检索表

1. 雌雄同株 ……………………………………………………… 2. 细瓣大萼苔 *C. pleniceps*
1. 雌雄异株 ……………………………………………………… 1. 毛口大萼苔 *C. lacinulata*

毛口大萼苔 *Cephalozia lacinulata* (J. B. Jack) Spruce

生境 背阴土壁上，岩面，枯木，土面，路边土面；海拔：469 ～ 1405 米。

分布地点 连城县，曲溪乡，罗胜村岭背畲；莒溪镇，陈地村湖堀。新罗区，江山镇，福坑村石斑坑；万安镇，西源村。

标本 娜仁高娃 Z2087a，Z2036；王钧杰 ZY1103，ZY1106，ZY1384，ZY1425。

本种植物体非常小，经常混生于其他种类中而容易被忽略，需在解剖镜下将其分离出来。叶片几乎垂直生于茎上，2 裂至叶长的 1/2 处，裂瓣间角度约 45°，裂瓣基部 2 个细胞宽。

细瓣大萼苔* *Cephalozia pleniceps* (Austin) Lindb.

生境 岩面；海拔：496 ～ 786 米。

分布地点 连城县，莒溪镇，太平僚村。

标本 何强 10216。

本种植物体相对于毛口大萼苔明显大，茎长 0.8 ～ 1.5 厘米，叶片 2 裂至 1/4 ～ 1/2 处，裂瓣间角度小于 45°，裂瓣基部 3 ～ 4 个细胞宽。

2. 拳叶苔属 *Nowellia* Mitt.

植物体黄绿色或棕绿色，平展或交织生长。茎长 1 ～ 2 厘米；不规则分枝。叶 2 列，拳卷成壳状，先端 2 裂或不裂，叶边多内卷；腹瓣基部强烈膨起呈囊状，基部狭窄。无腹叶。

雌雄异株。雌苞生于茎腹面短枝上，具雌苞腹叶。蒴萼长筒形，口部有长刺。雄苞生于茎腹面，雄苞叶多对，呈穗状，每个雄苞叶内包含一个精子器。

全世界有 9 种，中国有 2 种，本地区有 2 种。

分种检索表

1. 植物体棕绿色，稀黄绿色；叶裂瓣浅，先端圆钝 …………1. 无毛拳叶苔 *N. aciliata*
1. 植物体黄绿色，稀棕绿色；叶裂瓣深，先端有 1 ～ 3 根毛状突起……………………………………………………………………………………………………… 2. 拳叶苔 *N. curvifolia*

无毛拳叶苔 *Nowellia aciliata* (P. C. Chen & P. C. Wu) Mizut.

生境 林中石上，岩面薄土，岩面；海拔：703 ～ 1358 米。

分布地点 上杭县，步云乡，桂和村贵竹坪。连城县，莒溪镇，罗地村赤家坪；陈地村湖堀。

标本 何强 11394；贾渝 12678；王钧杰 ZY1131。

本种植物体纤细，棕绿色或带红色，有时黄褐色，有光泽，不规则稀疏分枝；叶片卵圆形，强烈膨起，叶边全缘，腹瓣多突起呈囊状；叶细胞六边形，或多圆六角形，细胞壁厚，平滑，近基部细胞长方形。

拳叶苔 *Nowellia curvifolia* (Dicks.) Mitt.

生境 林中倒木或腐树桩上，石壁，腐木，林中树干，林中石上，岩面；海拔：638～1520米。

分布地点 上杭县，步云乡，云辉村西坑；桂和村大凹门、贵竹坪、永安亭；大斜村大畲头水库。连城县，莒溪镇，太平僚村（太平僚）、大罐坑；陈地村湖堀。

标本 何强10255，10280；娜仁高娃Z2075，Z2087b；贾渝12249，12250，12315，12320，12492b，12494c；王钧杰ZY294，ZY1140，ZY1241，ZY1278。

本种植物体纤细，黄绿色或紫红色，不规则稀疏分枝，假根少，无色；叶片近卵圆形，上部2裂，强烈内卷，裂瓣三角形，具毛状尖，腹瓣基部强烈膨起，叶边全缘；叶细胞方形或多边形，壁厚，平滑，基部细胞长方形。

3. 裂齿苔属 *Odontoschisma* (Dum.) Dum.

植物体绿色或红褐色，平展。茎腹面常产生鞭状枝、匍匐枝和芽条；假根散生于腹面。叶3列，侧叶斜列，蔽后式着生，圆形或阔卵形，不下延；叶边全缘。腹叶退化，或仅在生殖枝上存在。叶细胞壁厚，三角体明显或呈球状加厚。

雌苞生于茎腹面短枝上；雌苞叶2～3对，蒴萼长筒形或长椭圆形，上部有3～4条纵褶，口部有齿或毛。孢蒴卵形，褐色，成熟后4裂瓣。雄苞生于茎腹面侧枝上；雄苞叶上部2裂，基部强烈膨起。

全世界约50种，热带至温带分布。中国有3种，本地区有2种。

分种检索表

1. 叶细胞三角体强烈加厚，呈节状……………………………………1. 裂齿苔 *O. denudatum*

1. 叶细胞三角体小或大，不呈节状，细胞壁厚……2. 瘤壁裂齿苔 *O. grosseverrucosum*

裂齿苔 *Odontoschisma denudatum* (Dumort.) Dumort.

生境 岩面，土壁，土面；海拔：516～1237米。

分布地点 上杭县，步云乡，桂和村笙竹坪。

标本 王钧杰ZY1452。

瘤壁裂齿苔 *Odontoschisma grosseverrucosum* Steph.

生境 岩面，土壁，土面，枯木；海拔：516 ~ 1237 米。

分布地点 新罗区，江山镇，福坑村石斑坑。上杭县，步云乡，大斜村大畲头水库；桂和村笙竹坪。连城县，莒溪镇，太平僚村；罗地村至青石坑；陈地村湖堀。

标本 娜仁高娃 Z2052，Z2077；王钧杰 ZY269b，ZY282，ZY1139，ZY1185，ZY1200a，ZY1211，ZY1459。

本种植物体纤细，淡绿色或褐绿色，无光泽，不规则分枝，腹面常有鞭状枝，假根散生于腹面；叶片 3 列着生，卵形，叶边全缘，内曲；叶细胞方形或六边形，三角体不呈球状，胞壁表面具疣；腹叶退化或仅存于生殖枝上。

4. 塔叶苔属 *Schiffneria* Steph.

植物体扁平，带状，交织匍匐生长，淡绿色，半透明，茎长 2 ~ 3 厘米，连叶宽约 3 毫米，分枝生于茎腹面。假根散生于腹面。叶片半圆形，先端钝或圆形，2 列排列，基部上下相连；叶边全缘，平展，为单层细胞。叶细胞方形、长方形或多边形，薄壁，透明，平滑；无腹叶。

雌雄异株。雌雄苞均由茎腹面伸出，呈短枝状。蒴萼大，长椭圆形，上部有褶，口部有齿。

全世界有 2 种，分布于亚洲。中国有 1 种。

塔叶苔 *Schiffneria hyalina* Steph.

生境 腐木；海拔：758 米。

分布地点 连城县，莒溪镇，陈地村盘坑。

标本 何强 11270。

本种叶片半圆形，基部上下相连，全缘而较易与其他种类区别。

（十五）拟大萼苔科 Cephaloziellaceae Douin

植物体细小，通常仅数毫米长，宽 0.1 ~ 0.4 毫米，多次不规则分枝，平铺或交织生长，淡绿色或带红色。茎横切面圆形或扁圆形，皮部细胞与内部细胞相似；腹面或侧面分枝。假根常散生于茎腹面。叶片 3 列，腹叶常退失或仅存于生殖枝上；侧叶 2 列，两裂成等大的背腹瓣或稍有差异，基部一侧略下延；叶边平滑或具细齿，稀呈刺状齿。叶细胞六边形，多薄壁，三角体不明显或缺失。

雌雄同株异苞。雌雄苞叶2裂，全缘或有齿。蒴萼生于茎顶或短侧枝先端，长筒形，上部具4～5纵褶，口部宽，边缘有长形细胞，孢蒴椭圆形或短圆柱形，黑褐色，成熟后4瓣裂。蒴柄具4列细胞，中间有1列细胞。弹丝与孢子的数量相近，弹丝具2列螺纹加厚。芽胞生于茎顶或叶尖，椭圆形或多角形，由1～2个细胞组成。

全世界有8属，中国有2属，本地区有1属。

1. 拟大萼苔属 *Cephaloziella* (Spruce) Schiffn.

植物体细小，绿色或带红色，平匍生长。茎先端上倾，不规则分枝，分枝常出自茎腹面；茎横切面细胞无分化。叶片3列，腹叶常不发育或小形；侧叶2列，2裂至叶片长度的1/3～1/2，背瓣略小；叶边全缘或有细齿。叶细胞圆六边形，直径15～30微米；油体小，球形，直径2～3微米。

雌雄同株。雄雌苞均生于茎顶或短侧枝上。雌苞叶分化，全缘或有齿。蒴萼长筒形，上部有4～5条纵褶，口部宽阔，有齿。孢蒴椭圆形或短圆柱形，成熟后4瓣裂。孢子与弹丝数相同。芽胞生于茎枝先端或叶尖，由1～2个细胞组成。

全世界有100种，中国有11种，本地区有2种。

分种检索表

1. 叶边缘全缘；叶细胞有细疣……………………………………1. 鳞叶拟大萼苔 *C. kiaeri*
1. 叶边缘有齿；叶细胞有细瘤………………………………2. 小叶拟大萼苔 *C. microphylla*

鳞叶拟大萼苔 *Cephaloziella kiaeri* (Austin) S. W. Arnell

生境 溪边石壁，林中土面，岩面；海拔：1230～1420米。

分布地点 连城县，曲溪乡，罗胜村岭背畲。

标本 何强12351；贾渝12321c；于宁宁Y4358。

本种植物体纤细，绿色或褐绿色，小片状生长，分枝少，假根少，无色；叶片3列着生，侧叶长方圆形，2裂至1/2，2裂瓣等大，基部不下延，略呈褶合状，叶边全缘或波状；叶细胞薄壁，褐色，三角体不明显，表面有细疣；蒴萼圆柱形，上部有5条纵褶；孢子红褐色，有细疣；芽胞生于茎枝先端，黄褐色，由1～2个细胞组成，圆形或椭圆形。

小叶拟大萼苔 *Cephaloziella microphylla* (Steph.) Douin

生境 溪边石壁，路边石上，路边土面，岩面；海拔：386～2031米。

分布地点 连城县，庙前镇，岩背村马家坪。新罗区，万安镇，西源村。

标本 贾渝12377，12602b；王钧杰ZY1399；于宁宁Y4384b。

本种植物体纤细，绿色，无光泽，交织成片生长，不规则分枝，枝常出于茎腹侧，长鞭状；叶3列着生，侧叶深2裂，背瓣小于腹瓣，裂瓣三角形，上部渐尖，叶边有粗齿；叶细胞小，方形或多边形，三角体不明显，表面有粗疣；雌雄同株；蒴萼圆柱形，有4～5条纵褶，口部截形，边缘有长指状细胞；孢蒴卵形，成熟后4瓣裂；无性芽胞绿色，由2个细胞组成，着生枝端或叶先端。

（十六）合叶苔科 Scapaniaceae Mig.

植物体小形至略粗大，黄绿色、褐色或红褐色，有时呈紫红色。主茎匍匐，分枝倾立或直立。茎横切面皮层1～4（5）层为小形厚壁细胞，髓部为大形薄壁细胞。分枝通常产生于叶腋间，稀从叶背面基部或茎腹面生出侧枝。假根多，疏散。叶明显2列，蔽前式斜生或横生于茎上，不等深2裂，多数呈折合状，背瓣小于腹瓣，背面突出成脊；叶边具齿突或全缘。无腹叶。叶细胞多厚壁，有或无三角体，表面平滑或具疣；油体明显，每个细胞2～12个。无性芽胞常见于茎上部叶片的先端，多由1～2个细胞组成。雌雄异株，稀雌雄有序同苞或同株异苞。雄苞叶与茎叶相似，精子器生于雄苞叶叶腋，每个苞叶2～4个。雌苞叶一般与茎叶同形，大而边缘具粗齿。蒴萼生于茎顶端，多背腹扁平，口部宽阔，平截，具齿突，少数口部收缩，有纵褶。孢蒴圆形或椭圆形，褐色，成熟后4瓣开裂至基部；孢蒴壁厚，由3～7层细胞构成，外层细胞壁具球加厚。孢子直径11～20微米，具细疣。弹丝通常具2列螺纹加厚。

全世界有3属，中国有2属，本地区有2属。

分属检索表

1. 叶基部不抱茎呈鞘状，裂瓣卵形至卵圆形，缝合线多数突出形成背脊或翅；蒴萼多数口部宽平，无纵褶，强烈背腹扁平 ································ 2. 合叶苔属 *Scapania*
1. 叶基部抱茎呈鞘状，裂瓣舌形至长卵形，缝合线不突出形成背脊；蒴萼口部收缩，具纵褶，背腹不或略扁平 ··1. 折叶苔属 *Diplophyllum*

1. 折叶苔属 *Diplophyllum* (Dumort.) Dumort.

植物体形较小，绿色或褐绿色，硬挺，疏松丛生于岩面或土上。茎长1～2厘米，稀疏分枝；横切面皮部细胞小，厚壁，1～4层，内部细胞大，薄壁。叶呈折合状，抱茎或斜生于茎上，背瓣小，腹瓣大，舌形至狭长卵形，脊部与叶片比率较短；全缘或有单细胞齿突。无腹叶。叶中上部细胞四至多边形，近基部细胞长，壁薄或加厚，三角体大小不一，胞壁中部有时呈球状加厚。芽胞由2～4个细胞组成。

雌雄多异株。蒴萼生于茎顶端，长圆筒形或椭圆形，一般不呈背腹扁平，向上收缩，具多条深纵褶，口部有齿突。孢蒴椭圆形，孢蒴壁通常由 4 层细胞组成。孢子球形，直径 11 ～ 15 微米，表面具不规则网格状纹饰。弹丝具 2 列螺纹加厚。

全世界有 27 种，中国有 6 种，本地区有 1 种。

折叶苔 *Diplophyllum albicans* (L.) Dumort.

生境 土面；海拔：1191 ～ 1270 米。

分布地点 上杭县，步云乡，桂和村贵竹坪。

标本 娜仁高娃 Z2092。

本种植物茎的横切面上皮部由 3 ～ 4 层小形、厚壁的细胞组成；叶裂瓣中部具由数列纵长细胞组成的假肋；芽胞由单个细胞组成。

2. 合叶苔属 *Scapania* (Dumort.) Dumort.

植物体匍匐片状生长，先端倾立或直立，体形大小多变化。茎单一或具稀疏侧枝；横切面皮部由 1 ～ 4（5）层小形厚壁细胞构成；髓部细胞大，薄壁。叶深两裂，呈折合状，裂瓣不等大，背瓣多小于腹瓣，方形至卵圆形，宽度一般为长度的 1/2 或等长，横展，基部有时沿茎下延；腹瓣较大，舌形、卵形至宽卵形，稀呈长椭圆形，多斜生于茎上，基部常下延。无腹叶。叶边多具齿，少数平滑。叶细胞壁多有三角体，有时胞壁中部加厚呈球状；表面平滑或具疣。

雌雄异株。雄苞间生。雌苞叶与侧叶相似，但较大。蒴萼多背腹扁平，无纵褶，口部平截形，平滑或具齿突。孢蒴卵形至长卵形，孢蒴壁厚，由 3 ～ 7 层细胞组成，外壁具球状加厚，最内层细胞壁多具螺纹加厚。孢子表面平滑或具细疣。弹丝 2 列螺纹加厚。芽胞常见，卵形至纺锤形，有时具棱角，由 1 ～ 2 个细胞组成。

全世界有 90 种，中国有 49 种，本地区有 9 种，1 亚种。

分种检索表

1. 植物体细小，高一般不超过 1 厘米（稀达 1.5 厘米）；背脊长，为腹瓣长的 1/2 ～ 2/3；叶缘平滑或具稀齿 ………………………………… 4. 短合叶苔 *S. curta*
1. 植物体中等大小至粗壮，高 1 ～ 10 厘米；缝合线背脊无或短，少数较长；叶边缘具齿或纤毛 ……………………………………………………………… 2
 2. 叶无缝合线或背脊短于腹瓣长的 1/5 ………………………………………… 3
 2. 叶缝合线较长，为腹瓣长的 1/5 ～ 3/4 ……………………………………… 4
  3. 叶背瓣基部不沿茎下延 …………………… 3. 刺毛合叶苔 *S. ciliatospinosa*
  3. 叶背瓣基部沿茎长下延 …………………… 8. 尼泊尔合叶苔 *S. nepalensis*

4. 背腹瓣近于等大 …………………………………………………………… 5

4. 背瓣明显小于腹瓣 ………………………………………………………… 6

5. 叶缘具单细胞细齿……………………………9. 弯瓣合叶苔 *S. parvitexta*

5. 叶缘具多细胞小齿…………………………5. 灰绿合叶苔 *S. glaucoviridis*

6. 叶腋间或茎上具假鳞片状附属物；叶缘具不规则的粗齿………………………………………………………………………1. 腋毛合叶苔 *S. bolanderi*

6. 叶腋间或茎上绝无假鳞毛 …………………………………………………… 7

7. 叶边缘常白色透明，细长，呈纤毛状 ……………………………………… 8

7. 叶全缘或边缘齿短钝，部呈纤毛状 ………………………………………… 9

8. 叶细胞表面具粗疣；背瓣基部长下延…… 7. 林地合叶苔 *S. nemorea*

8. 叶细胞表面平滑；背瓣基部不或略下延……2. 刺边合叶苔 *S. ciliata*

9. 叶裂瓣斜生于茎上，椭圆形或卵披针形，上部成锐三角形，叶上部边缘具明显斜生锯状齿 ………10. 斜齿合叶苔 *S. umbrosa*

9. 叶裂瓣横生于茎上，卵形或宽卵形，上部钝，叶上部边缘具多细胞齿………6. 舌叶合叶苔多齿边亚种 *S. ligulata* subsp. *stephanii*

腋毛合叶苔 ***Scapania bolanderi*** Austin

生境 岩面；海拔：1189 米。

分布地点 上杭县，步云乡，桂和村上村。

标本 王钧杰 ZY1453。

本种植物叶腋间可见鳞毛状的附属物；背脊短；叶边缘齿簇，不规则且呈红褐色。

刺边合叶苔 ***Scapania ciliata*** Sande Lac.

生境 岩面薄土，岩面，石上；海拔：860～1421 米。

分布地点 连城县，曲溪乡，罗胜村岭背畲；莒溪镇，罗地村菩萨湾。上杭县，步云乡，大斜村大畲头水库；桂和村贵竹坪。

标本 何强 12347；贾渝 12660；娜仁高娃 Z2079；王钧杰 ZY1282。

本种叶边缘的纤毛状齿特别明显，在野外肉眼可见。

刺毛合叶苔 ***Scapania ciliatospinosa*** Horik.

生境 岩面薄土；海拔：780 ～ 927 米。

分布地点 连城县，庙前镇，岩背村马家坪。

标本 何强 10025。

本种与刺边合叶苔相似，但是本种叶裂至近基部处，背脊极短，强烈弯曲，叶细胞平滑无疣。

短合叶苔 *Scapania curta* (Mart.) Dumort.

生境 林下土面；海拔：1417 米。

分布地点 上杭县，步云乡，桂和村贵竹坪。

标本 何强 11433。

本种的主要特征：①叶裂瓣较阔，腹瓣上部宽圆形，全缘或具单细胞齿突，先端有时有小尖；②叶边具数列厚壁细胞组成的边缘；③芽胞绿色，2 个细胞；④蒴萼口部具短齿突。

灰绿合叶苔* *Scapania glaucoviridis* Horik.

生境 石上；海拔：1279 米。

分布地点 连城县，曲溪乡，罗胜村岭背畲。

标本 王钧杰 ZY1439。

本种的主要特征：①背腹瓣近于等大，宽卵形；②叶边缘具密集齿，齿三角形，多细胞；③叶细胞角质层稍粗糙，具疣。

舌叶合叶苔多齿边亚种 *Scapania ligulata* subsp. *stephanii* (K. Müller) Potemkin

生境 路边岩壁，溪边石壁，岩面；海拔：880 ～ 1770 米。

分布地点 上杭县，步云乡，桂和村狗子脑。连城县，庙前镇，岩背村马家坪。

标本 贾渝 12363；王钧杰 ZY1309；于宁宁 Y4346。

本亚种主要特征：①叶片边缘具多细胞齿，较粗，大小不规则；②背脊较短，约为腹瓣长的 1/3；③叶片细胞壁常加厚，具中等三角体；④芽胞由单细胞组成。

林地合叶苔 *Scapania nemorea* (L.) Grolle

生境 岩面，岩面薄土；海拔：649 ～ 1408 米。

分布地点 上杭县，步云乡，桂和村贵竹坪。连城县，莒溪镇，太平僚村大罐坑；曲溪乡，罗胜村岭背畲。

标本 何强 12377；娜仁高娃 Z2104；王钧杰 ZY298。

该种与波瓣合叶苔 *Scapania undulata*（L.）Dumort. 相似，主要特征：①腹瓣相对较窄，宽为长的 0.8 左右，基部常下延；②背瓣斜生，肾形，基部着生处成弧形弯曲，沿茎下延；③边缘齿呈刺状，长 2 ～ 3 个细胞，顶端细胞长为宽的 2 ～ 3 倍，尖锐；④油体大；⑤芽胞由单个细胞组成（曹同和孙军，2010）。

尼泊尔合叶苔* *Scapania nepalensis* Nees

生境 岩面；海拔：1191～1270米。
分布地点 上杭县，步云乡，桂和村贵竹坪。
标本 娜仁高娃 Z2106。

本种植物体密集丛生或混生于其他苔藓之中，褐色，单一或分枝，假根半透明，密集生长。叶片脊部短，裂瓣不等大，背瓣长方形，先端钝，基部沿茎下延，边缘具毛状长齿，腹瓣约为背瓣大小的3倍，卵形，先端钝，基部沿茎下延，叶边缘具毛状齿，为单个细胞；叶细胞小，角部加厚，表面平滑；雌雄异株；蒴萼梨形，具皱折，背腹不扁平，口部小裂片具毛状齿；芽胞生于叶裂瓣先端，淡棕紫色，卵形，通常由2个细胞组成。

弯瓣合叶苔 *Scapania parvitexta* Steph.

生境 岩面；海拔：1289米。
分布地点 上杭县，步云乡，桂和村贵竹坪。
标本 王钧杰 ZY1283。

本种植物体中等大小，黄绿色，茎单一，假根无色，疏生。叶片脊部为腹瓣长度的1/3～1/2，腹瓣卵形或倒卵形，前缘呈拱形至圆弧形，基部略下延，先端圆钝，有时具小尖，叶边密生不规则毛状齿，由1～4个细胞组成，背瓣长方形或倒卵形，基部不下延，略小于腹瓣，先端圆钝或稀具小尖，叶边缘具毛状齿；叶细胞三角体不明显或中等大小，表面密具疣；雌雄异株；蒴萼顶生，长圆筒形，背腹强烈扁平，口部平截，具多数小裂瓣和齿突；芽胞绿色或带红色，椭圆形，由单个细胞组成。

斜齿合叶苔 *Scapania umbrosa* (Schrad.) Dumort.

生境 岩面薄土；海拔：690～786米。
分布地点 新罗区，江山镇，福坑村梯子岭。连城县，莒溪镇，陈地村盂堀。
标本 何强 10053，11256。

本种叶裂瓣斜生于茎上，椭圆形或卵披针形，上部成锐三角形，边缘多细胞锯状齿明显斜生（曹同和孙军，2010）。

（十七）挺叶苔科 Anastrophyllaceae Söderstr, Roo & Hedd.

植物体匍匐，向上生长，或直立，不分枝，或具侧生枝，或具顶生枝。茎横切面具小而厚壁的皮层细胞，大而薄壁的髓部细胞。叶片互生，2～4裂片，蔽后式或横向着生。无腹叶。细胞小至中等大小，三角体部明显或明显。油体形态多变。

雌雄异株，稀有序同苞。蒴萼大，膨大，卵状圆柱形，明显伸出苞叶外，具深的纵褶，或仅在两端具纵褶；口部稍收缩，全缘，或具3～6个细胞组成的齿，或具弱的细齿。

全世界有16属，中国有8属，本地区有1属。

1. 褶萼苔属 *Plicanthus* R. M. Schust.

叶片近于垂直生长于茎上，略呈蔽后式，3～4分裂。叶细胞平滑或具弱的疣。三角体粗大，呈节状。雌雄异株。孢蒴壁由4层细胞组成。有时由叶片碎片进行无性繁殖。

全世界有5种，分布于新喀里多尼亚至新几内亚、印度－马来亚区域。中国有2种，本地区有2种。

分种检索表

1. 叶片除基部外全缘无齿 ……………………………… 1. 全缘褶萼苔 *P. birmensis*
1. 叶片边缘具不规则的齿 ……………………………… 2. 齿边褶萼苔 *P. hirtellus*

全缘褶萼苔 *Plicanthus birmensis* (Steph.) R.M. Schust.

生境 石上，岩面薄土，林中石上，树干，岩面；海拔：1191～1770米。

分布地点 上杭县，步云乡，桂和村（贵竹坪、永安亭、狗子脑）。连城县，莒溪镇，罗地村赤家坪。

标本 贾渝 12487，12687；娜仁高娃 Z2098；王钧杰 ZY1228，ZY1308，ZY1311。

本种植物体稍大，浅暗绿色或黄棕色，干燥时较硬挺，易碎，鞭状枝有时从茎腹面生出，假根生于茎腹面，无色；叶片近横生，深3裂，裂瓣长三角形，背侧瓣最大，裂瓣中上部全缘，基部两侧有1～3个粗齿，叶边反曲；腹叶深2裂，裂瓣三角形，基部两侧有2～3粗齿；叶细胞不规则多边形，细胞壁不规则加厚，三角体明显，每个细胞具4个球状油体；蒴萼长卵形，上部具深纵褶，口部收缩，边缘具多细胞纤毛。

齿边褶萼苔 *Plicanthus hirtellus* (F. Weber) R. M. Schust.

生境 石上，岩面，土面；海拔：1200～1811米。

分布地点 上杭县，步云乡，桂和村（贵竹坪、狗子脑）。连城县，莒溪镇，罗地村至青石坑；曲溪乡，罗胜村。

标本 何强 11445，11449，11459，12379；贾渝 12455；娜仁高娃 Z2102；王钧杰 ZY1186，ZY1202，ZY1289。

本种在野外常呈大片生长，植物体硬挺，褐色，主茎匍匐，枝条直立向上，叶片边缘具齿。

（十八）睫毛苔科 Blepharostomataceae W. Frey & M. Stech

植物体纤细，淡绿色，略透明。茎直立或倾立，不规则分枝；枝长短不等。叶3列，侧叶大，腹叶稍小，2～4裂达基部，裂瓣均为单列细胞。叶细胞长方形。

雌雄异株。雌苞生于茎顶端；雌苞叶深裂呈毛状。蒴萼圆筒形，口部开阔，有多数纤毛。

全世界有1属。

1. 睫毛苔属 *Blepharostoma* (Dumort.) Dumort.

属的特征同科。

全世界有3种，中国有2种，本地区有2种。

分种检索表

1. 植物体略大，长0.5～1厘米；叶细胞长度为宽度的3倍 ····2. 睫毛苔 *B. trichophyllum*
1. 植物体细小，长约5毫米；叶细胞长度为宽度的2倍 ············1. 小睫毛苔 *B. minus*

小睫毛苔 *Blepharostoma minus* Horik.

生境 溪边石上，溪边树干；海拔：758～1934米。

分布地点 上杭县，步云乡，云辉村西坑；桂和村大凹门。连城县，莒溪镇，陈地村盘坑。

标本 何强 11274b；贾渝 12242b；于宁宁 Y4382b。

本种植物体极纤细，淡绿色，略透明，不规则分枝，假根少，散生于茎和枝上；叶片3列着生于茎上，3～4裂达基部；腹叶2裂，裂瓣为单列细胞；叶细胞长方形，长为宽的2倍；蒴萼长圆筒形，上部有3条纵褶，口部具多数纤毛。孢蒴椭圆形，成熟后 4 瓣纵裂。

睫毛苔 *Blepharostoma trichophyllum* (L.) Dumort.

生境 岩面薄土；海拔：400 米。
分布地点 新罗区，万安镇，西源村渡头。
标本 何强 12322。

本种植物体纤细，柔弱，淡绿色，不规则分枝，假根散生于茎和枝上。叶片 3 列着生于茎上，3～4 深裂达叶片基部，裂瓣纤毛状，为单列长方形细胞，基部宽 4～6 个细胞；叶细胞长方形，长为宽的 3 倍；腹叶 2～3 裂，基部宽 2～3 个细胞；雌苞叶大于茎叶；蒴萼长圆筒形，有 3～4 条纵褶，口部有不规则毛状裂片；孢蒴卵形，褐色，成熟后 4 瓣纵裂；孢子有细疣。

（十九）绒苔科 Trichocoleaceae Nakai

植物体外观呈绒毛状，交织成片生长。茎匍匐或上部倾立，1～3 回羽状分枝。叶蔽后式排列，多 2～5 深裂，裂瓣边缘具细长纤毛。叶细胞长方形，薄壁。

雌雄异株。无蒴萼，具粗大茎鞘。孢蒴卵圆形，蒴壁由多层细胞组成，内层细胞壁具球状加厚。

全世界有 4 属，中国有 1 属，本地区有 1 属。

1. 绒苔属 *Trichocolea* Dumort.

植物体柔弱，黄绿色或灰绿色，交织呈片生长。茎匍匐或先端上倾，2～3 回羽状分枝。叶 3 列，侧叶 4～5 深裂至近基部，裂瓣不规则，边缘具毛状突起；腹叶与侧叶近于同形，明显小于侧叶。叶细胞长方形，薄壁，透明。

雌雄异株。雌苞生于茎或分枝顶端，颈卵器受精后由茎端膨大形成短柱形的茎鞘。孢蒴长卵圆形，蒴壁由 6～8 层细胞组成；外壁细胞形大，薄壁，内层细胞壁具不规则球状加厚。孢子小，球形。弹丝具 2 列螺纹加厚。

全世界有 14 种，中国有 5 种，本地区有 1 种。

绒苔 *Trichocolea tomentella* (Ehrh.) Dumort.

生境 溪边岩面，林中土面，岩面；海拔：638～1507 米。
分布地点 上杭县，步云乡，桂和村永安亭。连城县，莒溪镇，太平僚村大罐坑；陈地村盘坑。
标本 何强 10265，10274，10286，10290，11283；贾渝 12509；张若星 RX068。

本种植物体黄绿色或灰绿色，相互交织生长，不规则羽状分枝或 2 ～ 3 回羽状分枝；叶片 4 裂至近基部，基部高 2 ～ 4 个细胞，裂瓣边缘具单列细胞组成的多数纤毛；叶细胞长方形，薄壁，透明；腹叶与侧叶近于同形，形小；雌雄异株；茎鞘粗大，长圆筒形，外密被长纤毛；孢蒴长椭圆形，棕褐色；孢子球形，红褐色。

（二十）指叶苔科 Lepidoziaceae Limpr.

植物体直立或匍匐，淡绿色、褐绿色，有时红褐色，常疏松平展生长。茎长数毫米至 80 毫米以上，连叶宽 0.3 ～ 6 毫米；不规则 1 ～ 3 回分枝，侧枝为耳叶苔型；腹面具鞭状枝；茎横切面表皮细胞大，内部细胞小。假根常生于腹叶基部或鞭状枝上。茎叶和腹叶形状近似，有的属（虫叶苔属 *Zoopsis*）退化为几个细胞，正常的茎叶多斜列着生，少数横生，先端 3 ～ 4 瓣裂，少数属种深裂，裂瓣全缘；腹叶通常较大，横生茎上，先端常有裂瓣和齿，少数退化为 2 ～ 4 个细胞。叶细胞壁薄或稍加厚，三角体小或大或呈球状加厚；表面平滑或有细疣。

雌雄异株或同株。雄苞生于短侧枝上，雄苞叶基部膨大，每 1 雄苞叶具 1 ～ 2 个精子器。雌苞生于腹面短枝上，雌苞叶大于茎叶，内雌苞叶先端常成细瓣或裂瓣，边缘有毛。蒴萼长棒状或纺锤形，口部渐收缩，具毛，上部有褶或平滑。孢蒴卵圆形，成熟后 4 瓣裂，蒴壁由 2 ～ 5 层细胞组成。弹丝直径 1 ～ 1.5 微米，具 2 列螺纹加厚。孢子有疣。

全世界有 31 属，中国有 6 属，本地区有 3 属。

分属检索表

1. 植物体叉状分枝；叶尖常 2 ～ 3 浅裂，裂瓣呈三角形 ……………1. 鞭苔属 *Bazzania*
1. 植物体羽状分枝；叶尖深裂呈 3 ～ 4 瓣，裂瓣披针形或指形 ……………………………2
   2. 茎规则或不规则 1 ～ 2 回羽状分枝；叶片指状裂瓣几乎达基部 ………………………………………………………………………………………………………2. 细指苔属 *Kurzia*
   2. 茎不规则羽状分枝；叶片指状裂瓣不达基部，呈掌状 ……3. 指叶苔属 *Lepidozia*

1. 鞭苔属 *Bazzania* Gray

植物体纤细或粗壮，亮绿色或黄绿色，有时褐色，有光泽或无光泽，平铺交织生长或疏松丛集生长，常与其他苔藓形成群落。茎匍匐，有时先端上倾；横面细胞分化小，厚壁。分枝一般呈叉状；腹面鞭状枝细长，无叶或有小叶，常生假根。叶多覆瓦状排列，基部斜列，卵状长方形、卵状三角形或舌状长方形，有时先端内曲或平展，通常先端具 2 ～ 3 齿，稀圆钝或具不规则齿；叶边全缘或有齿。叶细胞方形或六边形，稀中下部细胞分化；三角体小或呈球形；表面平滑或有疣；油体多 2 ～ 8 个。腹叶透明或不透明，多宽于茎，少数种基部下延；叶边多有齿或裂瓣，有时边缘有透明细胞。

雌雄异株。雌、雄苞生于短侧枝上。雄苞具 4 ～ 6 对苞叶。蒴萼长圆筒形，先端收缩，口部有毛状齿。孢蒴卵圆形。成熟后开裂成 4 瓣。弹丝细长，具 2 列螺纹加厚。孢子褐色，具疣。

全世界有 150 种，中国有 38 种，本地区有 6 种。

分种检索表

1. 腹叶细胞透明 …… 2
1. 腹叶细胞不透明 …… 4
  2. 叶细胞角质层光滑 …… 5. 三裂鞭苔 *B. tridens*
  2. 叶细胞角质层具瘤 …… 3
    3. 叶细胞角质层具透明瘤 …… 4. 瘤叶鞭苔 *B. mayebarae*
    3. 叶细胞角质层具不透明瘤 …… 1. 白叶鞭苔 *B. albifolia*
      4. 腹叶先端具不规则的粗齿 …… 2. 厚角鞭苔 *B. fauriana*
      4. 腹叶先端具细齿、不规则的深裂 …… 5
        5. 腹叶先端具不规则的细齿 …… 3. 日本鞭苔 *B. japonica*
        5. 腹叶先端具不规则的深裂 …… 6. 鞭苔 *B. trilobata*

白叶鞭苔* ***Bazzania albifolia*** Horik.

生境 林下土面，岩面薄土；海拔：758～786 米。

分布地点 连城县，莒溪镇，陈地村盂堀。

标本 何强 11243，11259，11265。

本种区别于该属其他种类的特征：①叶片先端具 3 个齿；②叶细胞角质层具不透明的密瘤；③腹叶透明（周兰平等，2012）。

厚角鞭苔 ***Bazzania fauriana*** (Steph.) S. Hatt.

生境 树干上，岩面，土面，潮湿岩面；海拔：572 ～ 1408 米。

分布地点 连城县，莒溪镇，太平僚村（大罐坑；太平僚组）；罗地村至青石坑；曲溪乡，罗胜村岭背畲。

标本 何强 10268，12349；王钧杰 ZY230，ZY1182，ZY1193，ZY1409。

本种主要特征：叶片先端舌形，基部卵形；腹叶先端具多枚不规则的裂片（周兰平等，2012）。

日本鞭苔 *Bazzania japonica* (Sande Lac.) Lindb.

生境 岩面，林中石上，倒木，林下土面，岩面薄土，树根；海拔：496～1408 米。

分布地点 上杭县，古田镇，吴地村三坑口；步云乡，大斜村大坪山；桂和村贵竹坪。连城县，庙前镇，岩背村马家坪；莒溪镇，太平僚村；罗地村菩萨湾；曲溪乡，罗胜村岭背畲。

标本 韩威 186；何强 10059，10215，10221，11416，12348，12356；贾渝 12288；娜仁高娃 Z2059；王钧杰 ZY1221，ZY1447，ZY1456；张若星 RX152。

本种植物体中等大小，亮绿色，成小片状生长，叉状分枝，枝先端有时向腹面弯曲；叶片略呈镰刀形弯曲，长椭圆形，前缘呈弧形，叶先端平截，具 3 锐齿；叶细胞三角体大，表面平滑；腹叶圆方形，宽约为茎的 2 倍，上部背仰，先端有不规则齿，基部变窄，两侧边缘稍背曲。

瘤叶鞭苔 *Bazzania mayabarae* S. Hatt.

生境 岩面；海拔：638～710 米。

分布地点 连城县，莒溪镇，太平僚村大罐坑。

标本 何强 10247。

本种植物体细小，油绿色，不分枝或稀叉状分枝，鞭状枝短。叶片长卵形，两侧近于对称，前缘基部圆形，先端渐狭，先端钝头或具 2 个钝齿；叶细胞三角体明显，厚壁，表面有透明疣；腹叶横生，圆形或方圆形，长宽相等，先端截形或圆钝，有时有钝齿，叶边全缘，或稍呈波形，细胞方形或长方形，薄壁，透明，无三角体，每个细胞 8～12 个圆形或长椭圆形的油体。

三裂鞭苔 *Bazzania tridens* (Reinw., Blume. & Nees) Trevis.

生境 溪边石上、树干、石壁，林中土面、石上，土面，开阔地砂石上，腐木，岩面，岩面薄土；海拔：400 ～ 1463 米。

分布地点 上杭县，步云乡，大斜村大畲头水库；桂和村（油婆记、桂和上村）。新罗区，江山镇，福坑村；万安镇，张陈村；西源村渡头。连城县，莒溪镇，太平僚村；罗地村（赤家坪－青石坑）；陈地村盂堀；曲溪乡，罗胜村岭背畲。

标本 韩威 119，198；何强 10218，11251，11262，11263，11326，11327，12323，12341，12365；贯渝 12242a，12253，12332，12445，12453，12649；娜仁高娃 Z2081a；王钧杰 ZY265，ZY291，ZY1250，ZY1355，ZY1424，ZY1445；王庆华 1723；于宁宁 Y4336，Y4345。

本种植物体中等大小，黄绿色或褐绿色，匍匐成片生长，具不规则叉状分枝和鞭状枝；叶卵形或长椭圆形，稍呈镰刀形弯曲，前后相接，先端具 3 个三角形锐齿；叶细胞厚壁，三角体不明显或小，表面有疣；腹叶近方形，宽约为茎的 2 倍，全缘，或先端具三角形钝齿，除基部有几列暗色细胞外，均透明，薄壁，无三角体。

鞭苔 *Bazzania trilobata* (L.) S. Gray

生境 林中石上，林下土面，岩面薄土；海拔：703 ～ 1040 米。

分布地点 上杭县，古田镇，吴地村三坑口。连城县，莒溪镇，陈地村（盘坑、盂堀）。

标本 何强 11254，11268；贯渝 12299；王钧杰 ZY1130。

本种植物体较粗大，淡褐色，叉状分枝，腹面具多数鞭状枝；叶片三角状椭圆形，前缘弧形，先端平截或圆钝，具 3 个锐齿；叶细胞具三角体，表面平滑，每个细胞含 5 ～ 10 个球形油体；腹叶圆方形，宽约为茎的 2 倍，先端有不规则的深裂，达腹叶长度的 1/5 ～ 1/4，齿锐尖，两侧边缘平滑或有齿，边缘细胞透明。

2. 细指苔属 *Kurzia* V. Martens

植物体纤细，淡绿色、绿色或褐绿色，常与其他苔藓形成群落。茎匍匐，或先端上倾，规则或不规则 1 ～ 2 回羽状分枝；枝短，侧枝常着生茎顶端，茎、枝腹面中部有时产生分枝，呈鞭枝状；茎横切面呈圆形，皮部细胞大，厚壁，中部细胞小，薄壁。叶平展或弯曲，3～4（5）瓣深裂，叶基部宽3～15个细胞。叶细胞方形、长方圆形，或六边形，表面平滑或有细疣，壁厚，无三角体；无油体。腹叶较小，两侧对称或不对称，2～4瓣裂，有时裂瓣1～2个细胞。

雌雄异株。雄苞生于短枝上；雄苞叶2～6对。雌苞生于短枝上；雌苞叶2～4瓣裂，裂瓣边缘有齿或长毛。蒴萼长纺锤形，口部收缩，有长纤毛。孢蒴卵形，黑褐色。孢子被疣。

全世界约有34种，热带和亚热带分布。中国有5种，本地区有2种。

分种检索表

1. 侧叶基部不呈盘状，仅有1层细胞，裂瓣直接生于茎上或基部单层细胞上…………………………………………………………………………………2. 中华细指苔 *K. sinensis*
1. 侧叶基部有2～4层细胞，裂瓣着生于盘状基部上………1. 细指苔 *K. gonyotricha*

细指苔 ***Kurzia gonyotricha*** (Sande Lac.) Grolle

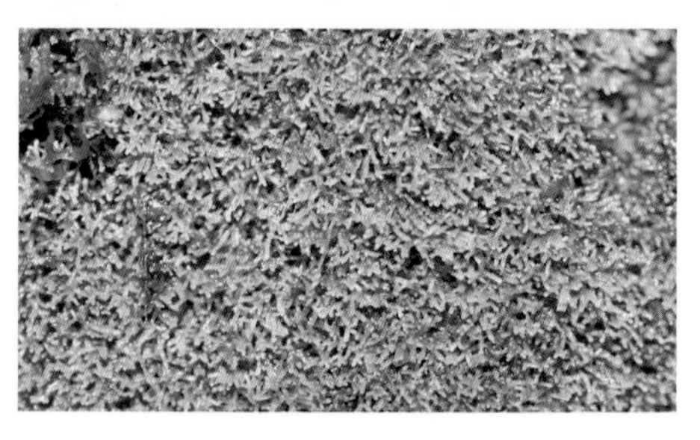

生境　岩面薄土；海拔：1193米。
分布地点　上杭县，步云乡，桂和村上村。
标本　王钧杰 ZY1446。

本种植物体纤细，绿色或淡绿色，常与其他苔藓植物形成群落，叉状分枝；叶片横生，3～4瓣裂达基部，裂瓣由3～4个单列细胞组成，尖部内曲；叶细胞薄壁，表面平滑；腹叶小，通常2裂达基部。

中华细指苔 ***Kurzia sinensis*** G. C. Zhang

生境　岩面，土面，林中腐木；海拔：580～1420米。
分布地点　连城县，莒溪镇，太平僚村；罗地村青石坑。上杭县，步云乡，大斜村大坪山组；桂和村大凹门；云辉村丘山。新罗区，江山镇，福坑村石斑坑。
标本　娜仁高娃 Z2069；贾渝 12321b，12401，12432；王钧杰 ZY275，ZY1200b，ZY1344b，ZY1346。

3. 指叶苔属 *Lepidozia* (Dumort.) Dumort.

植物体中等大小，连叶宽0.5～3毫米，黄绿色或淡黄绿色，有时呈绿色，疏松丛集生长，茎匍匐或倾立；茎横切面呈圆形或椭圆形，皮部细胞18～24个，壁厚，中部细胞小，薄壁或与皮细胞相同；不规则羽状分枝，腹面分枝，细长鞭状。

假根生于鞭状枝上或腹叶基部。叶片斜生，先端常 3 ～ 4 裂，裂瓣通常三角形，直立或内曲；腹叶裂瓣短。叶细胞多无三角体，厚壁，有油体。

雌雄同株或异株。雄苞生于短侧枝上；雄苞叶一般 3 ～ 6 对。雌苞生于腹面短枝上；内雌苞叶先端具齿或纤毛。蒴萼棒槌形或长纺锤形，先端收缩，口部边缘有齿或短毛，有 3～5 条纵褶。孢蒴卵圆形，孢蒴壁由 3～5 层细胞组成。孢子褐色，有细疣。

全世界有 61 种，中国有 12 种，本地区有 3 种。

分种检索表

1. 叶裂瓣长为叶长的 1/3 或不及 1/3 ································ 2. 细指叶苔 *L. trichodes*
1. 叶裂瓣长为叶长的 1/2 ～ 3/4 ·· 2
   2. 叶裂瓣长 5 ～ 6 个细胞，基部宽 2 个细胞 ··················· 1. 东亚指叶苔 *L. fauriana*
   2. 叶裂瓣长 6 ～ 7 个细胞，基部宽 2 ～ 3 个细胞 ················· 3. 硬指叶苔 *L. vitrea*

东亚指叶苔 *Lepidozia fauriana* Steph.

生境 岩面，林中土面，土面，岩面薄土；海拔：618 ～ 1390 米。

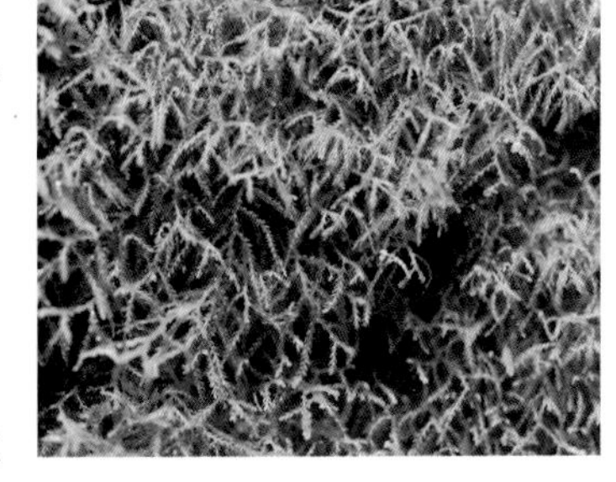

分布地点 上杭县，古田镇，吴地村三坑口；步云乡，桂和村贵竹坪。新罗区，江山镇，福坑村。连城县，庙前镇，岩背村马家坪；莒溪镇，陈地村湖堀；曲溪乡，罗胜村岭背畲。

标本 何强 10031；贾渝 12279，12465；王钧杰 ZY1120，ZY1363，ZY1438。

本种植物体细长，绿色或黄绿色，不规则羽状分枝；叶片方形，宽约为茎的 1/2，先端 4 裂，裂瓣狭三角形，内曲，基部高 4 ～ 5 个细胞；叶细胞无三角体，表面平滑；腹叶小，方形或扁方形，4 裂至叶长度的 1/3 ～ 1/2，裂瓣长 1 ～ 2 个细胞，基部宽 1 ～ 2 个细胞。

细指叶苔 *Lepidozia trichodes* (Reinw. ex Blume & Nees) Gottsche

生境 路边土面，溪边岩壁上，岩面，路边石上；海拔：638 ～ 1240 米。

分布地点 连城县，莒溪镇，太平僚村大罐坑；罗地村赤家坪。上杭县，古田镇，吴地村三坑口；步云乡，桂和村（筀竹坪－共和）。

标本 何强 10266；贾渝 12281，12675；于宁宁 Y4349。

本种植物体纤细，褐色或黑褐色，规则羽状分枝；叶片先端4裂，裂瓣长3～5个细胞，基部宽2个细胞，壁厚，无三角体，表面具疣；腹叶方形，长宽近于相等，宽约为茎的1/2，先端4裂，裂片长2～5个细胞。

硬指叶苔 *Lepidozia vitrea* Steph.

生境 阴土壁，岩面；海拔：516～1185米。

分布地点 新罗区，江山镇，福坑村石斑坑。上杭县，步云乡，桂和村上村。

标本 娜仁高娃 Z2039；王钧杰 ZY1464。

本种植物体细长，淡绿色或黄绿色，有时褐绿色，不规则羽状分枝，假根生于分枝或生殖枝基部；叶片离生，倾立，近于方形，先端4裂达叶片长度的1/2，裂瓣狭三角形，高4～5个细胞，基部宽2～3个细胞；叶细胞近于方形，细胞壁薄，无三角体，表面平滑；腹叶较小，与侧叶近于同形。

（二十一）剪叶苔科 Herbertaceae Müll. Frib. ex Fulford

植物体硬挺，小形至中等大小，褐绿色至深红褐色。茎倾立或直立，不规则分枝或由茎腹面生出。叶横生或近于横生，两裂或不对称三裂，裂瓣全缘或近于全缘，披针形、三角形或三角状披针形，常向一侧偏曲。腹叶与侧叶相似，较小，裂瓣常直立。叶细胞常不规则加厚。雄苞顶生或间生，或生于短侧枝上，每个苞叶具2个精子器。雌苞顶生。蒴萼卵形，具3脊，口部分瓣或具毛状齿。孢蒴球形，成熟后多瓣开裂。

全世界有3属，中国有1属，本地区有1属。

1. 剪叶苔属 *Herbertus* Gray

植物体倾立或直立，有时匍匐。茎硬挺，皮部由2～4层厚壁细胞组成。枝叶蔽前式排列，多两裂，稀3裂，裂瓣渐尖，狭三角形至披针形，常呈镰刀状偏曲；叶边全缘。腹叶与侧叶相似，略小。叶细胞强烈加厚，叶基部中央细胞长方形，成带状假肋，可长达叶尖部。

雌雄异株。雄苞叶常4～8对。雌苞叶常大于枝叶，与枝叶近似，开裂深；内雌苞叶包被蒴萼，边缘常具齿。孢蒴球形，常4瓣或多瓣开裂；孢蒴壁由4～7层细胞组成。孢子直径为弹丝宽度的2～2.5倍。

全世界有25种，中国有15种，本地区有4种。

分种检索表

1. 叶片渐尖……………………………………………………2. 钝角剪叶苔 *H. armitanus*
1. 叶片锐尖……………………………………………………………………2
  2. 叶片直立……………………………………………………4. 长角剪叶苔 *H. dicranus*
  2. 叶片弯曲…………………………………………………………………3
    3. 叶片长而狭窄，尖部由（2～）4～7个单列细胞组成，叶片长宽比2.6～4.0
    ……………………………………………………………1. 剪叶苔 *H. aduncus*
    3. 叶片宽，尖部由2～3个单列细胞组成，叶片长宽比1.8～2.5…………
    ……………………………………………………3. 南亚剪叶苔 *H. ceylanicus*

剪叶苔 ***Herbertus aduncus*** (Dicks.) S. Gray

生境 岩面；海拔：1629米。

分布地点 上杭县，步云乡，桂和村油婆记。

标本 韩威148。

本种植物体交织生长，黄褐色，主茎横展，分枝直立，末端呈鞭状；叶片2裂至叶长度的3/4～4/5，基部呈方圆盘状，叶边平滑或具黏液疣，叶裂瓣上部倾立或呈镰刀状；假肋明显，达叶上部；叶细胞近于方形或长方形，细胞壁厚；假肋基部细胞厚壁，强烈角偶加厚；腹叶与侧叶相似，稍小，裂瓣多直立或倾立。

钝角剪叶苔 ***Herbertus armitanus*** (Steph.) H.A. Mill.

生境 岩面；海拔：1629米。

分布地点 上杭县，步云乡，桂和村油婆记。

标本 韩威150；王钧杰ZY1310。

本种植物体中等大小或大形，橙色，紫色或绿色；叶片弯曲，对称，基盘宽，长与宽的比例为2.3～7.2，叶片2裂至叶片长度的2/3～3/4，裂瓣狭披针形，渐尖，尖部由3～9个单列细胞组成，叶片边缘常具具柄的黏液滴；假肋强，达裂瓣中部以上，有时可达尖部，假肋在基盘中部分叉；基盘细胞具小或中等大小的三角体；腹叶于侧叶类似，但较小。

南亚剪叶苔 ***Herbertus ceylanicus*** (Steph.) H. A. Mill.

生境 林中石上，石壁，岩面；海拔：1269～1770米。

分布地点 上杭县，步云乡，桂和村（大凹门、贵竹坪、狗子脑）。

标本 贯渝 12316；娜仁高娃 Z2123。

本种植物体细小，褐绿色或黄褐色，丛集生长，分枝多，鞭状枝生有小形叶；叶片长椭圆形，2 裂深达 3/4，裂口呈锐角形，裂瓣阔披针形，渐呈短锐尖，尖部 1 ～ 2 个单列细胞，基部呈肾形，基部边缘近于平滑或有无柄黏液疣；假肋在叶基中部分叉，直达裂瓣中上部终止；叶细胞厚壁，三角体不明显，角质层平滑。腹叶与侧叶相似。

长角剪叶苔 *Herbertus dicranus* (Taylor) Trevis.

生境 岩面，树干；海拔：1358 ～ 1811 米。

分布地点 上杭县，步云乡，桂和村（贵竹坪、狗子脑）。

标本 何强 11407，11454。

本种植物体中等大小，黄褐色或深褐色，分枝常从腹面伸出；叶片偏曲，2 裂至 1/2 ～ 3/5，裂瓣披针形，略弯曲，先端渐尖，基部卵形，全缘或具不规则疏齿，齿先端具黏液疣；假肋基部明显内凹，长达裂片中上部；叶细胞薄壁，三角体呈球状加厚。腹叶与侧叶同形，较小。

（二十二）齿萼苔科 Lophocoleaceae Vanden Berghen

植物体大小多异，苍白色或暗褐绿色，具光泽，呈单独小群落或与其他苔藓混生。茎匍匐，横切面皮部细胞不分化；分枝多顶生，生殖枝侧生；假根散生于茎枝腹面，或生于腹叶基部。叶斜生于茎上，蔽后式覆瓦状排列，先端两裂或具齿。叶细胞薄壁，表面平滑，具细疣或粗疣；油体球形或长椭圆形，一般每个细胞含 2 ～ 15（25）个。腹叶 2 裂，或浅 2 裂，两侧具齿，稀呈舌形，基部两侧或一侧与侧叶基部相连。

雄枝侧生，雄苞叶数对，囊状。雌苞顶生或生于侧短枝上，雌苞叶分化或不分化，仅少数属具隔丝，有的发育为蒴囊，有的转变为茎顶倾垂蒴囊。蒴柄长，由多个同形细胞构成。孢蒴卵形或长椭圆形，成熟后 4 瓣裂达基部；蒴壁厚 4 ～ 5（8）层细胞。孢子小，直径 8 ～ 22 微米。弹丝 2 列螺纹加厚，直径为孢子直径的 1/2 ～ 1/4。无性芽胞多生于叶先端边缘，2 至多个细胞，椭圆形或不规则形。

全世界有 24 属，中国有 3 属，本地区有 2 属。

分属检索表

1. 雌苞生于侧短枝上；腹叶与侧叶相连……………………… 2. 异萼苔属 *Heteroscyphus*
1. 雌苞生于茎或长枝先端；腹叶不与侧叶基部相连，或仅一侧与侧叶相连……………………………………………………………………………… 1. 裂萼苔属 *Chiloscyphus*

1. 裂萼苔属 *Chiloscyphus* Corda

植物体绿色或黄绿色，匍匐生长。茎具侧生分枝，分枝着生于叶腋。假根束状，生腹叶基部。叶蔽后式，相接或覆瓦状排列，长方形或近方形，先端钝圆或两裂，具齿突。叶细胞近于等轴型，壁薄，多具大三角体，稀不明显，表面平滑或具疣。腹叶为茎直径 1～2 倍，多深 2 裂，裂瓣披针形，外侧多具一小齿，基部不与侧叶相连或仅一侧与侧叶相连。

雌雄同株，稀异株。雌雄苞一般生于主茎或长分枝顶端。雌苞叶大于茎叶，先端具裂瓣和不规则齿突。蒴萼大，长筒形或广口形，横切面呈三棱形，口部常具 3 裂瓣，裂瓣具纤毛状齿。孢蒴球形或卵圆形。孢子圆球形，具疣。弹丝具 2 列螺纹加厚。

全世界有 97 种，中国有 20 种，本地区有 5 种。

分种检索表

1. 叶片先端圆钝或微凹，稀 2 裂 ……………………………………………… 4
1. 叶片先端 2 裂，裂瓣三角形 ……………………………………………… 2
   2. 雌雄异株 …………………………………… 1. 圆叶裂萼苔 *C. horikawanus*
   2. 雌雄同株 ……………………………………………………………… 3
      3. 腹叶 2 裂达叶片长的 1/2～2/3，两侧各具一锐齿 ……4. 裂萼苔 *C. polyanthos*
      3. 腹叶 2 裂达叶长的 1/2，一侧具齿或均平滑 ……2. 全缘裂萼苔 *C. iniegristipalus*
         4. 叶片先端常具芽胞 ……………………… 3. 芽胞裂萼苔 *C. minor*
         4. 叶片先端无芽胞 ……………………… 5. 中华裂萼苔 *C. sinensis*

圆叶裂萼苔* ***Chiloscyphus horikawanus*** (S. Hatt.) J. J. Engel & R. M. Schust.

生境 林下土面、土壁，林缘石壁上；海拔：516～816 米。

分布地点 上杭县，步云乡，云辉村西坑。新罗区，江山镇，福坑村（梯子岭、石斑坑）。连城县，莒溪镇，太平僚村大罐坑。

标本 何强 10051，10287；贯渝 12417；王庆华 1677；于宁宁 Y04234，Y04258，Y04506。

本种植物体小形，鲜绿色或黄绿色，分枝少，假根少，束状，生于腹叶基部，无色；叶片方圆形，叶边缘全缘，先端截形；叶细胞近于等轴型，薄壁，三角体小，角质层平滑，油体球形或纺锤形；腹叶长椭圆形，比茎窄，2裂达叶长的1/2，裂瓣钝或锐尖，叶边平滑或具1～2枚钝齿，一侧基部常与侧叶联生；芽胞生于叶尖处。蒴萼上部扁平形，口部3裂，裂瓣边缘平滑稀具齿；孢蒴球形，成熟时4裂瓣；孢子具细疣。

全缘裂萼苔 *Chiloscyphus integristipulus* (Steph.) J. J. Engel & R. M. Schust.

生境 路边土面，岩面薄土；海拔：654～861米。

分布地点 上杭县，古田集镇边。连城县，莒溪镇，池家山村。

标本 王庆华1678，1823。

本种植物体粗状，挺硬，绿色或黄绿色，常与其他苔藓形成群落，不分枝或不规则分枝，假根多，束状，着生腹叶基部；叶片卵圆形或圆方形，长宽近于相等，先端圆钝或近于平截，叶边全缘；叶细胞，薄壁，三角体小，表面平滑，每个细胞具8～-2个球形或椭圆形的油体；腹叶近于方形，与茎等宽，2裂至叶长的1/2，裂瓣三角形，具锐尖，两侧平滑或一侧具钝齿；雌雄同株；雄苞生于蒴萼下部短枝上，雄苞叶4～6对；雌苞生于茎顶端；蒴萼基部膨起，具3个脊；孢蒴球形；孢子球形，黄褐色，具细疣。

芽胞裂萼苔 *Chiloscyphus minor* (Nees) J. J. Engel & R. M. Schust.

生境 石壁上；海拔：606米。

分布地点 连城县，莒溪镇，太平僚村。

标本 于宁宁Y04528。

本种植物体小形，绿色或黄绿色，密集生长，假根生于腹叶基部；叶片长椭圆形或长方形，2裂至1/4～1/3，稀圆钝，裂瓣渐尖；叶细胞多边形，薄壁，无三角体，表面平滑，每个细胞4～10个近于球形的油体；腹叶长方形，略宽于茎，深2裂；雌雄异株；雄株细小，雄苞多见于主茎顶端；雌苞生于主茎或侧枝先端，雌苞叶略大，阔卵形；蒴萼长三棱形，口部具3裂瓣，边缘具不规则粗齿；芽胞球形，单细胞，常着生于叶尖部。

裂萼苔 *Chiloscyphus polyanthos* (L.) Corda

生境 土面，林下石生；海拔：500～861米。

分布地点 上杭县，步云乡，云辉村西坑。连城县，庙前镇，岩背村马家坪；莒溪镇，太平僚村风水林。

标本 贾渝 12245，12373；于宁宁 Y04487。

本种植物贴生于土面或石上，呈翠绿色或绿色，叶片全缘，腹叶2裂至长度的2/3处，两侧各具1齿。

中华裂萼苔 *Chiloscyphus sinensis* J. J. Engel & R. M. Schust.

生境 树干；海拔：1520米。

分布地点 上杭县，步云乡，桂和村大凹门。

标本 贾渝 12336b。

本种植物体中等大，柔弱，淡黄绿色，常与其他苔藓形成群落，不分枝或少数分枝，假根少，生于腹叶基部；叶片卵长方形，长大于宽，不对称，叶边缘全缘，先端2裂达叶长的1/4，裂瓣阔三角形，锐尖；叶细胞近似等轴六边形，薄壁，三角体小或不明显，角质层平滑；腹叶大，约与茎同宽，2裂几达基部，两侧边具齿或平滑；蒴萼大，卵形，上部三角形口部具不规则齿。

2. 异萼苔属 *Heteroscyphus* Schiffn.

植物体形差异较大，淡绿色或黄绿色，有时暗绿色。茎不规则分枝，分枝发生于茎腹面叶腋；茎横切面细胞不分化。假根散生或生于腹叶基部。叶斜生，多前缘基部下延，先端两裂或具齿，基部一侧或两侧与腹叶相连。叶细胞薄壁，三角体大，稀不明显，表面平滑；油体少。腹叶大，2裂或不规则深裂。雌苞生于短枝上。雄苞生于短侧枝上；短枝上无正常叶发育，仅为雌雄苞叶。

全世界有60种，中国有14种，本地区有6种。

分种检索表

1. 茎叶全缘；腹叶大，均比茎宽 ………………………………………………………… 2
1. 茎叶先端2裂或具齿；腹叶小或大，与茎同宽或宽于茎 …………………………………… 3
   2. 叶片圆形，多数宽略大于长，叶细胞具大三角体；腹叶不裂，全缘具波曲或粗齿 ……………………………………………………………………… 5. 圆叶异萼苔 *H. tener*

2. 叶片长三角舌形或长方形，长大于宽；叶细胞无三角体；腹叶 2 深裂或具不规则长齿 ………………………………………………………… 4. 全缘异萼苔 *H. saccogynoides*

3. 叶先端两侧具齿，叶边直 …………………………………… 2. 双齿异萼苔 *H. coalitus*

3. 叶先端具 2 ～ 8 枚齿，叶边弧形弯曲 ………………………………………………… 4

4. 叶先端截形，具 3 ～ 5 枚粗齿 ……………………………… 3. 平叶异萼苔 *H. planus*

4. 叶先端圆钝，具 2 ～ 10 枚细齿 …………………………………………………… 5

5. 植物体常不透明；叶先端 4 ～ 10 枚 2 ～ 8 个细胞长齿 ……………………………………………………………………………… 1. 四齿异萼苔 *H. argutus*

5. 桓物体常较透明；叶先端 2 ～ 4 枚 1 ～ 3 个细胞短齿 ……………………………………………………………………………… 6. 南亚异萼苔 *H. zollingeri*

四齿异萼苔 *Heteroscyphus argutus* (Reinw.，Blume & Nees) Schiffn.

生境 溪边山谷石上，林中阴湿石壁，林下土壁，腐木，树枝，树根，岩面；海拔：400 ～ 1272 米。

分布地点 上杭县，步云乡，桂和村（大凹门、贵竹坪）。连城县，莒溪镇，太平僚村（大罐坑 \ 太平僚）。新罗区，万安镇，西源村渡头。

标本 韩威 255；何强 10297，12325；贾渝 12463；王钧杰 ZY1383；于宁宁 Y4381，Y04520，Y04545。

本种植物体淡绿色或黄绿色；叶片长方圆形，先端平截或圆钝，具 4 ～ 10 小齿，叶边全缘；叶细胞近六边形，无三角体，不透明，表面平滑；腹叶小，深 2 裂，两侧近基部具 2 粗齿，多与侧叶相连。

双齿异萼苔 *Heteroscyphus coalitus* (Hook.) Schiffn.

生境 路边土面，潮湿岩面，路边水沟石上，林下土面，岩面砂土；海拔：500 ～ 1420 米。

分布地点 上杭县，步云乡，云辉村西坑；桂和村永安亭。新罗区，江山镇，福坑村梯子岭。连城县，莒溪镇，太平僚村大罐坑；曲溪乡，罗胜村岭背畲。

标本 何强 10073，10086，10277，11399，12345，12370；贾渝 12263b，12474；王钧杰 ZY1434。

本种植物体中等大小，油绿色或黄绿色，基部褐绿色，常与其他苔藓形成群落；

叶片长方形，先端平截，两角突出呈齿状，叶边全缘；叶细胞六角形，薄壁，无三角体；腹叶宽为茎的 2 ～ 3 倍，扁方形，先端具 4 ～ 6 齿，两侧与侧叶相连。

平叶异萼苔 *Heteroscyphus planus* (Mitt.) Schiffn.

生境 腐木，石壁，林中土面；海拔：392 ～ 1491 米。

分布地点 连城县，庙前镇，岩背村马家坪；莒溪镇，太平僚村。上杭县，步云乡，桂和村永安亭。新罗区，江山乡，背洋村林畲。

标本 何强 10038；贯渝 12505，12575；于宁宁 Y04525。

本种植物体绿色或黄绿色，疏生于其他苔藓群落中，分枝少，生于茎腹面，假根着生腹叶基部；叶片长方形，先端具 2 ～ 5 齿，叶边全缘；叶细胞近六边形；腹叶近于与茎直径等宽，阔长方形，2 裂至叶长度的 1/3 ～ 1/2，裂瓣披针形，两侧各具一齿，基部一侧与侧叶相连。

全缘异萼苔* *Heteroscyphus saccogynoids* Herzog

生境 林下路边土面，土面；海拔：645 ～ 957 米。

分布地点 上杭县，古田镇，吴地村（大吴地到桂和村旧路）；步云乡，云辉村丘山。新罗区，江山镇，福坑村梯子岭。

标本 王钧杰 ZY1347，ZY1349；王庆华 1779；于宁宁 Y4333。

本种植物体大形，暗褐色或油绿色，具光泽，假根生于腹叶基部；叶片圆形，宽略大于长，内凹背凸瓢形，两侧基部与腹叶基部相连，叶边缘全缘；叶细胞等轴六边形，三角体大，具球状加厚，角质层平滑；腹叶圆形，宽略大于长，约为茎的 2 倍宽，两侧边与两侧叶联生，先端 2 浅裂，两侧边缘具粗钝齿；蒴萼大，口部具多数裂片，裂片披针形，具刺状齿。

圆叶异萼苔 *Heteroscyphus tener* (Steph.) Schiffn.

生境 岩面；海拔：658 米。

分布地点 连城县，莒溪镇，陈地村湖堀。

标本 王钧杰 ZY1141。

本种植物体黄绿色或褐绿色，密生于其他苔藓群落中，不分枝或稀疏分枝，假根呈束状生于腹叶基部；叶片平展，近于椭圆形，内凹，先端圆钝，前缘弧形，后缘圆弧形，基部与腹叶相连，叶边全缘；叶细胞多边形；腹叶大，上下相互贴生，近圆形，先端圆钝或略内凹，全缘，两侧基部与侧叶相连。

南亚异萼苔 *Heteroscyphus zollingeri* (Gottsche) Schiffn.

生境 枯枝上，岩面；海拔：787 ～ 1054 米。

分布地点 连城县，莒溪镇，太平僚村。上杭县，步云乡，大斜村大坪山组。

标本 娜仁高娃 Z2056；王钧杰 ZY246。

本种植物体较大，常与其他苔藓形成群落，茎绿色，分枝少或不分枝，假根生于腹叶基部；叶片方圆形或近于卵圆形，先端圆钝，具 1 ～ 3 枚短齿；叶细胞六边形，薄壁，角质层平滑；腹叶小，两侧基部与侧叶联生，2 裂近达基部，裂瓣披针形，两侧基部具单齿；蒴萼三棱形，背棱开裂缝较长，萼口开阔，3 条裂瓣披针形，具刺状齿。

（二十三）羽苔科 Plagiochilaceae Müll. Frib.

植物体形小至稍大，绿色、黄绿色或褐绿色，疏生或密集生长。茎匍匐、倾立或直立；不规则分枝、羽状分枝或不规则叉状分枝，自叶基生长或间生型；茎横切面圆形或椭圆形，皮部细胞厚壁，2 ～ 3 层，中部细胞多层，薄壁，透明；假根散生于茎上。叶片 2 列，蔽后式排列，披针形、卵形、肾形、舌形或旗形，后缘基部多下延，稍内卷，平直或弯曲，前缘多呈弧形，反卷，基部常不下延，先端圆形或平截形，稀锐尖；叶边全缘、具齿或有裂瓣。叶细胞六角形或蠕虫形，基部细胞常长方形或成假肋；胞壁有或无三角体，表面平滑或具疣。腹叶退失或仅有细胞残痕。

雌雄异株。雄株较小，雄苞顶生、间生或侧生；雄苞叶 3 ～ 10 对。雌苞叶分化，较茎叶大，多齿。蒴萼钟形、三角形、倒卵形或长筒形，背腹面平滑或有翼，口部具两瓣，平截或弧形，平滑或具锐齿。孢蒴圆球形，成熟后 4 瓣深裂。

全世界有 8 属，中国有 5 属，本地区有 2 属。

分属检索表

1. 植物体纤细至粗壮；叶片互生 ………………………………… 1. 羽苔属 *Plagiochila*
1. 植物体纤细；叶片对生 ………………………………………… 2. 对羽苔属 *Plagiochilion*

1. 羽苔属 *Plagiochila* (Dumort.) Dumort.

植物体形多样，绿色至褐绿色，具光泽或无光泽，疏或密生。茎倾立或直立，常在蒴萼下分生 1 ～ 2 新枝；横切面圆形或椭圆形，多褐色，皮部细胞厚壁，中部

分种检索表

1. 叶基部具假肋 …… 2
1. 叶基部无假肋 …… 3
 2. 植物体小；假根少；叶片多残缺，宽圆形，具5～9枚细齿 …… 13. 短齿羽苔 *P. vexans*
 2. 植物体中等至大形；密被假根；叶片完整，椭圆形，全叶几乎具密齿 …… 10. 延叶羽苔 *P. semidecurrens*
  3. 植物体羽状分枝，顶生型 …… 8. 美姿羽苔 *P. pulcherrima*
  3. 植物体非羽状分枝，分枝顶生式间生型 …… 4
   4. 叶片易脱落和碎裂；蒴萼钟形 …… 6. 圆头羽苔 *P. parvifolia*
   4. 叶片不脱落，不碎裂；蒴萼钟形或筒形 …… 5
    5. 叶片狭长形、舌形或剑形 …… 6
    5. 叶片椭圆形、圆形、肾形 …… 8
     6. 植物体有光泽；叶细胞三角体细小；蒴萼钟形 …… 12. 狭叶羽苔 *P. trabeculata*
     6. 植物体无光泽；叶细胞三角体中至大；蒴萼短筒或长筒形 …… 7
      7. 植物体绿褐色，叶细胞三角体小 …… 9. 刺叶羽苔 *P. sciophila*
      7. 植物体深褐色，叶细胞三角体大 …… 1. 树形羽苔 *P. arbuscula*
       8. 植物体宽3.2毫米；叶片椭圆形，叶尖2裂 …… 4. 明叶羽苔 *P. nitens*
       8. 植物体宽8毫米；叶片宽圆形，叶尖不2裂 …… 9
        9. 叶缘具齿；叶细胞壁厚；茎不分枝 …… 11. 司氏羽苔 *P. stevensiana*
        9. 叶缘具锐齿，叶细胞壁薄，茎多分枝 …… 10
         10. 植物体分枝多，多顶生型；具无性芽胞；蒴萼钟形 …… 11
         10. 植物体分枝少，间生型；芽胞少；蒴萼钟形或椭圆形 …… 12
          11. 茎具鳞毛 …… 2. 加萨羽苔 *P. khasiana*
          11. 茎无鳞毛 …… 3. 泥泊尔羽苔 *P. nepalensis*
           12. 叶片密集着生，宽圆卵形，基部稍下延 …… 7. 密齿羽苔 *P. porelloides*
           12. 叶片毗邻或稀疏着生，卵圆形或卵形，基部下延 …… 5. 卵叶羽苔 *P. ovalifolia*

细胞六边形，薄壁；假根多生于茎基部，多无色。叶疏生或覆瓦状排列，方形、长方形或圆形，斜列，后缘基部多下延；叶边平滑、具不规则齿或长毛。叶细胞六边形或基部细胞长六边形，薄壁或厚壁，无三角体或胞壁具球状加厚；表面平滑，稀具疣。腹叶缺失或具残痕。

雌雄同株或异株。雌苞顶生或生于侧枝先端。蒴萼多种形态，通常口部扁平。

孢蒴卵圆形，成熟时4瓣深裂至基部。弹丝2列螺纹加厚。

全世界有400种，中国有84种，本地区有13种。

树形羽苔 *Plagiochila arbuscula* (Brid. ex Lehm. & Lindenb.) Lindenb.

生境 溪边岩面；海拔：1375～1491米。

分布地点 上杭县，步云乡，桂和村永安亭。

标本 张若星RX066。

本种植物体大形，褐绿色，多成片生长，茎多分枝，成扇形，假根少；叶片宽卵形或长椭圆形，后缘稍内卷，全缘，基部略下延，前缘弧形，基部宽大，不下延，具5～8个锐齿，叶先端平截，具2～4个锐齿；叶细胞薄壁，褐色，三角体大，表面平滑；无腹叶；雄苞间生，雄苞叶5～7对；雌苞顶生；蒴萼卵形，口部平截，具锐齿。

加萨羽苔 *Plagiochila khasiana* Mitt.

生境 林中石上；海拔：1505米。

分布地点 上杭县，步云乡，桂和村大凹门。

标本 贾渝12346。

本种植物体大形，褐绿色，茎分枝少，成小片生长，假根少；叶片长椭圆形，先端渐尖，后缘稍内卷，基部长下延，前缘稍呈弧形，基部宽阔，略下延，叶边具10多个尖齿；叶细胞胞壁稍厚，三角体中等大小，表面平滑；腹叶退失；芽胞长方形，生于叶腹面；雌苞顶生，雌苞叶圆卵形；蒴萼圆钟形，口部呈弧形，具长锐齿。

尼泊尔羽苔 *Plagiochila nepalensis* Lindenb.

生境 溪边石上；海拔：900米。

分布地点 连城县，莒溪镇，池家山村鱼塘。

标本 贾渝12601。

本种植物体中等大小，褐绿色，略具光泽，下部分枝多，间生型，顶部分枝呈顶生型，假根少；叶片卵圆形或长椭圆形，顶端平截或呈圆形，后缘稍内卷，全缘，基部略下延，前缘弧形，具3～6个锐齿，基部略宽，叶尖部具 4 个尖齿；叶细胞三角体大，表面平滑；腹叶退失；雄苞间生，雄苞叶 6 对；雌苞顶生，雌苞叶大于茎叶，多齿。蒴萼钟形，背面脊部翼宽阔，腹面脊部翼狭小，口部宽阔，边缘具 2 ～ 8 个锐齿。

明叶羽苔* *Plagiochila nitens* Inoue

生境 潮湿岩面，林下树干基部；海拔：796 ～ 1320 米。
分布地点 连城县，莒溪镇，太平僚村风水林。上杭县，步云乡，桂和村贵竹坪。
标本 娜仁高娃 Z2118；于宁宁 Y04477。

本种植物体细小，淡褐绿色，有横茎向上倾立，分枝少，假根少；叶长椭圆形，背缘与腹缘近于平行，背缘平直，全缘，基部下延，叶顶端具 2 枚长齿，腹缘稍弯曲，基部不下延，具 3 ～ 4 枚长齿，齿纤细；叶细胞薄壁，无三角体，角质层平滑；腹叶细小，长 2 ～ 3 个细胞，深 2 裂。

卵叶羽苔 *Plagiochila ovalifolia* Mitt.

生境 潮湿岩面；海拔：1339 米。
分布地点 连城县，曲溪乡，罗胜村岭背畲。
标本 王钧杰 ZY1412。

本种植物体褐绿色，常与其他苔藓混生，分枝间生型，假根少，生于茎基部；叶片卵圆形或长卵形，后缘稍内卷，基部下延，前缘呈弧形，基部宽阔，稍下延，先端圆钝或渐尖，叶边具 30 ～ 40 个细齿，齿长 3 ～ 4 个细胞；叶细胞，三角体小，表面平滑；腹叶退失；雌苞顶生，雌苞叶与茎叶近于同形。

圆头羽苔 *Plagiochila parvifolia* Lindenb.

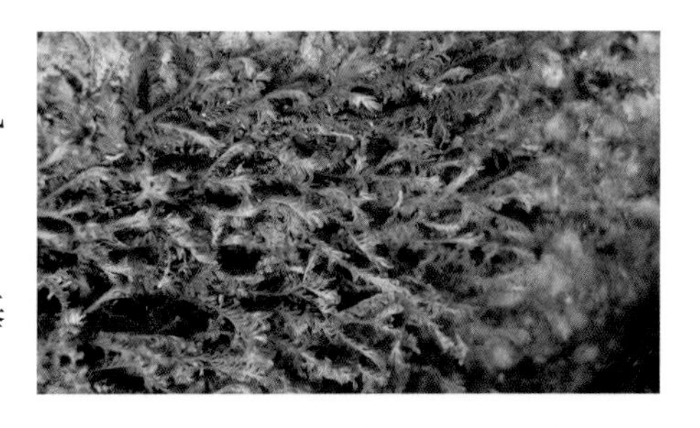

生境 林下石生；海拔：796 ～ 861 米。
分布地点 连城县，莒溪镇，太平僚村风水林。
标本 于宁宁 Y04488。

本种具腹叶，叶片顶端常断裂脱落，基部极宽。

密齿羽苔 *Plagiochila porelloides* (Torrey ex Nees) Lindenb.

生境 林中树干；海拔：1040 米。

分布地点 上杭县，步云乡，大斜村。

标本 贾渝 12424。

本种植物体中等大小，灰绿色，分枝间生型，假根稀疏；叶片密生，宽圆卵形，后缘内卷，基部略下延，前缘稍弯，基部宽阔稍下延，叶边具密细齿；叶细胞三角体小，表面平滑；腹叶退失；雄苞顶生或间生，雄苞叶 4 ～ 5 对；雌苞顶生，雌苞叶与茎叶同形；蒴萼短筒形或长筒形，口部具密齿。

美姿羽苔 *Plagiochila pulcherrima* Horik.

生境 林中、水边或溪边石上，岩面；海拔：1480 ～ 1598 米。

分布地点 上杭县，步云乡，桂和村（大凹门、永安亭、油婆记）。

标本 韩威 137；贾渝 12313，12314，12515。

本种植物体中等大小，树状分枝，硬挺，黄绿色至淡褐色，鞭状枝生于主茎基部，假根棕色，茎上密布鳞毛，鳞毛长 1 ～ 4 个细胞；叶疏生，后缘内卷，具 1 ～ 3 个齿，基部下延，前缘稍呈弧形，具 5 ～ 7 个齿；叶细胞三角体明显，表面平滑；腹叶常退失；雄苞具 6 对苞叶，有疏齿；雌苞顶生，雌苞叶与枝叶同形，尖部具粗齿；蒴萼钟形，口部具锐齿。

刺叶羽苔 *Plagiochila sciophila* Nees ex Lindenb.

生境 石上，树桩，林中树干，石壁上，岩面，树枝，溪边石上，溪边岩面，树干，岩面薄土；海拔：400 ～ 1040 米。

分布地点 上杭县，步云乡，云辉村西坑；古田镇，吴地村三坑口。连城县，庙前镇，岩背村马家坪；莒溪镇，太平僚村（七仙女瀑布、太平僚、百金山、大罐坑）；陈地村（湖堀、盘坑）；池家山村神坛附近。新罗区，万安镇，西源村渡头。

标本 何强 10282，11294，12319；韩威 224；贾渝 12252，12301，12355，12617；于宁宁 Y04271，Y4475；张若星 RX101，RX102；王钧杰 ZY022，ZY1150，ZY1160。

本种植物体中等大小，淡褐绿色，柔弱，有时具分枝，假根少；叶片长椭圆形，叶先端具 2 个长齿，基部稍下延，后缘稍呈弧形，叶边具 6 ～ 10 个齿，齿具 5 ～ 7

个单列细胞；叶细胞三角体细小，表面平滑；腹叶退失或细小；雄苞间生，具5对雄苞叶；雌苞顶生于茎，雌苞叶大于茎叶，多齿。蒴萼钟形，口部弧形，具不规则齿。

延叶羽苔 *Plagiochila semidecurrens* (Lehm. & Lindenb.) Lindenb.

生境 石上；海拔：1127m。
分布地点 上杭县，步云乡，桂和村上村。
标本 王钧杰 ZY1468。

本种植物体中等大小或大形，深褐色，茎分枝少，假根多，密布于茎；叶片长椭圆形，叶先端渐尖，后缘内卷，基部明显下延，前缘背卷，叶边具密齿，齿长2～4个细胞，基部宽1–2个细胞；叶细胞三角体大，具假肋；腹叶退失；雄苞间生，雄苞叶9～10对，边缘具细齿；雌苞顶生，雌苞叶较茎叶稍长；蒴萼倒卵形，口部稍弯曲，具锐齿，齿长2个细胞，基部宽1～2个细胞。

司氏羽苔* *Plagiochila stevensiana* Steph.

生境 岩面；海拔：1491～1508米。
分布地点 上杭县，步云乡，桂和村庙金山。
标本 娜仁高娃 Z2139。

本种植物体细小，褐绿色，稀疏分枝，假根生于茎基部；叶片长椭圆形，最宽为叶基部，前缘稍内卷及曲形，叶尖圆纯形，具7～9个齿，后缘曲形，具15～17个锐齿，齿长2～5细胞；无假肋；叶细胞三角体中等大小，角质层平滑；腹叶缺失。

狭叶羽苔* *Plagiochila trabeculata* Steph.

生境 树干；海拔：1342米。
分布地点 上杭县，步云乡，桂和村贵竹坪。
标本 王钧杰 ZY1249。

本种植物体细小，柔弱，淡绿色，稀疏片状生长，茎多单一，偶有分枝，无假根；叶片狭长椭圆形，后缘基部略下延，具1～4锐齿，叶尖部近2裂，具多个尖齿，前缘稍呈弧形，基部不下延，具1～4个锐齿；叶细胞三角体不明显或细小，表面平滑；腹叶缺失；雌苞叶大于茎叶，圆卵形，多具锐齿；蒴萼钟形，口部具长锐齿。

短齿羽苔 *Plagiochila vexans* Schiffn. ex Steph.

生境 林中树干；海拔：1620米。
分布地点 上杭县，步云乡，桂和村大凹门。
标本 贯渝 12330c。

本种植物体小形，褐绿色，分枝少；叶片易碎，阔圆形，后缘内卷，基部不下延，叶先端圆形，叶边具 5 ～ 9 细齿，齿长 1 ～ 2 个细胞；叶细胞平滑，三角体小，具假肋，腹叶退失；无性繁殖常藉落叶进行；蒴萼长卵形，口部平截，具锐齿。

2. 对羽苔属 *Plagiochilion* S. Hatt.

植物体纤细，绿色或淡绿色，常夹杂于其他苔藓丛中。茎倾立，叉状腹面分枝；茎横切面皮部 2 ～ 4 层棕色厚壁细胞，中部为大形薄壁细胞；假根无色，生于腹面基部上。叶片 2 列，对生，圆形，腹侧基部边缘相连接。

雌雄异株。雄穗顶生或间生。蒴萼梨形，口部具不规则齿。孢子球形，具细疣。

全世界共约 10 余种，中国有 4 种，本地区有 2 种。

分种检索表

1. 茎叶边缘全缘……………………………………………………1. 褐色对羽苔 *P. braunianus*
1. 茎叶边缘有不规则齿 …………………………………………… 2. 稀齿对羽苔 *P. mayebarae*

褐色对羽苔* *Plagiochilion braunianum* (Nees) S. Hatt.

生境 岩面；海拔：1424 米。
分布地点 上杭县，步云乡，桂和村贵竹坪。
标本 王钧杰 ZY1284。

本种植物体黄棕色或棕色，不分枝或具少数鞭状枝；叶片近圆形或肾形，基部不下延，叶边全缘；叶尖部和边缘细胞的壁厚，三角体呈球状，中部细胞薄壁，三角体大；雌雄异株；雄株细弱，雄苞叶 12 对，全缘；雌苞顶生，雌苞叶近圆形或阔卵形，叶边齿不规则；蒴萼圆柱形，高出雌苞叶，口部截形或略呈弓形，具不规则的齿。

稀齿对羽苔 *Plagiochilion mayebarae* S. Hatt.

生境 岩面；海拔：1421 米。
分布地点 上杭县，步云乡，桂和村贵竹坪。
标本 王钧杰 ZY1275，ZY1280。

本种植物体黄绿色或棕色，常具鞭状枝。叶片圆形，基部不下延，叶先端边缘常具 1 ～ 6 个钝齿或全缘；叶细胞壁薄，三角体小，基部细胞壁三角体明显；雌雄异株；雄苞间生，雄苞叶 6 ～ 8 对；雌苞生于枝端，雌苞叶圆形，边缘具规则齿；蒴萼钟状，口部具不规则齿。

（二十四）扁萼苔科 Radulaceae

植物体细小至中等大小，黄绿色、橄绿色或红褐色，扁平贴生基质。茎长 0.5 ～ 10 厘米，不规则羽状分枝或二歧分枝，分枝短，斜出自叶片基部；茎横切面皮部细胞不分化或稍小于髓部细胞；假根束生于腹瓣中央。叶 2 列，蔽前式，疏生或密集覆瓦状，平展或斜展，背瓣平展或内凹，卵形或长卵形，先端圆钝或具短尖；基部不下延或稍下延；叶边全缘。腹瓣为背瓣的 1/3 ～ 1/4，斜伸或横展，少数直立着生，卵形、长方形、舌形或三角形，常膨起呈囊状，先端圆钝或具圆钝头，或具小尖；脊部平直或略呈弧形，与茎呈 50º ～ 90º 。叶细胞近于六边形，壁薄或厚，具三角体或无三角体，稀胞壁中部球状加厚，表面平滑，稀具细疣；每个细胞有 1 ～ 3 个油体。

雌雄异株，稀雌雄同株。雄苞顶生或间生于分枝上，雄苞叶 2 ～ 20 对，呈穗状。雌苞生于茎或枝顶端，稀生于短侧枝上，具 1 ～ 2 对雌苞叶。蒴萼扁平喇叭形，口部平截，平滑。

全世界只有 1 属。

1. 扁萼苔属 *Radula* Dumort.

属特征同科。

本属全世界有 428 种，中国有 42 种，本地区有 9 种。

分种检索表

1. 植物体中等，长 2 ～ 5 厘米；叶背瓣先端具锐尖，叶边具齿；雌苞具 1 ～ 4 对雌苞叶…… 2
1. 植物体小至大，长 1（2）～ 8（10）厘米；叶背瓣边缘平滑，先端圆钝；雌苞具 1 对雌苞叶……………………………………………………………………………… 3
   2. 叶背瓣边缘具盘状芽胞…………………………………… 6. 尖叶扁萼苔 *R. kojana*
   2. 叶背瓣边缘无芽胞……………………………………… 2. 尖瓣扁萼苔 *R. apiculata*
      3. 植物体较小，茎具正常发育枝和无叶拟副体短小枝；叶腹瓣非常大，约为背瓣的 1/2 或更大……………………………………… 3. 大瓣扁萼苔 *R.cavifolia*
      3. 植物体中等大小或大形，茎上无拟副体小枝；叶腹瓣小，均小于背瓣的 1/2 或更小…………………………………………………………………………… 4
         4. 植物体为叶附生；蒴萼膨胀，长喇叭筒形；叶背瓣细胞厚壁，无三角体，常具芽胞 ……………………………………………………………………… 5

4. 植物体为树干、树枝或岩面生；蒴萼扁筒形；叶背瓣细胞薄壁或厚壁，常具三角体，常无芽胞……………………………………………………………………6

5. 叶腹瓣尖端总向茎的外侧弯曲……………………9 长舌扁萼苔 *R. protensa*

5. 叶腹瓣尖端总向茎的前方伸展……………………1. 尖舌扁萼苔 *R. acuminata*

6. 植物体雌雄同株……………………………………4. 扁萼苔 *R. complanata*

6. 植物体雌雄异株……………………………………………………………………7

7. 叶腹瓣先端钝头，不延长……………………5. 日本扁萼苔 *R. japonica*

7. 叶腹瓣具短尖或延长钝头……………………………………………………8

8. 叶背瓣边缘具芽胞……………………7. 芽胞扁萼苔 *R. lindenbergiana*

8. 叶背瓣边缘无芽胞……………………8. 厚角扁萼苔 *R. okamurana*

尖舌扁萼苔 *Radula acuminata* Steph.

生境 叶面附生；海拔：392 ～ 758 米。

分布地点 新罗区，江山乡，背洋村林畲；福坑村石斑坑。连城县，莒溪镇，陈地村盘坑；太平僚村百金山。

标本 何强 11278，11289；贯渝 12522c，12558a，12611；张若星 RX003。

本种植物体中等大小，亮绿色或黄褐色，不规则羽状分枝；叶片狭长卵形，常内凹，先端狭圆钝，前缘基部稍覆茎，腹瓣近方形，约为背瓣长的 1/2，先端常具小尖，外沿平直或稍呈弧形，前沿弧形，基部不覆盖茎，脊部与茎呈 40º ～ 50º；芽胞盘形，生于背瓣腹面。

尖瓣扁萼苔 *Radula apiculata* Sande Lac. ex Steph.

生境 林中石上，溪边石壁上，岩面，路边土面，土面；海拔：516 ～ 1320 米。

分布地点 上杭县，步云乡，桂和村（贵竹坪 – 共和）；大斜村（大坪山组、大畲头水库）。新罗区，江山乡，福坑村石斑坑。连城县，莒溪镇，陈地村盘坑。

标本 娜仁高娃 Z2050，Z2060，Z2081b，Z2112；何强 10027，10030，11274a；贯渝 12392，12441，12449，12452；王钧杰 ZY269c，ZY1463；于宁宁 Y4347。

本种植物体中等大小，淡黄色或亮绿色，不规则分枝或羽状分枝；叶片卵圆形，具短锐尖，叶边全缘或具不规则波状齿，前缘基部弧形，覆盖茎直径的 3/4 ～ 4/5；叶细胞不规则六边形，叶边细胞长方形，三角体小或不明显，腹瓣近于方形，外沿平截或略呈弧形，基部约覆盖茎直径的 1/2；脊部与茎约呈 50°。

大瓣扁萼苔* *Radula cavifolia* Hampe.

生境 林中树干，枯枝黄山松基部，树干，树枝，小乔木基部，灌木枝；海拔：1343 ～ 1811 米。

分布地点 上杭县，步云乡，桂和村（大凹门、贵竹坪、永安亭、狗子脑）。

标本 何强 11448，11478；贾渝 12319，12330b，12489a；王钧杰 ZY1245a，ZY1257，ZY1296，ZY1297，ZY1300，ZY1304，ZY1306，ZY1312，ZY1314，ZY1320，ZY1321，ZY1325。

本种叶片强烈内凹呈瓢形，腹瓣大，近似长方形极易识别。

扁萼苔 *Radula complanata* (L.) Dumort.

生境 叶面附生，树干；海拔：329 ～ 1040 米。

分布地点 连城县，莒溪镇，太平僚村大罐；陈地村湖堀；庙前镇，岩背村马家坪。新罗区，江山乡，背洋村林畲。上杭县，步云乡，大斜村大坪山组。

标本 何强 10009，10022，10251a；贾渝 12442，12556；王钧杰 ZY1148。

本种腹瓣近于方形，背瓣边缘无芽胞。

日本扁萼苔 *Radula japonica* Gottsche ex Steph.

生境 岩面，树干，土面，溪边石上，树生；海拔：493 ～ 1505 米。

分布地点 上杭县，步云乡，桂和村（笙竹坪－共和、大凹门）；云辉村西坑。连城县，庙前镇，岩背村马家坪；莒溪镇，太平僚村。

标本 韩威 178；何强 10046，10219；贾渝 12265a，12342，12254，12334，12365，12367，12372，12383；王庆华 1819；于宁宁 Y04452，Y04478，Y04566。

本种叶片圆形，腹瓣方形，叶细胞三角体小。

尖叶扁萼苔 *Radula kojana* Steph.

生境 岩面，林中土面、树桩，土面，林下土面；海拔：755 ～ 1408 米。

分布地点 上杭县，古田镇，吴地村三坑口。连城县，莒溪镇，太平僚村；曲溪乡，罗胜村岭背畲。

标本 何强 12350；贾渝 12300；王钧杰 ZY284，ZY1417；于宁宁 Y4334，Y4382a。

本种叶短尖，腹瓣近于方形，叶边缘有芽胞。

芽胞扁萼苔 *Radula lindenbergiana* Gottsche ex Hartm. f.

生境 林中树干、树桩上，树干；海拔：559 ～ 850 米。

分布地点 连城县，庙前镇，岩背村马家坪；莒溪镇，太平僚村；陈地村湖堀。

标本 贾渝 12389；王钧杰 ZY232；于宁宁 Y4563；王钧杰 ZY1125。

本种叶片覆瓦状排列，背瓣阔卵形，背瓣边缘有多数盘状芽胞，细胞壁薄，三角体小，腹瓣近于方形，先端具小尖或圆钝。

厚角扁萼苔 *Radula okamurama* Steph.

生境 树干，林下路边树枝上；海拔：787 ～ 957 米。

分布地点 上杭县，古田镇，吴地村（大吴地到桂和村旧路）。连城县，莒溪镇，太平僚村。

标本 王钧杰 ZY251；于宁宁 Y4319。

本种植物体中等大小，深绿色，不规则羽状分枝，叶片阔卵形，稍内凹，叶尖圆钝，前缘基部全覆茎；叶细胞，薄壁，具明显三角体和细胞壁中部加厚，表面具细疣，腹瓣近方形，约为背瓣长的 1/2，膨起，前沿略呈弧形，基部覆盖茎直径的 1/3，脊部与茎成 70° ～ 80°。

长舌扁萼苔 *Radula protensa* Lindenb. in C. F. W. Meissn.

生境 叶面附生；海拔：392 米。

分布地点 新罗区，江山乡，背洋村林畲。

标本 贾渝 12543。

本种主要特征：①植物体脆弱，易破碎，油绿色或褐色；②叶背瓣基部细胞有节状加厚壁；③腹瓣尖端常有背仰或喙状（高谦，2010）。

（二十五）光萼苔科 Porellaceae Cavers

植物体中等大小至大形，绿色、褐色或棕色，常具光泽，多扁平交织生长。主茎匍匐、硬挺，横切面皮部具 2 ～ 3 层厚壁细胞；1 ～ 3 回羽状分枝，分枝由侧叶基部伸出。假根成束着生于腹叶基部。叶 3 列。侧叶 2 列，紧密蔽前式覆瓦状排列，分背腹两瓣；背瓣大于腹瓣，卵形或卵状披针形，平展或内凹，全缘或具齿，先端钝圆，急尖或渐尖；腹瓣与茎近于平行着生，舌形，平展或边缘卷曲，全缘，具齿或裂片，与背瓣连接处形成短脊部。腹叶小，阔舌形，平展或上部反卷，两侧基部常沿茎下延，全缘或具齿或卷曲成耳状囊。叶细胞圆形、卵形或多边形，稀背面具疣，胞壁三角体明显或不明显；油体微小，数多。

雌雄异株。雌苞生短枝顶端。蒴萼背腹扁平，上部有纵褶，口部宽阔或收缩，边缘具齿。孢蒴球形或卵形，成熟后不规则开裂，蒴壁由 2 ～ 4 层细胞组成，胞壁无加厚。

全世界有 2 属，中国有 2 属，本地区有 1 属。

1. 光萼苔属 *Porella* L.

植物体多大形，绿色、黄绿色或棕黄色，具光泽，一般呈扁平交织生长。茎匍匐，规则或不规则 2 ～ 3 回羽状分枝；横切面皮部具 2 ～ 3 层厚壁细胞；假根成束状生于腹叶基部。叶 3 列。侧叶 2 列，密蔽前式覆瓦状排列，分背腹两瓣，背瓣大于腹瓣，卵形或长卵形，平展或稍有波纹，或略内凹，先端圆钝，急尖或渐尖；叶边卷曲或平展，全缘或具齿；腹瓣小，舌形，边缘常卷曲，稀平展，全缘或具齿，基部多沿茎下延。腹叶阔舌形，尖部圆钝，或浅 2 裂，边缘反卷或平展，具齿或全缘，基部两侧沿茎下延。叶细胞圆形，卵形或六边形，三角体明显或不明显；油体微小，多数。

雌雄异株。雌苞生于短侧枝上。蒴萼多背腹扁平卵形，上部具弱纵褶，口部扁宽，常具齿或纤毛。孢蒴球形或卵形，成熟时 4 瓣裂，再不规则开裂成多数裂瓣。

全世界有 80 种，中国有 40 种，本地区有 2 种，2 亚种和 1 变种。

分种检索表

1. 侧叶背瓣叶缘平滑无齿……………………………………4. 钝叶光萼苔 *P. obtusata*
1. 侧叶背瓣叶缘或顶端多少具齿……………………………………………………2
  2. 茎腹叶叶缘密生毛状齿……………………………5. 毛边光萼苔 *P. perrottetiana*
  2. 茎腹叶叶缘仅顶端具齿……………………………………………………………3
    3. 茎腹叶卵形，顶端平滑无齿……………………………………………………

……………………………3. 密叶光萼苔长叶亚种 *P. densifolia* subsp. *appendiculata*

3. 茎腹叶三角状卵形，顶端具 2 ～ 12 个齿，稀平滑无齿……………………………… 4

4. 茎腹叶长方形，顶端截形，2 ～ 3 个齿……………………………………………………

……………………………2. 粗齿光萼苔羽枝亚种 *P. campylophylla* subsp. *tosana*

4. 茎腹叶狭三角状卵形，顶端常 2 裂为毛状齿………………………………………………

………………………………1. 丛生光萼苔日本变种 *P. caespitans* var. *nipponica*

丛生光萼苔日本变种 ***Porella caespitans*** var. ***nipponica*** S. Hatt.

生境 石壁上；海拔：606 米。

分布地点 连城县，莒溪镇，太平僚村大罐自然村。

标本 于宁宁 Y04527b。

本变种植物腹叶上部浅裂；腹瓣与茎平行。

粗齿光萼苔羽枝亚种** ***Porella campylophylla*** (Lehm. & Lindenb.) Trevis. subsp. ***tosana*** (Steph.) Hatt.

生境 溪边树干；海拔：1191 ～ 1269 米。

分布地点 上杭县，步云乡，桂和村贵竹坪。

标本 张若星 RX038。

本亚种主要特征：①侧叶背瓣锐尖，尖部的齿较长；②叶细胞更大；③植物体湿润时明显伸展开。

密叶光萼苔长叶亚种 ***Porella densifolia*** subsp. ***appendiculata*** (Steph.) S. Hatt.

生境 树根上；海拔：690 米。

分布地点 新罗区，江山镇，福坑村梯子岭。

标本 何强 10080。

本亚种植物叶尖部具少数粗齿；腹瓣与腹叶基部下延部分具齿。

钝叶光萼苔 ***Porella obtusata*** (Tayl.) Trev.

生境 岩面上；海拔：496 ～ 786 米。

分布地点 连城县，莒溪镇，太平僚村。

标本 何强 10220。

植物体形中等或大形，黄绿色或棕黄色，略具光泽，1 ～ 2 回羽状分枝；叶片卵圆形，顶端圆钝，强烈内卷，叶边全缘，腹瓣阔卵形，边缘全缘，基部内侧沿茎宽条状下延，顶端边缘强烈背卷；叶细胞圆形或卵形；腹叶与腹瓣近于等大，卵形或长卵形，叶边全缘，顶端强烈背卷，基部沿茎条状下延。

毛边光萼苔 ***Porella perrottetiana*** (Mont.) Trevis.

生境 树干，倒木，腐木；海拔：796～957米。

分布地点 上杭县，古田镇，吴地村（大吴地到桂和村旧路）。连城县，莒溪镇，太平僚村风水林；庙前镇，岩背村马家坪。

标本 韩威 159，170；贾渝 12360；王庆华 1826；于宁宁 Y4320，Y4330，Y04512。

本种植物体粗大，黄绿色或棕黄色，稍具光泽，扁平交织呈大片生长，不规则稀疏羽状分枝；叶片长卵形或卵状披针形，前缘圆弧形，后缘近于平直，先端锐尖，叶边前缘和尖部多密生多细胞组成的毛状齿，腹瓣长舌形，尖部圆钝，边缘密被长毛状齿，基部沿茎一侧稍下延；叶细胞圆形，细胞壁薄，三角体小到中等大小；腹叶长舌形，尖部圆钝，基部两侧稍下延，叶边密生毛状齿。

（二十六）耳叶苔科 Frullaniaceae Lorch

植物体纤细或粗大，褐绿色、深黑色或红褐色，紧贴基质或悬垂附生，多生于树干、树枝或岩面。茎规则或不规则羽状分枝。叶 3 列，侧叶与腹叶异形。侧叶 2 列，覆瓦状蔽前式排列。分背瓣和腹瓣；背瓣大，内凹，多圆形、卵圆形或椭圆形，尖部多圆钝，偶具短尖；叶边全缘，稀具毛状齿，叶基具叶耳或缺失。叶细胞圆形或椭圆形，胞壁等厚，或具中部球状加厚，三角体明显或缺失，油体球形或椭圆形，稀具散生或成列油胞；腹瓣小，盔形、圆筒形或片状；副体常见，由数个至十余个细胞组成，多为丝状，偶呈片状。腹叶楔形、圆形或椭圆形，全缘或 2 裂，基部有时下延，稀具叶耳。

雌雄异株或同株。蒴萼卵形或倒梨形，蒴壁厚 2 层细胞，脊部多膨起，平滑、具疣或小片状突起，喙短小。孢子球形，表面具颗粒状疣。

全世界只有 1 属。

1. 耳叶苔属 *Frullania* Raddi

属的特征同科。

本属全世界有 350 种，中国有 91 种，本地区有 8 种，1 亚种，1 变种。

分种检索表

1. 侧叶具散生油胞或 1 ～ 3 列油胞……………………………………………………………… 2
1. 侧叶无散生油胞和 1 ～ 3 列油胞……………………………………………………………… 4
2. 侧叶具稀疏散生油胞或单列油胞………………………………4. 列胞耳叶苔 *F. moniliata*
2. 侧叶具多数散生油胞或 1 ～ 3 列油胞…………………………………………………………… 3
3. 侧叶顶端圆形 ……………………9a. 欧耳叶苔圆叶亚种 *F. tamarisci* var. *balansae*
3. 侧叶顶端渐尖 …………………9b. 欧耳叶苔高山亚种 *F. tamarisci* subsp. *obscura*
4. 侧叶强烈背仰 ……………………………………………3. 皱叶耳叶苔 *F. ericoides*
4. 侧叶不背仰……………………………………………………………………………………… 5
5. 蒴萼具 5 个高而狭及弯曲的脊 ………………………8. 中华耳叶苔 *F. sinensis*
5. 蒴萼无高而狭及弯曲的脊 ………………………………………………………………………… 6
6. 叶易脱落……………………………………………………………1. 早落耳叶苔 *F. caduca*
6. 叶不易脱落 ……………………………………………………………………………………… 7
7. 盔瓣小，常呈披针形…………………………5. 盔瓣耳叶苔 *F. muscicola*
7. 盔瓣大……………………………………………………………………………………… 8
8. 盔瓣紧邻茎着生，具喙；腹叶具 2 ～ 4 个齿……………………………
……………………………………………………6. 喙瓣耳叶苔 *F. pedicellata*
8. 盔瓣远离茎着生，呈棒状；腹叶全缘 ………………………………………… 9
9. 叶片顶端内卷；叶细胞三角体小 ……………………………………
………………………………………………7. 刺苞叶耳叶苔 *F. ramuligera*
9. 叶片顶端平展；叶细胞三角体大，呈扭曲状…………………………
…………………………………………………2. 棒瓣耳叶苔 *F. claviloba*

早落耳叶苔* *Frullania caduca* S. Hatt.

生境 枯木；海拔：793 米。

分布地点 连城县，莒溪镇，陈地村湖堀。

标本 王钧杰 ZY1110。

本种叶片容易脱落。

棒瓣耳叶苔* *Frullania claviloba* Steph.

生境　林中树干；海拔：1520 米。
分布地点　上杭县，步云乡，桂和村永安亭。
标本　贾渝 12489b。

本种以前只记录于我国广西，本次在保护区发现是福建新分布记录。本种与刺苞叶耳叶苔 *Frullania ramuligera* 因为侧叶腹瓣远离着生而且呈棒状非常相似，但是本种侧叶顶端不内卷，叶细胞三角体大而呈扭曲状。

皱叶耳叶苔 *Frullania ericoides* (Nees ex Mart.) Mont.

生境　树干；海拔：939 米。
分布地点　上杭县，古田镇，吴地村（大吴地到桂和村旧路）。
标本　王庆华 1705。

本种叶片常背仰，侧叶腹瓣常为裂片状，腹叶基部不下延，顶端 2 裂，裂瓣锐尖。

列胞耳叶苔 *Frullania moniliata* (Reinw.，Blume & Nees) Mont.

生境　树干，树根，石上，岩面；海拔：690 ～ 1421 米。
分布地点　新罗区，江山镇，福坑村梯子岭。上杭县，步云乡，桂和村贵竹坪；大斜村。连城县，庙前镇，岩背村马家坪；莒溪镇，罗地村赤家坪。
标本　何强 10023，10083，11319；贾渝 12434，12677；王钧杰 ZY1277；王庆华 1760。

本种叶片卵圆形，具短尖，有 1 单列油胞。

盔瓣耳叶苔 *Frullania muscicola* Steph.

生境　树干，农田边树干；海拔：559 ～ 670 米。
分布地点　连城县，莒溪镇，太平僚村大罐。上杭县，古田镇，古田会址。
标本　于宁宁 Y04405，Y04560。

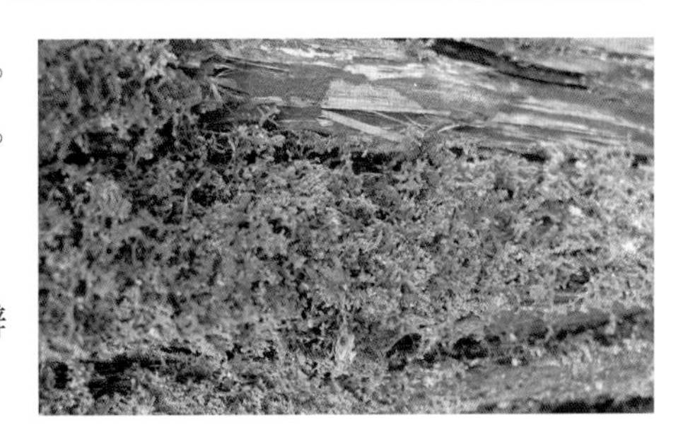

本种植物体纤细，侧叶腹瓣常不呈盔瓣状而呈叶状。

喙瓣耳叶苔* *Frullania pedicellata* Steph.

生境 岩面；海拔：678 米。

分布地点 连城县，莒溪镇，太平僚村七仙女瀑布。

标本 韩威 233。

刺苞叶耳叶苔 *Frullania ramuligera* (Nees) Mont.

生境 树干；海拔：1425 米。

分布地点 上杭县，步云乡，桂和村大凹门。

标本 贾渝 12339b。

本种植物体中等大小，红棕色，不规则羽状分枝；叶片阔卵形，内凹，顶端圆形，常内卷，叶边缘全缘，腹瓣远离茎着生，棒状，口部圆形，无喙，副体由 3 ～ 4 个单列细胞组成；腹叶近于圆形，顶端 2 裂至 1/3 ～ 1/2，急尖，裂瓣三角形，全缘，基部横生于茎上；叶细胞圆形或卵形，薄壁，三角体小，基部细胞三角体大。

中华耳叶苔 *Frullania sinensis* Steph.

生境 树皮，树干；海拔：559 ～ 1120 米。

分布地点 连城县，莒溪镇，太平僚村（大罐、太平僚村风水林）；罗地村赤家坪。上杭县，古田镇，古田会址附近。

标本 贾渝 12679；于宁宁 Y4398，Y4463，Y4561。

本种植物体小形，深褐色或黑色，叶片卵圆形，顶端钝圆，有时稍内凹，腹叶倒三角形，浅 2 裂，有时两侧有小齿。

欧耳叶苔 *Frullania tamarisci* (L.) Dumort.

生境 林中树干；海拔：1520 米。

分布地点 上杭县，步云乡，桂和村永安亭。

标本 贾渝 12488。

本种叶片卵圆形，具短渐尖，明显内凹，常具 1 ～ 3 列油胞和多数散生油胞；腹瓣远离茎着生，棒状；腹叶顶端2裂，两侧边缘在中上部背卷，基部两侧明显下延。

欧耳叶苔圆叶亚种** *Frullania tamarisci* var. *balansae* (Steph.) Hatt.

生境 树干，路边树枝，河边树干，树枝；海拔：493～1037米。

分布地点 上杭县，步云乡，云辉村西坑；吴地村三坑口。新罗区，江山乡，福坑村石斑坑。连城县，庙前镇，岩背村马家坪；莒溪镇，太平僚村大罐坑。

标本 何强10281；贾渝12251，12308，12375，12414。

欧耳叶苔高山亚种 *Frullania tamarisci* subsp. *obscura* (Verd.) S. Hatt.

生境 林中树干；海拔：1037～1040米。

分布地点 上杭县，古田镇，吴地村（大吴地至桂和旧路）。

标本 贾渝12302，12304b，12307a。

（二十七）毛耳苔科 Jubulaceae H. Klinggr.

植物体中小形，褐绿色或墨绿色，疏松丛生。茎匍匐，不规则羽状分枝。叶3列，侧叶覆状蔽前式斜列，比茎宽2～3倍；背瓣平展前部内凹，卵形或椭圆形，先端急尖或圆钝，叶缘具齿或平滑，基部不下延；腹瓣小，盔形，球形或卵形，着生于背瓣腹侧、远离茎的边缘一点上；无副体或极小。腹叶大，圆形，椭圆形，基部收缩抱茎着生，长大于宽，2裂至1/2深，裂角钝，裂三角形，叶边具毛状齿或全缘，两基角下延较长。叶细胞六边形，薄壁，三角体小或无，角质层平滑。

雌苞叶生于茎或侧枝先端，较茎叶大，全缘或边缘有齿。蒴萼耳叶苔型，上部有纵脊，先端有短喙。雄苞叶生于侧短枝上，雄苞叶多对，穗状。

全世界有2属，中国有1属，本地区有1属。

1. 毛耳苔属 *Jubula* Dumort

植物体形小至中等大小，浅绿色至褐绿色，茎规则或不规则1～2回羽状分枝。叶3列，侧叶与腹叶异形，覆瓦状蔽前式排列；侧叶分背瓣和腹瓣；背瓣大，平展或内凹，卵形或椭圆形，顶端急尖或渐尖，叶基不下延；叶边有毛状齿。叶细胞圆形或椭圆形，胞壁常球状加厚或等厚，三角体有或缺失；叶细胞内含多数球形或椭圆形油体。腹瓣盔形或圆球形，与茎近于平行排列；副体有或无，一般由几个细胞组成，丝状，着生腹瓣基部。腹叶近圆形或椭圆形，上部2裂，全缘或两侧边缘具毛状齿，基部多略下延。

雌雄同株。蒴萼球形或倒卵形，具3个脊，脊部平滑，喙短小。

全世界有9种，中国有4种，本地区有1种。

北美毛耳苔** *Jubula pennsylvanica* (Steph.)Evs.

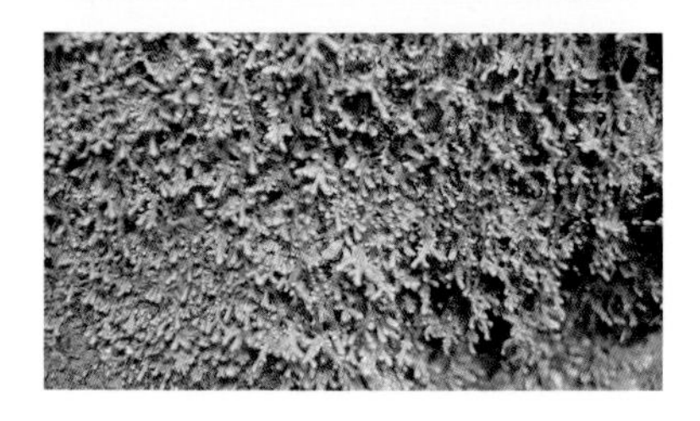

生境 林中石上；海拔：1040米。
分布地点 上杭县，古田镇，吴地村三坑口。
标本 何强10254，10299。

（二十八）细鳞苔科 Lejeuneaceae Cas.-Gil.

植物体多柔弱，稀粗壮，黄绿色、灰绿色至褐绿色，稀紫褐色，部分属种略具光泽，相互交织呈紧密或疏松小片，或垂倾生长。茎不规则分枝、叉状分枝或羽状分枝；分枝有时再生小枝；假根透明，成束着生茎腹面或腹叶基部。叶蔽前式覆瓦状排列，椭圆形至卵状披针形；叶边多全缘，稀具齿；腹瓣卵形至披针形，齿多变异。叶细胞圆形至椭圆形，胞壁多具三角体及球状加厚，稀薄壁，稀具油胞，部分属种叶边分化白色透明细胞，或具不同的疣或刺状突起，细胞背面一般平滑，或具疣和刺疣状突起。腹叶圆形至船形，多2裂，裂瓣间开裂角度多变，部分属种无腹叶。

雌雄同株或异株。蒴萼倒梨形至倒心脏形，具2～10脊。雄苞穗状；雄苞叶一般膨起，2～20对。

全世界有95属，中国有29属，本地区有12属。

分属检索表

1. 植物体无腹叶……3. 疣鳞苔属 *Cololejeunea*
1. 植物体具腹叶……2
  2. 每一侧叶具一腹叶……4. 管叶苔属 *Colura*
  2. 每两侧叶具一腹叶……3
    3. 腹叶2裂……4
    3. 腹叶全缘，不开裂，或上部浅2裂，具不规则齿……7
      4. 蒴萼脊部圆钝；叶片一般无油胞；腹叶近圆形……5
      4. 蒴萼脊部呈角状或其他形状突起；每一叶片多具1至多个油胞；腹叶近船形……6
        5. 叶细胞较透明，每个细胞具4或多个小油体……2. 唇鳞苔属 *Cheilolejeunea*

5. 叶细胞不透明，每个细胞具 1 ～ 3 个大油体 ……… 6. 细鳞苔属 *Lejeunea*
6. 腹叶裂片多单列细胞；腹瓣角齿圆钝 ……… 7. 薄鳞苔属 *Leptolejeunea*
6. 腹叶裂片多两列细胞；腹瓣角齿常呈钩状 …… 5. 角鳞苔属 *Drepanolejeunea*
7. 蒴萼通常具 2 ～ 5 个脊或纵褶 ……………………………………………… 8
7. 蒴萼通常具 6 ～ 10 个脊或纵褶，少数具 5 个脊 ……………………… 9
8. 蒴萼脊部具不规则冠状突起 ………… 8. 冠鳞苔属 *Lopholejeunea*
8. 蒴萼脊部平滑 ………………………… 9. 鞭鳞苔属 *Mastigolejeunea*
9. 腹叶扇形，上部具齿 …………………… 10. 皱萼苔属 *Ptychanthus*
9. 腹叶肾形，全缘 ……………………………………………………………… 10
10. 茎叶椭圆形，全缘；腹瓣沿叶边延伸 … 1. 顶鳞苔属 *Acrolejeunea*
10. 茎叶阔卵形或卵状椭圆形；腹瓣不沿叶边延伸 …………… 11
11. 叶尖部圆钝，全缘；腹叶基部两侧呈耳状 ……………………… ……………………………………………… 12. 异鳞苔属 *Tuzibeanthus*
11. 叶尖部钝尖，具齿或全缘；腹叶基部两侧不呈耳状 …… ……………………………………… 11. 多褶苔属 *Spruceanthus*

1. 顶鳞苔属 *Acrolejeunea* (Spruce) Schiffn.

植物体多中等大小，黄色至黄褐色，老时呈红褐色。茎平展或下垂，长 1 ～ 5 厘米，稀不规则分枝。叶卵状椭圆形，前缘宽圆弧形，后缘近于平直，先端圆钝，着生处较宽；叶边全缘。叶细胞椭圆形，三角体大，胞壁中部具小球状加厚。腹瓣卵圆形，为背瓣长度的 1/2 ～ 2/3，膨起，先端近于平截，角齿与中齿锐尖，由 2 ～ 4 个细胞组成，尖部略延伸。腹叶圆形，宽度为茎直径的 2 ～ 4 倍。

雌雄异株。雄苞着生短侧枝。雌苞着生侧枝顶端；雌苞叶大于营养叶，腹瓣长方形，具明显角齿。蒴萼倒卵形，具 5 个脊，脊部圆钝，平滑，具短喙。芽胞未见。

全世界有 15 种，中国有 6 种，本地区有 2 种。

分种检索表

1. 叶呈镰刀状弯曲；腹瓣远轴的边缘与茎呈 45°；腹叶顶端常反曲；腹瓣常具 2 个齿；叶顶端圆或钝；雌雄异株 ……………………………… 1. 浅棕顶鳞苔 *A. infuscata*
1. 叶不呈镰刀状弯曲；腹瓣远轴的边缘与茎呈 60° ～ 90°；腹叶顶端不反曲；腹瓣常具 3 ～ 5 个齿；叶顶端圆；雌雄同株 ………………… 2. 南亚顶鳞苔 *A. sandvicensis*

浅棕顶鳞苔* *Acrolejeunea infuscata* (Mitt.) J. Wang & Gradst.

生境 树干，倒木，石上，树皮，林中树干，腐木；海拔：479 ～ 1120 米。

分布地点 连城县，庙前镇，岩背村马家坪；莒溪镇，太平僚村（七仙女瀑布、大罐坑）；罗地村赤家坪。上杭县，步云乡，云辉村西坑；古田镇，古田会址附近。新罗区，万安镇，西源村。

标本 何强 10005，10243；贯渝 12680；王钧杰 ZY1376；王庆华 1683b，1771，1830；于宁宁 Y4400，Y4404，Y04562。

植物体中等大小，长可达 35 毫米，连叶宽 1.1 ～ 2.0 毫米，干燥时棕黄色。侧叶密集覆瓦状排列，三角状卵形，略呈镰刀状弯曲，长 0.8 ～ 1.0 毫米，宽 0.5 ～ 0.8 毫米，顶端钝或钝圆，常内卷，全缘。叶细胞壁薄或略加厚，三角体体大，具节状加厚。腹瓣三角状卵形，长为背瓣的 1/3 ～ 2/5，顶端具 2 个齿。腹叶圆形，边缘常反曲，长略大于宽，宽为茎的 4 ～ 6 倍，基部着生处呈波状。

南亚顶鳞苔 *Acrolejeunea sandvicensis* (Gottsche) Steph.

生境 林中树干，树干；海拔：400 ～ 675 米。

分布地点 连城县，莒溪镇，太平僚村大罐自然村。上杭县，步云乡，云辉村西坑；古田镇，古田会址。新罗区，万安镇，西源村渡头。

标本 何强 12317；王钧杰 ZY1441；于宁宁 Y04281，Y04564，Y04565。

植物体中等大小，灰绿色或榄绿色，茎长可达 3 厘米，不规则分枝；叶片湿润时反曲，阔卵形，腹瓣近半圆形，强烈膨起，为背瓣长的 1/3 ～ 1/2，前沿具 4 ～ 5 个圆齿；蒴萼梨形，通常具 10 个脊。

2. 唇鳞苔属 *Cheilolejeunea* (Spruce) Schiffn.

植物体纤弱至中等大小，绿色至灰绿色，成小片状交织生长。茎不规则羽状分枝。叶蔽前式覆瓦状排列或疏生，卵形至圆卵形，前缘圆弧形或半圆形，后缘略内凹或近于平直；腹瓣卵形，膨起，或近于长方形而扁平，角部具单圆齿或尖齿。叶细胞圆六角形至圆卵形，胞壁具三角体。腹叶圆形至肾形，宽为茎直径的 2 ～ 4 倍，2 裂至腹叶长的 1/3 ～ 1/2。蒴萼倒梨形至倒心脏形，具 3 ～ 5 脊。雄苞具 2 ～ 4 对苞叶。

全世界有 90 种，中国有 24 种，本地区有 3 种。

分种检索表

1. 叶片锐尖；叶背面细胞具乳状突起……………………………1. 尖叶唇鳞苔 *C. subopaca*
1. 叶片顶部圆形；叶背面细胞平滑……………………………………………………………… 2
   2. 叶片边缘向内卷曲…………………………………………… 3. 卷边唇鳞苔 *C. xanthocarpa*
   2. 叶片边缘平展……………………………………………………… 2. 粗茎唇鳞苔 *C. trapezia*

尖叶唇鳞苔* *Cheilolejeunea subopaca* (Mitt.) Mizut.

生境 树干；海拔：1417 米。

分布地点 上杭县，步云乡，桂和村贵竹坪。

标本 何强 11426，11437a。

本种叶片具锐尖，背面细胞具乳状突起而区别于其他种。

粗茎唇鳞苔 *Cheilolejeunea trapezia* (Nees) Kachroo & R. M. Schust.

生境 林中树干，树干，岩面薄土；海拔：400 ～ 1417 米。

分布地点 上杭县，古田镇，吴地村（大吴地至桂和旧路）；步云乡，桂和村贵竹坪。连城县，莒溪镇，太平僚村（七仙女瀑布、大罐坑）；陈地村湖堀。新罗区，万安镇，西源村。

标本 何强 10261，11442，12321；贾渝 12307b；于宁宁 Y04559；王钧杰 ZY1127，ZY1128。

本种植物体灰绿色或橄绿色，不规则疏羽状分枝；叶片阔椭圆形，前缘圆弧形，后缘中部略内凹，先端圆钝，腹瓣半圆筒形，角齿长 1 ～ 3 个细胞；叶细胞具三角体及胞壁中部球状加厚；腹叶圆形，宽为茎的 2 ～ 3 倍，2 裂至腹叶长度的 1/3 处。

卷边唇鳞苔* *Cheilolejeunea xanthocarpa* (Lehm. & Lindenb.) Malombe

生境 林中树干，树枝；海拔：1156～1811 米。

分布地点 上杭县，步云乡，桂和村（大凹门、狗子脑）。连城县，莒溪镇，罗地村（赤家坪 – 青石坑）。

标本 何强 11320，11455；贾渝 12339a；王钧杰 ZY1302。

本种植物体呈灰绿色，叶片边缘向内卷曲极易与其他种区别。

3. 疣鳞苔属 *Cololejeunea* (Spruce) Schiffn.

植物体纤细，灰绿色，稀疏生长或杂生于其他苔类植物间。茎不规则羽状分枝；横切面皮层为单个细胞，由 5 个表皮细胞所包围；腹面束生透明假根。叶疏生或覆瓦状排列，一般为椭圆形、卵形或其他形状，稀分化透明白边；腹瓣多卵形或卵状三角形等，脊部常具疣状突起。尖部通常具 2 个齿。叶细胞多呈六角形，壁薄，背面具单疣或其他疣状突起；油胞淡黄色，通常单个位于叶片近基部，或稀具多个成 1 ～ 2 列。雄苞一般着生枝顶。雌苞蒴萼倒梨形，脊多 5 个，具疣。

全世界有 202 种，中国有 73 种，本地区有 9 种。

分种检索表

1. 叶细胞背面具疣；蒴萼脊部具密的疣状突起 ………………………………… 2
1. 叶细胞背面平滑；蒴萼脊部平滑或具疣状突起 ……………………………… 5
  2. 叶片边缘分化为大形无色透明细胞；副体长 1 至多个细胞 …………………………………………………………… 3. 白边疣鳞苔 *C. inflata*
  2. 叶片边缘无分化细胞；副体长 1 个细胞 ……………………………………… 3
    3. 植物体疏松着生于基质上，鲜绿色；叶细胞和蒴萼具长刺疣；腹瓣中齿呈长刺状 ………………………………………………… 6. 刺疣鳞苔 *C. spinosa*
    3. 植物体紧贴于基质着生，黄绿色；叶细胞和蒴萼具疣，但不呈长刺状；腹瓣中齿呈钩状弯曲 ………………………………………………………… 4
      4. 雌苞腹瓣长度大于背瓣长度的 1/2；叶基部具单列油胞 …………………………………………………… 7. 短肋疣鳞苔 *C. subfloccosa*
      4. 雌苞腹瓣长度不及背瓣长度的 1/3；叶基部油胞 1 ～ 2 列 …………………………………………………… 2. 棉毛疣鳞苔 *C. floccosa*
        5. 叶一般为阔卵形或椭圆形，边缘分化为大形无色透明细胞 ……………… 6
        5. 叶一般为卵形或卵状披针形，边缘不分化为大形无色透明细胞 ………… 7
          6. 叶腹瓣多披针形或阔披针形 ……………… 4. 狭瓣疣鳞苔 *C. lanciloba*
          6. 叶腹瓣多长舌形 ………………………… 9. 九洲疣鳞苔 *C. yakusimensis*
            7. 植物体干燥时多卷缩；叶阔卵状披针形 ……5. 长叶疣鳞苔 *C. longifolia*
            7. 植物体干燥时略卷缩；叶一般为椭圆形 ………………………………… 8
              8. 副体为单列长 5 ～ 6 个透明细胞；叶边无齿 ………………………………………… 8. 单体疣鳞苔 *C. trichomanis*
              8. 副体通常为单个透明细胞；叶边具明显的齿 ………………………………………… 1. 细齿疣鳞苔 *C. denticulata*

细齿疣鳞苔 *Cololejeunea denticulata* (Horik.) S. Hatt.

生境 溪边叶面上；海拔：392 ～ 554 米。
分布地点 新罗区，江山镇，背洋村林畲。
标本 张若星 RX082。

棉毛疣鳞苔 *Cololejeunea floccosa* (Lehm.& Lindenb.) Steph.

生境 林中叶面上；海拔：392 米。
分布地点 新罗区，江山镇，背洋村林畲。
标本 贾渝 12522b，12533c。

本种细柔，灰绿色或黄绿色，茎长约 5 毫米，不规则羽状分枝；叶片卵形，前缘强弧形，基部圆钝，后缘略内凹，先端圆钝，腹瓣卵形，约为背瓣长的 1/2，角齿呈钩状，长 2 ～ 3 个细胞，中齿小，不明显；叶细胞多角形或圆六角形，每个细胞背面具一粗圆疣，叶基中央具 1 ～ 2 列油胞，每列 4 ～ 5 个油胞；蒴萼倒心脏形，具 5 个脊。

白边疣鳞苔 *Cololejeunea inflata* Steph.

生境 林中叶面上；海拔：392 米。
分布地点 新罗区，江山镇，背洋村林畲。
标本 贾渝 12522b，12533d。

狭瓣疣鳞苔 *Cololejeunea lanciloba* Steph.

生境 林中叶面上；海拔：392 米。
分布地点 新罗区，江山镇，背洋村林畲。
标本 贾渝 12540，12551。

长叶疣鳞苔 *Cololejeunea longifolia* (Mitt.) Benedix ex Mizut.

生境 叶面上；海拔：654 米。
分布地点 连城县，莒溪镇，陈地村湖堀。
标本 王钧杰 ZY1167，ZY1168。

刺疣鳞苔 *Cololejeunea spinosa* (Horik.) S. Hatt.

生境 林中叶面，林中草本叶上；海拔：392～640米。

分布地点 连城县，莒溪镇，太平僚村百金山组。上杭县，步云乡，云辉村西坑。新罗区，江山镇，背洋村林畲。

标本 贾渝12632；于宁宁Y04266；张若星RX085。

本种植物体黄绿色，疏松贴生基质，不规则稀疏分枝；叶片卵形，具钝尖，叶边密被刺疣状突起；叶细胞背面具单个刺疣，腹瓣卵形，为背瓣长的1/2～2/5，角齿长2个细胞，中齿短钝，脊部密被疣；蒴萼倒卵形；具3脊，脊部膨起，密被粗疣。

短肋疣鳞苔 *Cololejeunea subfloccosa* Mizut.

生境 林中叶面上；海拔：392米。

分布地点 新罗区，江山镇，背洋村林畲。

标本 贾渝12519，12549。

单体疣鳞苔 *Cololejeunea trichomanis* (Gottsche) Steph.

生境 林中叶面上，溪边叶面上，林中草本叶面上；海拔：392米。

分布地点 新罗区，江山镇，背洋村林畲。

标本 贾渝12531，12533b，12558b，12574。

九洲疣鳞苔 *Cololejeunea yakusimensis* (S. Hatt.) Mizut.

生境 林中叶面上；海拔：392米。

分布地点 新罗区，江山镇，背洋村林畲。

标本 贾渝12552。

4. 管叶苔属 *Colura* Dum.

植物体纤小，多亮绿色或淡灰绿色，常呈簇状生长。叶卵状披针形，狭卵状披针形、卵状三角形，先端渐尖，基部狭窄，前沿宽圆弧形，上部愈合成囊，呈卵形，角状或细长管状。叶细胞六角形，薄壁，具三角体及胞壁中部球状加厚。腹叶纤小，深 2 裂。蒴萼倒圆锥形，具 3 ～ 5 脊。雄苞无柄，雄苞叶数对。

全世界约有 30 种，主要分布热带地区。中国有 5 种，本地区有 1 种。

细角管叶苔 *Colura tenuicornis* (A. Evans) Steph.

生境 叶面上；海拔：816 米。

分布地点 连城县，莒溪镇，太平僚村风水林。

标本 于宁宁 Y04490，Y04497，Y04498，Y04500，Y04505。

本种植物体纤细，不规则稀疏分枝；叶片披针形，尖部呈细长角状，中部膨起，基部扭曲，叶边全缘；叶细胞六角形或多角形，细胞壁薄；腹叶纤小，深 2 裂；蒴萼长圆筒形，具 5 个长尖脊。

5. 角鳞苔属 *Drepanolejeunea* (Spruce) Schiffn.

植物体纤细，柔弱，黄绿色，稀淡绿色或黄褐色；不规则分枝。叶多疏生而弯曲，三角形、卵状椭圆形至披针形；叶边多具齿或锐齿；腹瓣卵形，强烈膨起，具 1 ～ 2 齿，角齿多呈钩形。叶细胞多角形、圆形或椭圆形，细胞壁一般具三角体及胞壁中部球状加厚，有时表面具疣状突起；叶近基部有时分化 1 ～ 2 个油胞。蒴萼具 5 个呈刺状的脊。

全世界有 103 种，中国有 18 种，本地区有 5 种。

分种检索表

1. 叶细胞背面具单个疣；叶边常具 1 ～ 3 个齿状或毛状突起 ………………………………………………… 4. 单齿脚鳞苔 *D. ternatensis*
1. 叶细胞背面平滑；叶边无齿状或毛状突起 ………… 2
  2. 植物体一般呈不规则羽状分枝；叶多相互贴生 ………… 3
  2. 植物体不规则分枝；叶多疏生 ………… 4
    3. 茎腹叶裂片常平展，长达 5 ～ 7 个单列细胞 ……… 3. 叶生角鳞苔 *D. foliicola*
    3. 茎腹叶裂片不平展，宽 3 ～ 5 个细胞，长 3 ～ 5 个细胞 ………………………………… 2. 日本角鳞苔 *D. erecta*
      4. 叶狭卵状披针形；腹瓣齿呈钩状 ………… 1. 线角鳞苔 *D. angustifolia*
      4. 叶斜长卵形；腹瓣齿圆钝 ………… 5. 短叶角鳞苔 *D. vesiculosa*

线角鳞苔 *Drepanolejeunea angustifolia* (Mitt.) Grolle

生境 林中树干；海拔：1417 ～ 1520 米。

分布地点 上杭县，步云乡，桂和村（永安亭、贵竹坪）。

标本 何强 11437b；贾渝 12494a。

本种特征为叶片为狭披针形，形成一钩状长渐尖；腹叶小与茎近于等宽，2 裂片仅由 1 列细胞组成。

日本角鳞苔 *Drepanolejeunea erecta* (Steph.) Mizut.

生境 倒木；海拔：654 米。

分布地点 上杭县，步云乡，云辉村西坑。

标本 王庆华 1683c。

本种特征是它的角齿弯曲；腹瓣外侧面由 4 个长形细胞组成，强烈内曲；叶细胞平滑。

叶生角鳞苔 *Drepanolejeunea foliicola* Horik.

生境 叶面附生；海拔：758 米。

分布地点 连城县，莒溪镇，陈地村盘坑。

标本 何强 11280。

本种最显著的特点是腹叶 2 裂片呈大度角（>160°）张开而区别于本地区其他种类。

单齿角鳞苔 *Drepanolejeunea ternatensis* (Gottsche) Schiffn.

生境 树干，溪边树枝，岩面；海拔：493 ～ 1520 米。

分布地点 上杭县，步云乡，云辉村西坑；桂和村（大凹门、上村）。连城县，莒溪镇，陈地村湖堀。

标本 贾渝 12265b，12336a；张若星 RX037b；王钧杰 ZY1135，ZY1454，ZY1462。

本种最突出的特征是背瓣的背缘上发育出一长的齿。

短叶角鳞苔 *Drepanolejeunea vesiculosa* (Mitt.) Steph.

生境 林中树干；海拔：1520 米。

分布地点 上杭县，步云乡，桂和村永安亭。
标本 贾渝 12490。

本种叶常会脱落；腹叶裂片为 2 列细胞宽。

6. 细鳞苔属 *Lejeunea* Lib.

植物体柔弱，形小或纤细，绿色或黄绿色，不规则羽状分枝。叶紧密蔽前式覆瓦状排列，稀疏生，卵形、卵状三角形至椭圆形，稀具钝尖或略锐尖；叶边全缘；腹瓣形态及大小多形，长为背瓣的 1/4 ～ 3/4，尖部具 1 ～ 2 齿。叶细胞壁等厚，或薄壁而具三角体及胞壁中部球状加厚。腹叶多圆形，略宽于茎或为茎直径的 3 ～ 4 倍。雌雄多同株，稀异株。蒴萼倒梨形，一般具 5 个脊。雄苞多呈穗状。

全世界有 200 种，中国有 43 种，本地区有 13 种。

分种检索表

1. 植物体小，连叶宽不超过 0.4 毫米，茎横切面髓部仅有 3 ～ 5 个细胞 ············ 2
1. 植物体大，连叶宽超过 0.5 毫米，茎横切面髓部多于 5 ～ 25 个细胞 ············ 3
2. 雌雄同株；雌苞腹叶生于整个雄穗 ···················· 11. 斑叶细鳞苔 *L. punctiformis*
2. 雌雄异株；雌苞腹叶生于雄穗基部 ···························· 13. 疏叶细鳞苔 *L. ulicin*
3. 侧叶三角状卵形，顶端锐尖或具细尖 ······················ 5. 神山细鳞苔 *L. eifrigii*
3. 侧叶卵形，长椭圆形或近圆形，顶端圆形 ·· 4
4. 腹瓣长不及背瓣的 1/3 ·· 5
4. 腹瓣长超过背瓣的 1/3 ·· 6
5. 腹叶覆瓦状排列或相邻生长，宽为茎的 4 倍以上 ··· 12. 大叶细鳞苔 *L. sordida*
5. 腹叶离生，宽为茎的 2 ～ 4 倍 ····················8. 暗绿细鳞苔 *L. obscura*
6. 腹瓣长超过背瓣的 2/5·· 7
6. 腹瓣长尾背瓣的 1/3 ～ 2/5··· 8
7. 植物体连叶宽大于 0.8 毫米·····················4. 疏叶细鳞苔 *L. discreta*
7. 植物体连叶宽小于 0.8 毫米····················· 10. 小叶细鳞苔 *L. parva*
8. 雄苞腹叶生于整个雄穗 ·· 9
8. 雄苞腹叶生于雄穗基部 ··11
9. 腹叶大，宽为茎的 4 ～ 5 倍 ···········2. 耳瓣细鳞苔 *L. compacts*
9. 腹叶小，宽为茎的 2 ～ 4 倍 ···10
10. 雌雄异株；腹叶外侧边缘全缘 ··· 3. 弯叶细鳞苔 *L. curviloba*
10. 雌雄同株；腹叶外侧常具 1 钝齿 ·······························

……………………………………9. 白绿细鳞苔 *L. pallide-virens*

11. 腹叶裂瓣三角形，叶边全缘 …6. 日本细鳞苔 *L. japonica*

11. 腹叶裂瓣披针形，外侧边缘常具 1 个钝齿 ………………12

12. 新生枝缺乏 …………………7. 三重细鳞苔 *L. magohukui*

12. 新生枝存在 ………………… 1. 异叶细鳞苔 *L. anisophylla*

异叶细鳞苔 *Lejeunea anisophylla* Mont.

生境 树枝，林中腐树桩，林中叶片上；海拔：392 ～ 935 米。

分布地点 上杭县，步云乡，云辉村西坑。新罗区，江山镇，背洋村林畲。连城县，庙前镇，岩背村马家坪。

标本 贯渝 12243a，12536，12390。

本种植物体黄绿色，不规则羽状分枝；叶片卵形，略膨起，前缘阔弧形，后缘近于平直，腹瓣卵形，具单圆齿；腹叶宽为茎的 2 ～ 3 倍，2 裂至腹叶长度的 1/2 ～ 2/3 处，叶边全缘；叶细胞椭圆形，具三角体及胞壁中部球状加厚；蒴萼倒卵形，具 5 个脊。

耳瓣细鳞苔 *Lejeunea compacts* (Steph.) Steph.

生境 树干；海拔：1522 米。

分布地点 上杭县，步云乡，桂和村狗子脑。

标本 王钧杰 ZY1332。

本种植物体小，灰绿色，分枝少；叶片卵形，顶端圆状或圆钝，常内曲，叶边全缘；叶细胞薄壁，三角体小至大，中部球状加厚小或不明显，无油胞和假肋，腹瓣约为背瓣的 1/3，顶端截形，中齿常单细胞，角齿退化，透明疣位于中齿的近轴处；腹叶大，宽为茎直径的 3 ～ 4 倍，基部多少呈耳状，2 裂至腹叶长度的 1/3 处，叶边全缘。

弯叶细鳞苔 *Lejeunea curviloba* Steph.

生境 树干；海拔：1407 米。

分布地点 上杭县，步云乡，桂和村贵竹坪。

标本 王钧杰 ZY1273。

植物体纤细，黄绿色，长约 3 毫米，不规则分枝；叶卵形或长卵形，后缘明显内凹，具钝尖，腹瓣卵形，约为背瓣长的 1/3；叶细胞六角形或椭圆形；叶细胞具小三角体；腹叶肾形，稀圆形。

疏叶细鳞苔 *Lejeunea discreta* Lindenb.

生境 林中树干；海拔：1407 ～ 1520 米。

分布地点 上杭县，步云乡，桂和村（大凹门、贵竹坪）。

标本 贾渝 12310；王钧杰 ZY1272。

本种植物体黄绿色，不规则分枝；叶片卵形或卵状矩圆形，顶端圆，叶边全缘；腹瓣大，长方形或卵形，为背瓣的 2/5，顶端截形，角齿单细胞，中齿退化；腹叶宽约为茎直径的 3 倍，顶端 2 裂至腹叶长度的 1/3 ～ 1/2；叶细胞三角体小至中等大小，中部球状加厚无或不明显，无油胞和假肋，角质层平滑。

神山细鳞苔 *Lejeunea eifrigii* Mizut.

生境 林中叶面附生，林中树干，竹林下田边石生；海拔：392 ～ 939 米。

分布地点 新罗区，江山镇，背洋村林畲。上杭县，古田镇，吴地村三坑口。连城县，莒溪镇，罗地村菩萨湾。

标本 贾渝 12573，12662；于宁宁 Y04289b。

本种植物叶片卵状三角形，具短尖；腹叶小，肾形；叶细胞薄壁，三角体不明显；腹瓣退化。

日本细鳞苔 *Lejeunea japonica* Mitt.

生境 岩面，林中树干；海拔：496 ～ 786 米。

分布地点 连城县，莒溪镇，太平僚村（石背顶、大罐）。上杭县，步云乡，云辉村西坑。

标本 何强 10217；于宁宁 Y04243，Y04515。

本种植物体绿色，不规则分枝，假根生于腹叶基部；叶片卵形，顶端圆形，腹瓣为背瓣的 1/4 ～ 1/3，中齿单细胞，角齿不明显；叶细胞薄壁，三角体不明显；腹叶近于圆形，宽为茎的 2 ～ 3 倍，2 裂至腹叶长的 1/4 ～ 1/2，两侧全缘，基部与茎的结合线呈弧形。

三重细鳞苔 *Lejeunea magohukui* Mizut.

生境 溪边叶附生，林中树藤上；海拔：392 ～ 900 米。

分布地点 连城县，莒溪镇，池家山村鱼塘。新罗区，江山镇，背洋村林畲。

标本 贯渝 12523，12604。

本种植物体黄绿色，不规则分枝；叶片顶端圆形，叶边全缘，腹瓣小，长为背瓣的 1/4 ～ 1/3，顶端截形，中齿单细胞，角齿退化；腹叶小，宽为茎直径的 2 ～ 3 倍，2 裂至腹叶长度的 1/2 ～ 2/3，两侧全缘；叶细胞三角体明显，假肋不明显。

暗绿细鳞苔 *Lejeunea obscura* Mitt.

生境 潮湿岩面，林中树枝，树干，树干基部，林中竹枝，土壁灌木枝，岩面，岩面薄土；海拔：392 ～ 1620 米。

分布地点 连城县，莒溪镇，太平僚村风水林；庙前镇，岩背村马家坪。上杭县，步云乡，云辉村西坑；桂和村大凹门。新罗区，江山镇，背洋村林畲；福坑村梯子岭；万安镇，西源村渡头。

标本 何强 10227，12330，12332；贯渝 12261，12330d，12391，12535；王钧杰 ZY1392；于宁宁 Y4418。

本种植物体暗绿色，不规则分枝；叶片宽卵形，先端圆形，叶边全缘；叶细胞薄壁，三角体小，角质层平滑；腹瓣小，常退化，中齿单细胞，角齿不明显；腹叶近于圆形，宽为茎直径的 2 ～ 4 倍，2 裂至约腹叶长度的 1/2 处，叶边全缘。

白绿细鳞苔 *Lejeunea pallide-virens* S. Hatt.

生境 林中树干，林中树藤上，石壁上，农田边树干；海拔：392 ～ 1417 米。

分布地点 上杭县，古田镇，古田会址；吴地村三坑口；步云乡，大斜村大坪山组；桂和村贵竹坪。新罗区，江山镇，背洋村林畲。

标本 何强 11438；贯渝 12304a，12437，12520；于宁宁 Y04406。

本种植物黄绿色，不规则分枝，假根生于腹叶基部；叶片卵形，顶端圆形，平展，叶边全缘，腹瓣小，约为背瓣大小的 1/3，中齿单细胞，弯向叶顶端，角齿不明显；腹叶近于圆形，宽为茎直径的 2 ～ 4 倍，2 裂至腹叶长度的 1/2 处，两侧各具 1 个钝齿；叶细胞六边形，薄壁，三角体大，角质层具密疣。

小叶细鳞苔 *Lejeunea parva* (S. Hatt.) Mizut.

生境 林中石上，树干，溪边山谷石上；海拔：654 ～ 1425 米。

分布地点 上杭县，步云乡，桂和村（大凹门、笙竹坪 – 共和）；云辉村西坑。

标本 贯渝 12329；王庆华 1681b；于宁宁 Y4382c。

本种植物体纤细，柔弱，黄绿色，不规则疏分枝。叶疏生，卵形或卵状椭圆形，斜展，尖部钝，略内曲，叶边全缘，腹瓣卵形，强烈膨起，约为背瓣长的 1/2，具单个角齿；叶中部细胞圆形或椭圆形，三角体明显；腹叶圆形，宽为茎直径的 1.5 ～ 2 倍。

斑叶细鳞苔 *Lejeunea punctiformis* Taylor

生境 林中树干，蕨类植物叶面上；海拔：1510 ～ 1620 米。

分布地点 上杭县，步云乡，桂和村大凹门。

标本 贯渝 12309b，12333a。

本种植物体纤细，茎横切面外壁一般为 7 个细胞，中央髓部细胞 3 ～ 4 个；叶片疏生，椭圆形，先端圆钝，腹瓣卵形，长为背瓣的 1/2 ～ 3/4，强烈膨起，具单个齿；叶细胞多边形，无三角体和中部球状加厚，油胞 1 ～ 2 个，腹瓣大，卵形长约为背瓣的 3/4，角齿小，单细胞；腹叶近于圆形或卵形，宽为茎直径的 1 ～ 1.5 倍，2 裂至腹叶长度的 1/2 ～ 3/4，叶边全缘。

大叶细鳞苔 *Lejeunea sordida* (Nees) Nees

生境 林中石上，树干，溪边山谷石上，枯树根上；海拔：654 ～ 1425 米。

分布地点 上杭县，步云乡，桂和村。

标本 王庆华 1763。

疏叶细鳞苔 *Lejeunea ulicina* (Taylor) Gottsche

生境 林中树干；海拔：1520 米。

分布地点 上杭县，步云乡，桂和村永安亭。

标本 贯渝 12494b。

7. 薄鳞苔属 *Leptolejeunea* (Spruce) Schiffn.

植物体纤细，黄绿色至褐绿色；羽状分枝或不规则疏分枝。叶长椭圆形或卵圆形，具钝尖；叶边全缘；腹瓣长卵形至长方形，角齿单细胞，圆钝；叶细胞具胞壁中部球状加厚及三角体；油胞单个至数个，黄色。腹叶纤小，船形。蒴萼具5个脊，顶部平截。雄苞小穗状，顶生于短侧枝上。

全世界约有25种，主要分布中南美洲、亚洲、非洲和大洋洲热带地区。中国有10种，本地区有2种。

分种检索表

1. 植物体具芽胞；叶细胞具5个以上油胞；腹叶基部1个细胞宽 ………………………………… 2. 尖叶薄鳞苔 *L. elliptica*
1. 植物体无芽胞；叶细胞具1～2个油胞；腹叶基部2个细胞宽 ………………………………… 1. 巴氏薄鳞苔 *L. balansae*

巴氏薄鳞苔 *Leptolejeunea balansae* Steph.

生境 岩面，叶面上，蕨类叶上，林中草本叶上，林中树枝；海拔：392～850米。

分布地点 新罗区，江山镇，福坑村梯子岭；背洋村林畲。连城县，莒溪镇，太平僚村（大罐坑、太平僚风水林）；陈地村盘坑。

标本 何强10049，10050，10241，10244，11290；贾渝12552a，12524，12533a，12548，12553，12570；王钧杰ZY274；于宁宁Y4499。

本种植物体小形，棕色，不规则分枝；叶片卵形或长椭圆形，叶边全缘；叶细胞不规则圆形或椭圆形，三角体小或中等大小，具中部球状加厚，油胞2～3个，腹瓣卵形为背瓣长度的1/3～1/2，顶端截形，中齿单细胞，角齿退化；腹叶船形，宽为茎直径的2～4倍，2裂，裂瓣3～4个细胞，裂瓣基部2个细胞宽；蒴萼倒卵形，具5个角状脊。

尖叶薄鳞苔 *Leptolejeunea elliptica* (Lehm. & Lindenb.) Schiffn.

生境 叶面上，林中树干，林中叶附生，林中草本上附生；海拔：392～867米。

分布地点 上杭县，步云乡，云辉村西坑。新罗区，江山镇，背洋村林畲。连城县，莒溪镇，太平僚村（大罐坑、百金山组）；罗地村；陈地村湖堀；庙前镇，岩背村马家坪。

标本 何强 10251b，10263；贯渝 12248，12259，12354，12559，12634，12639，12647；王钧杰 ZY1166。

本种植物体不规则分枝或羽状分枝；叶片长椭圆形，具钝尖，腹瓣卵形，约为背瓣长度的 2/5，角齿圆钝；叶细胞近圆形，三角体明显，中部球状加厚，油胞圆形或椭圆形，每一叶片具多个至 10 个以上油胞，多散生；蒴萼 5 个脊呈角状，顶端平截。

8. 冠鳞苔属 *Lopholejeunea* (Spruce) Schiffn.

植物体中等大小，暗绿色至褐绿色，老时呈紫褐色，略具光泽，紧贴基质生长。茎由厚壁细胞组成；一般呈不规则羽状分枝。叶密覆瓦状排列，阔卵形至椭圆形，尖部多圆钝，稀钝尖；叶边全缘；腹瓣卵形至阔卵形，多具单个钝齿，稀角齿呈舌形，中齿单细胞。叶细胞圆形，胞壁三角体明显及中部球状加厚。腹叶相互贴生或疏列。

雌苞着生侧枝；雌苞叶多锐尖，具齿；雌苞腹叶全缘或具齿。蒴萼具 3 ～ 4 个脊，脊部具冠状突起。

全世界有 30 种，中国有 8 种，本地区有 1 种。

黑冠鳞苔 *Lopholejeunea nigricans* (Lindenb.) Schiffn.

生境 树干，林中树干，石上，枯木；海拔：625 ～ 927 米。

分布地点 连城县，庙前镇，岩背村马家坪；莒溪镇，太平僚村百金山组。上杭县，步云乡，云辉村西坑。新罗区，万安镇，西源村渡头。

标本 韩威 194；何强 10024，12331b；贯渝 12622；王钧杰 ZY030。

本种植物体小形，棕色或棕黄色，不规则分枝；叶片卵形，顶端圆，叶边全缘；叶细胞不规则圆形或椭圆形，三角体小，中部球状加厚不明显，腹瓣卵形，明显鼓起，顶端斜截，中齿和角齿不明显；腹叶近于圆形，宽为茎的 3 ～ 4 倍，与茎的结合线呈波状，顶端全缘；蒴萼倒卵形，具 5 个脊，脊具粗齿。

9. 鞭鳞苔属 *Mastigolejeunea* (Spruce) Schiffn.

植物体型大，褐绿色；稀疏分枝或不规则羽状分枝。叶卵形或长舌形，前缘阔弧形，先端钝或锐尖；叶边全缘；腹瓣椭圆形或长卵形，具 1 ～ 2 齿。叶细胞椭圆形或卵形，厚壁，具明显三角体。腹叶大，倒心脏形或倒卵形，全缘。雌苞假侧生。蒴萼梨形，具 3 脊。雄苞着生枝顶端或枝中部。

全世界约有40种，世界热带地区分布。中国有3种，本地区有1种。

耳叶鞭鳞苔 *Mastigolejeunea auriculata* (Wilson & Hook.) Schiffn.

生境 林下树干；海拔：592米。

分布地点 上杭县，步云乡，云辉村西坑。

标本 于宁宁 Y04269。

本种植物体长1～2厘米，不规则分枝；叶卵形，长可达1.5毫米，具钝尖，后缘内卷，叶边全缘，腹瓣长卵形或卵状长方形，具1～2钝齿；叶细胞长六角形，细胞壁厚，具大三角体；腹叶宽约为茎直径的3倍，倒卵形，上部略内凹，全缘；雌雄同株，蒴萼倒卵形，具3个脊。

10. 皱萼苔属 *Ptychanthus* Nees

植物体较粗大，黄褐色或深绿色，羽状分枝。叶卵形，先端锐尖或稍钝；叶边尖部常具齿；腹瓣纤小或近于退化。叶细胞壁具明显三角体及中部球状加厚。腹叶宽阔，尖部具齿，稀全缘。蒴萼侧生，倒梨形或粗棒形，通常具10个纵脊。雄苞着生枝中部，小穗状；雄苞叶6～20对。

全世界只有1种。

皱萼苔 *Ptychanthus striatus* (Lehm. & Lindenb.) Nees

生境 林中树干，岩面，树枝，林中树枝，树干，林中倒木；海拔：400～1508米。

分布地点 上杭县，步云乡，桂和村（永安亭、庙金山）；古田镇，吴地村三坑口。连城县，莒溪镇，太平僚村大罐坑；罗地村赤家坪；陈地村湖堀。

标本 何强10283，10284，12329；贯渝12513，12656，12673；娜仁高娃Z2137；王钧杰ZY1163；于宁宁Y04322。

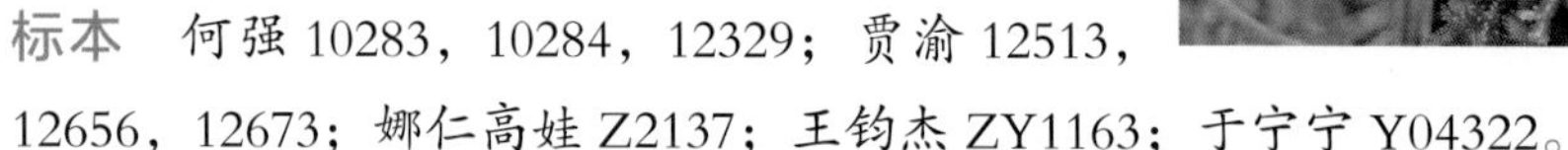

这是一个大体形的细鳞苔科植物，在野外其外观类似于鞭苔属植物。植物体褐绿色，长在2厘米以上，规则羽状分枝；叶卵形，先端锐尖，前缘基部呈耳状；叶边尖部具疏粗齿；腹瓣近长方形，约为背瓣长的1/8；叶细胞胞壁中部球状加厚及三角体明显；腹叶近椭圆形，宽为茎直径的3～4倍，上部具粗齿。

11. 多褶苔属 *Spruceanthus* Verd.

植物体中等大小至粗大，常垂倾生长。茎由强烈加厚的细胞组成，表皮细胞略小于内层细胞；不规则羽状分枝。叶阔卵形，锐尖或稀呈圆钝，前缘圆弧形，后缘略内凹；叶边仅尖部具少数粗齿；腹瓣椭圆形至圆扇形，基部趋狭，全缘。叶细胞圆形至圆卵形，具强烈三角体及胞壁中部球状加厚。腹叶近圆形，上部略内凹。雌苞顶生于主枝。雌苞叶略狭长而上部具多数粗齿。蒴萼具5～10个脊。

全世界有5种，亚洲热带和亚热带及太平洋热带地区分布。中国有3种，本地区有1种。

多褶苔 *Spruceanthus semirepandus* (Nees) Verd.

生境 林中石上；海拔：1420米。
分布地点 上杭县，步云乡，桂和村大凹门。
标本 贯渝12347。

本种植物体大形，黄绿色至褐绿色，茎长2～3厘米，可达7厘米，稀少分枝；叶长卵形，前缘圆弧形，后缘略内凹，具钝尖，叶边除叶尖外均全缘；叶细胞圆卵形，具三角体及胞壁中部强烈加厚；腹瓣卵形，尖部齿粗而向上突出；雌苞叶长卵形，具多齿锐尖；蒴萼倒卵形，多具5个脊。

12. 异鳞苔属 *Tuzibeanthus* Hatt.

植物体形稍大，疏松成片生长。茎规则羽状分枝至二回羽状分枝；横切面细胞壁厚，具明显三角体。叶片覆瓦状蔽前式排列，先端圆钝，前缘基部耳状，后缘近于平直；腹瓣长约为背瓣的1/4。叶细胞多角形至椭圆形，胞壁三角体及中部球状加厚明显。腹叶全缘，基部两侧呈耳状。雌雄异株。雄苞着生主枝。雌苞着生主枝或小枝上；雌苞叶和雌苞腹叶全缘。蒴萼具10个脊。

全世界只有1种，亚洲东部分布。

异鳞苔 *Tuzibeanthus chinensis* (Steph.) Mizut.

生境 林中树干；海拔：1520米。
分布地点 上杭县，步云乡，桂和村大凹门。
标本 贯渝12341。

本种植物体榄绿色，长可达3厘米；叶疏松覆瓦状排列，卵状椭圆形，前缘基部具圆钝耳，先端趋狭而宽钝；叶边全缘，侧叶卵形或矩圆形，腹瓣近长方形，先端具钝尖；

叶中部细胞多边形，细胞壁薄，具三角体及中部球状加厚；每个细胞具 6 ～ 9 个油体；腹叶近圆形，宽约为茎直径的 3 倍。

（二十九）紫叶苔科 Pleuroziaceae Müll. Frib.

植物体粗壮，紫红色或红褐色，有时灰绿色，叉状分枝。叶片腹瓣常呈管状，背瓣大，先端圆钝或具齿。蒴萼生于短侧枝上，长圆筒形，口部平滑。

全世界只有 1 属。

1. 紫叶苔属 *Pleurozia* Dum.

植物体粗，长 2 ～ 12 厘米，连叶宽 0.5 ～ 7.5 毫米，灰绿色至紫红色。叶片 2 裂，腹瓣卷呈囊状，背瓣大，内凹，呈瓢形。无腹叶。叶细胞具三角体及胞壁中部具球状加厚；油体呈球形。雌雄同株或异株。蒴萼长筒形或长椭圆形，口部平滑。孢子体粗大。蒴柄短。孢蒴球形或卵形，孢蒴壁由 6 ～ 8 层细胞组成。孢子球形，棕色，直径 25 ～ 50 微米，表面具疣。

本属全世界有 11 种，中国有 5 种，本地区有 1 种。

拟大紫叶苔 *Pleurozia subinflata* (Austin) Austin

生境 林中树干；海拔：1629 ～ 1680 米。

分布地点 上杭县，步云乡，桂和村（大凹门、油婆记）。

标本 韩威 147；贾渝 12344。

本种在保护区仅发现一个分布点。本种主要特征：①植物体生于树干，较大，叶片呈紫红色；②叶片斜展，强烈内凹，2 裂达叶片长度的 1/2，背瓣狭卵形，渐尖，先端具 2 齿，叶边全缘；③腹瓣狭卵形或阔披针形，边缘内卷呈筒形；④雌雄异株；⑤蒴柄短，仅露出蒴萼口部。

（三十）绿片苔科 Aneuraceae H. Klinggr.

叶状体质厚，多暗绿色至黄绿色，单一或羽状分枝或不规则分枝；无气室；细胞多层，内层细胞小于表皮细胞，一般呈六角表，薄壁；中肋与其他细胞无明显分界。

雌雄苞均着生短侧枝上。雌苞无假蒴萼。蒴被形大，肉质，圆柱形或棒形，尖端具疣状突起。孢蒴椭圆形，成熟时 4 瓣裂。弹丝单列螺纹，着生于裂瓣尖端的弹丝托上。芽胞卵形，通常为 2 个细胞。

本科主要特征：①植物体多呈羽状或不规则的分枝；②叶状体缺乏中肋；③配子囊生于短的侧枝上；④孢子体被肉质的蒴被包裹；⑤附带有弹丝的长孢蒴附着于裂瓣上。

全世界有 4 属，分布于全世界范围内。中国有 3 属，本地区有 2 属。

分属检索表

1. 叶状体大形，匍匐，单一，偶尔分枝，宽 2 ～ 8 毫米；边缘强波曲或卷曲；每个细胞中有 6 个以上的油体 ………………………………………………… 1. 绿片苔属 *Aneura*
1. 叶状体小形，匍匐或直立，不规则或羽状分枝，宽 0.5 ～ 2 毫米；边缘平展或多少波曲；每个细胞具 0 ～ 5 个油体 ……………………………… 2. 片叶苔属 *Riccardia*

1. 绿片苔属 *Aneura* Dumort.

叶状体多暗绿色，有时呈黄绿色，常呈大片状生长，宽度可达 5 毫米以上；横切面中央厚 10 多层细胞，单一或不规则分枝，边缘厚 1 ～ 3 层细胞，多明显波曲；表皮细胞形小，六角形，内层细胞大于表皮细胞，均薄壁；无气孔和气室分化；无中肋。

雌雄苞着生短侧枝上。假蒴萼缺失。蒴被形大，圆柱形或棒状形，肉质，尖部多具疣。蒴柄细长。孢蒴椭圆状圆柱形，成熟时 4 瓣裂。弹丝具单列螺纹加厚，红棕色。芽胞多为卵形，一般由 2 个细胞组成。

全世界有 15 种，中国有 2 种，本地区有 1 种。

绿片苔 *Aneura pinguis* (L.) Dumort.

生境 岩面，潮湿岩面，腐木；海拔：638 ～ 1390 米。

分布地点 连城县，莒溪镇，太平僚村大罐坑；陈地村盘坑；曲溪乡，罗胜村岭背畲。

标本 何强 10275，10276，11275；王钧杰 ZY1433。

本种叶状体黄绿色或深绿色，有脂状光泽，扁平带状，单一或不规则分枝，分枝先端圆钝，边缘具波纹；叶状体横切面略向上下两面凸出，中部 10 ～ 12 层细胞厚，向边缘渐薄，叶边缘 2 ～ 3 个单层细胞；表皮细胞小，油滴球形，每个细胞中有 6 ～ 12 个；雌雄异株；雄株小，精子器生于叶状体边缘腹面短枝上。雌苞生于叶状体腹面近边缘，边缘具短毛。假蒴萼长棒形或柱形，基部有雌苞裂片。蒴柄长 2 ～ 5 厘米，由同形细胞构成；孢蒴椭圆形，红褐色，具细疣。弹丝长 80 ～ 120 微米，宽 4 ～ 9 微米，红褐色。

2. 片叶苔属 *Riccardia* Gray

叶状体灰绿色至深绿色，不规则羽状分枝，或 1 ～ 2 回羽状分枝，宽 0.5 ～ 1 毫米，厚6～7层细胞；边缘一般平展，厚1～3层细胞。表皮细胞明显小于内层细胞，不规则六角形，壁薄；无气孔和气室的分化。雌雄异株。蒴被筒状。蒴柄细长，柔弱。芽胞常着生叶状体尖部，1 ～ 2 个细胞。

全世界有 175 种，中国有 19 种，本地区有 6 种。

分种检索表

1. 叶状体边缘具细圆齿，由小而突出的细胞组成分化边缘；油体在表皮和叶状体中部处缺乏……………………5. 片叶苔 *R. multifida*
1. 叶状体边缘无细圆齿，无分化边缘……………………2
  2. 叶状体表面常分泌晶体状物质；边缘稍外卷；油体小，直径不足 2 微米，每个细胞油体超过 10 个……………………3
  2. 叶状体表面部分泌晶体状物质；边缘平展；油体中等至大形，直径超过 2 微米，每个细胞油体不到 10 个……………………4
    3. 雌雄同株异苞；羽片表皮细胞大，（50 ～ 75）×（25 ～ 45）微米……………………3. 宽片叶苔 *R. latifrons*
    3. 雌雄异株；羽片表皮细胞小，（25 ～ 50）×（20 ～ 40）微米……………………4. 东亚片叶苔 *R. miyakeana*
      4. 表皮细胞是其他细胞大小的 1/2 ～ 2/3……1. 多枝片叶苔 *R. chamaedryfolia*
      4. 表皮细胞不到其他细胞大小的 1/2……………………5
        5. 大细胞缺乏在中部的表皮和末端翼的表皮。油体通常存在于表皮和翼部……………………6. 掌状片叶苔 *R. palmata*
        5. 大细胞存在于中部的表皮和末端翼的表皮。油体通常缺乏在末端羽片的表皮……………………2. 单胞片叶苔 *R. kodamae*

多枝片叶苔 ***Riccardia chamaedryfolia*** (With.) Grolle

生境 水边石上；海拔：880 米。

分布地点 连城县，庙前镇，岩背村马家坪。

标本 贯渝 12368。

本种叶状体大，不规则多次分枝，分枝各长宽不相等，分枝末端和主体部分较宽。叶状体的横切面带形至半月形，背面凹或略凸，中部 5 ～ 8 个细胞厚，叶边不透明；表皮细胞方六边形，油滴多数单个存在于细胞中，球形或椭圆形；雌雄同株；精子器生于叶状体分枝末端边缘；雌苞生于叶状体边缘侧短枝上，边缘有毛状鳞片。蒴帽球形，黑褐色，表面粗糙。

单胞片叶苔 *Riccardia kodamae* Mizut. & S. Hatt.

生境 腐木，潮湿岩面；海拔：1390 米。

分布地点 连城县，曲溪乡，罗胜村岭背畲。

标本 王钧杰 ZY1429，ZY1430。

本种植物的主要特征：①叶状体黑绿色，具光泽；②叶状体表面细胞小；③叶状体发育时，表面细胞中具多数油体，成熟后极少见油体；④叶状体边缘细胞变小，厚壁形成分化边缘；⑤雌雄异株（Furuki, 1991）。

宽片叶苔 *Riccardia latifrons* (Lindb.) Lindb.

生境 滴水岩面上；海拔：671 米。

分布地点 连城县，莒溪镇，池家山村三层寨。

标本 贾渝 12591。

叶状体平铺匍匐生长，鲜绿色，有光泽，不规则 2～3 回分枝或分枝呈手掌状，末端小枝舌形。叶状体横切面两面平或负面略凸，向边缘渐薄，中部 5～6 层细胞厚。表皮细胞薄壁，油滴存在于嫩枝细胞中，在老的细胞中有 1～3 个，椭圆形，直径 7～10 微米；雌雄同株。假蒴萼长达 4 毫米，长棒槌形，有节状疣。孢蒴红褐色，外壁细胞有环状加厚纤维；孢子黄褐色，直径 14～17 微米，平滑或略粗糙。弹丝直径 10～12 微米，螺纹红褐色。芽胞生于叶状体末端上表面，椭圆形，由 2 个细胞构成。

东亚片叶苔* *Riccardia miyakeana* Schiffn.

生境 腐木，滴水岩面；海拔：786～1231 米。

分布地点 连城县，莒溪镇，陈地村盂堀；罗地村（赤家坪－青石坑）。

标本 何强 11249，11316。

本种与宽片叶苔非常相似，但东亚片叶苔的表皮细胞更小，雌雄异株。

片叶苔 *Riccardia multifida* (L.) Gray

生境 滴水岩面；海拔：780～927 米。

分布地点 连城县，庙前镇，岩背村马家坪。

标本 何强 10020，10021。

本种叶状体深绿色至褐绿色，干燥时褐黑色，多数规则 2 ～ 3 回羽状分枝；分枝带形，宽 0.3 ～ 0.5 厘米。叶状体的横切面腹面凸。叶状体边缘 2 ～ 3 列细胞较透明。油滴仅存在于嫩枝先端，卵形；雌雄同株。雄枝侧生，棒状，雌枝短，生于叶状体侧边，雌苞先端有不整齐裂片。假蒴萼棒槌形，具节状凸起；孢蒴长椭圆形，黑褐色，成熟后 4 瓣裂，蒴壁细胞壁呈环状加厚；弹丝直径 12 ～ 15 微米，螺纹宽，红褐色。孢子平滑，淡黄色，直径 12 ～ 16 微米。

掌状片叶苔 *Riccardia palmata* (Hedw.) Carr.

生境 滴水岩面；海拔：780 ～ 927 米。

分布地点 连城县，庙前镇，岩背村马家坪。

标本 何强 10019。

本种叶状体深绿色，老的部分常为褐色，主体匍匐生长，紧贴基质，分枝上升，多为掌状分生，渐尖，先端圆钝。横切面为长片形或椭圆形，4 ～ 9 层细胞厚，边缘细胞略小，皮部细胞小；油滴在皮部细胞中，幼细胞中常单个存在，老的细胞中 2 ～ 3 个，球形或椭圆形；雌雄同株。雌苞生于叶状体边缘，上中边缘裂片状，先端多单细胞。假蒴萼棒槌形，表面略平滑，蒴柄长。孢蒴壁内层细胞具节状加厚。孢子球形，平滑，直径约 15 微米，弹丝长约 15 微米，粗约 7 微米，红褐色。

（三十一）叉苔科 Metzgeriaceae H. Klinggr.

叶状体柔弱，狭带状，常叉形分枝，灰绿色或黄绿色；中肋明显，横切面呈椭圆形。叶状体为单层细胞，细胞多边形，薄壁；边缘和中肋腹面被长纤毛，稀叶状体背腹面被纤毛。腹鳞片为单细胞，着生于中肋腹面。

雌雄异株，稀同株。雄苞半球形，着生于腹面短枝上。雌枝亦生于腹面，具苞膜及蒴被。孢蒴椭圆状卵形，成熟时 4 瓣开裂；弹丝成束着生裂瓣尖端的弹丝托上。

全世界有 3 属，中国有 2 属，本地区有 1 属。

1. 叉苔属 *Metzgeria* Raddi

叶状体膜质，通常叉形分枝，稀羽状分枝，有时腹面生长新枝；中肋细弱，与叶状体分界明显；叶状体边缘及中肋腹面通常着生单细胞的长纤毛。雌枝由叶状体腹面伸出，倒心脏形被长纤毛的苞膜及粗而肉质的蒴被组成。孢蒴具短柄，椭圆状卵形，成熟后 4 瓣裂，裂瓣由 2 层细胞组成，外层胞壁具球状加球，内层细胞具不明显带状加厚。弹丝细长，具单列红棕色螺纹加厚，簇生于孢蒴裂瓣尖端。孢子球形，平滑或具细疣。无性芽胞盘形至线形。雄枝内卷，呈近球形。

全世界有 103 种，中国有 13 种，本地区有 2 种。

分种检索表

1. 雌雄同株；两侧边缘向腹面弯曲，密生长刺状纤毛…………1. 平叉苔 *M. conjugata*
1. 雌雄异株；两侧为单层细胞，边缘疏生单个长纤毛…………………2. 叉苔 *M. furcata*

平叉苔 *Metzgeria conjugata* Lindb.

生境 林中沟边树枝，土石壁悬生，枯竹鞭；海拔：392 ~ 1339 米。

分布地点 连城县，曲溪乡，罗胜村岭背畲。新罗区，江山镇，背洋村林畲。上杭县，步云乡，云辉村西坑。

标本 韩威 201；贯渝 12568；王钧杰 ZY1415；于宁宁 Y04262；张若星 RX073。

本种植物体灰绿色，叉状分枝，背凸；叶横切面两侧呈弓形；叶状体通常具多数刺毛，生于叶边缘和腹面中肋处，在边缘成对着生；雌雄同株；雌枝和雄枝均生于腹面中肋上。孢子体梨形；蒴苞表面具多数刺毛。

叉苔 *Metzgeria furcata* (L.) Dumort.

生境 岩面；海拔：1417 米。

分布地点 上杭县，步云乡，桂和村（贵竹坪、大门凹）。

标本 何强 11424。

本种植物体黄绿色或绿色，长可达 2.5 厘米，宽 0.5 ~ 1 毫米，不规则叉状分枝，两侧为单层细胞，边缘疏生单个长纤毛；雌雄异株。精子器着生于特化呈球形枝上。雌枝亦特化呈密被纤毛的苞膜；蒴柄长 1.5 ~ 2 毫米；孢子褐黄色；弹丝暗红色；芽胞圆球形，多细胞，常着生叶状体边缘。

二、角苔类植物门

在本次调查中，保护区展示了丰富的角苔类植物，共计 4 科 4 属 6 种。下面就它们的主要特征、在保护区的生境以及分布地点作简要介绍。

（一）角苔科 Anthocerotaceae Dumort.

配子体呈叶状体，绿色或暗绿色，不规则叉状分枝，边缘多波曲而深裂；横切面中央部分厚 6 ～ 7 层细胞，边缘为单层细胞；无气室及腹面鳞片。每个细胞具单个大形叶绿体或 2 ～ 3 个叶绿体。假根平滑。精子器成丛生长背面封闭的穴内。颈卵器孕育自叶状体背面组织内。孢蒴呈长角状，绿色，气孔和蒴轴多发育。孢子多圆锥形，具细疣至刺状疣。假弹丝单细胞，多细胞或细长丝状，稀具螺纹加厚。

全世界只有 1 属，南北半球均有分布。

1. 角苔属 *Anthoceros* L.

配子体呈叶状体，绿色或暗绿色，不规则叉状分枝，边缘多波曲而深裂；横切面中央部分厚 6 ～ 7 层细胞，边缘为单层细胞；无气室及腹面鳞片。每个细胞具单个大形叶绿体或 2 ～ 3 个叶绿体。假根平滑。精子器成丛生长背面封闭的穴内。颈卵器孕育自叶状体背面组织内。孢蒴呈长角状，绿色，气孔和蒴轴多发育。孢子多圆锥形，具细疣至刺状疣。假弹丝单细胞，多细胞或细长丝状，稀具螺纹加厚。

全世界约有 80 种，中国有 8 种，本地区有 2 种。

分种检索表

1. 植物体边缘具丰富的半球形芽胞……………………1. 台湾角苔 *A. angustus*
1. 植物体边缘不具芽胞 ………………………………… 2. 角苔 *A. punctatus*

台湾角苔 *Anthoceros angustus* Steph.

生境　路边土面，土面；海拔：592 ～ 618 米。

分布地点　新罗区，江山镇，福坑村。

标本　何强 11520；王钧杰 ZY1357。

本种植物体成小片生长，有时呈莲座状；叶状体边缘具多数芽胞；表面细胞具 1 个叶绿体；雌雄异株；孢子淡棕色或棕色，近极面具明显的三射线突起，达孢子边缘，具乳头状或刺状突起，远极面具假片状突起；假弹丝 3 ～ 4 个细胞，淡棕色，薄壁。

角苔 *Anthoceros punctatus* L.

生境　路边沙石土上；海拔：645 米。

分布地点　新罗区，江山镇，福坑村梯子岭。

标本　王庆华 1787。

本种植物体绿色，呈莲座状，具黏液腔；叶状体表面细胞具 1 个叶绿体，叶绿体具一淀粉核；雌雄同株；孢子体长角状，高可达 3 厘米；孢子单细胞，黑棕色，近极面具明显的三射线突起，达孢子边缘，具凹陷的网状结构，远极面具不明显的网状结构；假弹丝 3 ～ 5 个细胞，呈弯曲状，淡棕色，细胞壁具不规则的加厚。

（二）褐角苔科 Foliocerotaceae Hässel

植物体大形，深绿色，呈片状生长。叶状体多不规则开裂或羽状深裂，背面观因内部气室而形成不规则六角形花纹，中央部分厚达 10 层细胞，仅边缘为单层细胞；气室分大小不等数层，无气孔。孢蒴细长角状，基部由筒状苞膜包被。孢子黄褐色，表面具细疣。假弹丝细长，多为单个细胞，稀为 2 个细胞或分叉。

全世界只有 1 属，有 17 种，中国有 4 种，本地区有 1 种。

褐角苔 *Folioceros fuciformis* (Mont.) Bhardwaj

生境 砂土面，路边土面；海拔：400 ～ 770 米。

分布地点 连城县，莒溪镇，陈地村湖堀。新罗区，万安镇，西源村渡头；张陈村。

标本 韩威 190；何强 12310，12334；王钧杰 ZY1102b，ZY1368。

本种植物体带状 2 歧分枝；叶状体具大形黏液腔，表面细胞具一个叶绿体；雌雄同株；孢子体角状，直立，高可达 4 厘米；孢子单细胞，褐色或黑棕色，近极面三射线不明显，具密集的乳头状或棒状突起；假弹丝 3 ～ 4 个细胞，细胞壁强烈加厚。

（三）短角苔科 Notothyladaceae Müll. Frib. ex Prosk.

叶状体薄，叉状分枝，多层细胞；末端多瓣裂而仅单层细胞。精子器腔单生，精子器卵形，具短柄，每腔有 2 ～ 4 个精子器。孢蒴长卵形，具短柄，蒴足形大，平横着生叶状体上，成熟时有时不开裂。蒴轴较短或缺失。孢蒴壁无气孔，2 裂或不规则开裂。弹丝为单列细胞，黄色，膨起，具螺纹或斜纹。孢子形大，四分孢子形，向极面具疣。

全世界有 3 属，分布北半球温带和热带山区。中国有 2 属，本地区有 1 属。

1. 黄角苔属 *Phaeoceros* Prosk.

叶状体片状，表皮细胞具单个大形叶绿色；不规则叉状分枝；边缘不规则波曲；无气室分化。雌雄同株。孢蒴细长角状，基部具短筒状苞膜。孢子黄褐色，圆锥形，具细疣状突起。假弹丝由 1 ～ 5 个单列细胞形成。雄苞着生叶状体内。

全世界有 22 种，中国有 6 种，本地区有 2 种。

分种检索表

1. 雌雄同株；孢子近极面中央密集生长乳头状突起 ⋯⋯ 1. 高领黄角苔 *P. carolinianus*
1. 雌雄异株；孢子近极面乳头状突起散生于整个孢子表面 ⋯⋯⋯⋯ 2. 黄角苔 *P. laevis*

高领黄角苔 ***Phaeoceros carolinianus*** (Michx.) Prosk.

生境 岩面，路边土面；海拔：678 ～ 990 米。

分布地点 上杭县，古田镇，吴地村三坑口。连城县，莒溪镇，太平僚村七仙女瀑布。

标本 韩威 232；贾渝 12290；于宁宁 Y04295。

本种植物与黄角苔相似，区别在于：①雌雄同株；②孢子近极面中央密集生长乳头状突起。

黄角苔 ***Phaeoceros laevis*** (L.) Prosk.

生境 流水岩面上，路边土面，溪边土面；海拔：500 ～ 1269 米。

分布地点 连城县，庙前镇，岩背村马家坪。上杭县，步云乡，云辉村西坑；桂和村贵竹坪。

标本 何强 10016；贾渝 12255，12256，12270，12376；王钧杰 ZY240；张若星 RX047。

本种植物体成片生长，呈莲座状，叶状体带形或半圆形；叶细胞具 1 个叶绿体和淀粉核；雌雄异株；孢子体突出苞膜，可达 4 厘米；孢子单细胞，黄色，具赤道带，近极面具明显的三射线突起，整个孢子表面密布乳头状突起；假弹丝 2 ～ 4 个细胞，具不规则的加厚。

（四）树角苔科 Dendrocerotaceae Hässel

植物体具黏液腔或者缺失，蛋白核存在或缺失，每个精子器腔中具 1（～ 3）个精子器，精子器外壁不分层，由细胞不规则排列而成，孢蒴外壁具气孔或缺失，孢子多细胞或单细胞，绿色、黄色或淡棕色，具明显的三射线状突起，或三射线不明显，孢子表面具刺状、疣状、乳头状或蠕虫形突起。

全世界有 4 属，中国有 2 属，本地区有 1 属。

1. 大角苔属 *Megaceros* Campb.

植物体绿色或深绿色，无黏液腔，无中肋。每个表皮细胞具叶绿体 1 ～ 8 个，蛋白核缺失。每个精子器腔中 1 个精子器；成熟的精子器近球形，具柄，精子器壁由排列不规则的细胞构成。苞膜直立生长，圆柱形。孢子体长角形，突出苞膜，无气孔，蒴轴存在；外壁细胞矩形、狭长方形等，细胞壁加厚。孢子单细胞，无色至淡黄色，因为孢子具大的叶绿体，故新鲜时呈绿色；孢子表面具乳头状突起或瘤状突起。假弹丝长，单螺旋加厚。

全世界约有 8 种，中国有 1 种。

东亚大角苔 *Megaceros flagellaris* (Mitt.) Steph.

生境　砂土面；海拔：437 米。

分布地点　新罗区，万安镇，西源村。

标本　王钧杰 ZY1370。

本种主要特征：①植物体较大，质地较硬；②叶状体边缘常具鹿角状结构；③细胞常具 2 个叶绿体，不具淀粉核；④苞膜较高，孢蒴细长。

三、藓类植物门

在本次调查中，保护区展示了丰富的藓类植物，共计藓类植物：43 科 139 属 246 种 1 亚种 4 变种。下面就它们的主要特征、在保护区的生境以及分布地点作简要介绍。

（一）泥炭藓科 Sphagnaceae Dumort.

水湿或沼泽地区、森林洼地或山涧石坳中的丛生藓类。植物体淡绿色，干燥时呈灰白色或褐色，有时带紫红色。茎细长，单生或叉状分枝；具中轴，中轴细胞小形，黄色或红棕色；表皮细胞大形无色，有时具水孔及螺纹。茎顶短枝丛生，侧枝分短劲、倾立的强枝及纤长附茎下垂的弱枝；枝表皮细胞有时具水孔及螺纹。茎叶与枝叶常异形。茎叶一般较枝叶长大，稀较小，舌形、三角形或剑头形，叶细胞上的螺纹及水孔较少。枝叶长卵形、阔卵形或狭长披针形，单层细胞，由大形无色具螺纹加厚的细胞及小形绿色细胞相间交织构成。精子器球形，具柄，集生于头状枝或分枝顶端，每一苞叶叶腋间生一精子器，精子螺旋形，具 2 鞭毛。雌器苞由头状枝丛的分枝产生。孢蒴球形或卵形，成熟时棕栗色，具小蒴盖，干缩时蒴盖自行脱落，基鞘部延伸成假蒴柄。孢子四分型，外壁具疣及螺纹。原丝体片状。

全世界只有 1 属，约有 300 余种，广布于世界各地，主产于北半球温带及寒带地区。中国有 47 种，本地区有 5 种。

本属植物在保护区虽然有 5 种分布，但是，每种的分布点中居群面积都较小，未形成大面积的泥炭藓群，而且，它们在保护区内分布的海拔都较高，在 1000 米以上的地区。

分种检索表

1. 茎及枝条表皮细胞均具螺纹及水孔；枝叶呈阔卵状圆瓢形，先端圆钝……………… 2
1. 茎及枝条表皮细胞均无螺纹，稀具水孔；枝叶多呈长卵状披针形，先端多渐尖… 3
    2. 茎叶短舌形（长为宽的 1.5 倍左右），内凹；茎叶无色细胞通常无螺纹，或仅具不明显增厚痕迹 ……………………………………………………4. 泥炭藓 *S. palustre*
    2. 茎叶长舌形（长为宽的 2 倍以上），平展；茎叶无色细胞密被螺纹及水孔 ………………………………………………………………… 3. 多纹泥炭藓 *S. multifibrosum*
        3. 枝叶绿色细胞位于叶片腹面 ……………………1. 拟尖叶泥炭藓 *S. acutifolioides*
        3. 枝叶绿色细胞位于叶片背面 …………………………………………………………… 4
            4. 茎叶的分化边缘上狭，至中下部广延 …………2. 尖叶泥炭藓 *S. capillifolium*
            4. 茎叶的分化边缘从顶至基部均狭窄 …………………5. 柔叶泥炭藓 *S. tenellum*

拟尖叶泥炭藓 *Sphagnum acutifolioides* Warnst.

生境 土面；海拔：1205 米。

分布地点 连城县，莒溪镇，罗地村青石坑。

标本 王钧杰 ZY1194，ZY1196。

本种植物体高可达 15 厘米，茎皮部细胞无纹孔，中轴黄红色；茎叶为等腰三角形，先端狭钝，有锯齿，边缘有分化的狭边，无色细胞在叶基部呈狭长菱形，在上部呈短而宽的菱形，多数具分隔，无螺纹；枝叶呈阔卵状披针形，急尖，上部叶边内卷，先端钝且具齿，具分化的叶边缘，无色细胞密被螺纹，腹面边缘具多数大而圆形的水孔基部近边缘细胞上角具大形圆孔，绿色细胞在叶片横切面上呈等腰三角形，偏于叶片腹面。

尖叶泥炭藓* *Sphagnum capillifolium* (Ehrh.) Hedw.

生境 路边土面；海拔：1156 ～ 1231 米。

分布地点 连城县，莒溪镇，罗地（赤家坪－青石坑）。

标本 何强 11323。

本种茎叶先端渐尖，叶边内卷近呈兜形。

多纹泥炭藓 *Sphagnum multifibrosum* X. J. Li & M. Zang

生境 土面，岩面；海拔：1127 ～ 1205 米。

分布地点 连城县，莒溪镇，罗地村青石坑。上杭县，步云乡，桂和村上村。

标本 王钧杰 ZY1178，ZY1197，ZY1467。

本种植物体粗壮，高可达 10 厘米，常呈大片生长，淡黄绿色；茎和枝的表皮细胞密被螺纹和水孔；茎叶扁平，长舌形，先端圆钝，顶端细胞常形成噬齿，具白色边缘，无色细胞呈长菱形或蠕虫形，密被螺纹和水孔；枝叶呈阔卵状圆形，强烈内凹呈瓢状，先端圆钝叶边内卷，无色细胞呈不规则长菱形，密被螺纹，背面角隅处常具半圆形对孔；绿色细胞在枝叶横切面呈等腰三角形，偏于腹面。

泥炭藓 *Sphagnum palustre* L.

生境 路边石上，路边土面，溪边土面，岩面，岩面薄土；海拔：1120 ～ 1397 米。

分布地点 连城县，莒溪镇，罗地村赤家坪。上杭县，步云乡，桂和村（狗子脑、上村）。

标本 何强 11317，12398；贾渝 12686；王钧杰 ZY1334，ZY1455，ZY1466。

本种是该属植物中分布广泛而常见的种类。植物体黄绿色或灰绿色，茎表皮细胞具螺纹和 3 ～ 9 个水孔；茎叶阔舌形，上部边缘形成阔分化边缘，无色细胞常具分隔；枝叶卵圆形，内凹，先端边缘内卷，无色细胞具中央大形圆孔，背面具半圆形边孔及角隅对孔；绿色细胞在枝叶横切面上呈狭等腰三角形或狭梯形，偏于叶片腹面。

柔叶泥炭藓* *Sphagnum tenellum* Ehrh. ex Hoffm.

生境 土面，岩面，林下土面；海拔：878 ～ 1205 米。

分布地点 连城县，莒溪镇，罗地村青石坑。上杭县，步云乡，桂和村上村。
标本 张若星 RX140。

本种植物体细柔，灰绿色或黄棕色，茎横切面皮部具 2 ～ 3 层大形无色细胞；茎叶呈等腰三角形状舌形，先端圆钝，具粗齿，两侧具狭窄的分化边缘，无色细胞具螺纹；枝叶阔卵形或长卵形，内凹呈瓢形，先端截形，具齿，无色细胞狭长菱形或梯形，背面具上下交控和边角隅对孔，腹面多具角隅对孔；绿色细胞在枝横切面上呈三角形或梯形，偏于叶片背面。

（二）金发藓科 Polytrichaceae Schwägr.

一年或多年生长，体形多粗壮，硬挺，稀形小，嫩绿色，深绿色或褐绿色，稀呈红棕色，多丛集成大片或贴阴湿土生，少数属种原丝体长存。茎稀少分枝或上部呈树形分枝。茎具中轴，外层为厚壁细胞，内部薄壁细胞包围中轴。叶在茎下部多脱落，上部密集，由近于鞘状基部向上多突成阔披针形或长舌形，横切面一般多层细胞。稀为单层细胞，腹面一般具多数纵列的栉片，背面常有棘刺；叶边常具齿；叶细胞近卵圆形或方形，少数属的叶边细胞分化，鞘部细胞呈长方形或扁方形，多透明。雌雄异株，稀雌雄同株。雄苞多呈盘状，有时中央再生萌枝。孢蒴多数顶生，卵形、圆柱形，常具 4 ～ 6 棱，稀为球形或扁圆形，常具气孔。蒴柄单生或簇生。蒴口常具蒴膜。蒴齿单层，32 片或 64 片，稀 16 片或缺失，由细胞形成，常红棕色。蒴帽兜形、长圆锥形或钟形，常被金黄色纤毛。孢子球形或卵形，被疣。染色体数多为 7、14 或 21。

全世界有 18 属，主要分布温带地区，少数种类产热带。中国有 7 属，本地区有 2 属。

分属检索表

1. 叶腹面栉片着生中肋上……………………………………………………… 1. 仙鹤藓属 *Atrichum*
1. 叶腹面除叶边外满布栉片 ……………………………………… 2. 小金发藓属 *Pogonatum*

1. 仙鹤藓属 *Atrichum* P. Beauv.

植物体小形至中等大小，嫩绿色、绿色或暗绿色，丛集成片生长。茎直立，稀少分枝；具中轴；基部多密生棕红色假根。叶剑形或长舌形，常具多数横波纹，背面有斜列棘刺，先端钝尖或锐尖；叶边常波曲，一般具双齿；中肋粗壮，常达叶尖或突出于叶尖；栉片多数，呈纵列密布叶片腹面。叶细胞多圆方形或六边形，下部细胞呈长方形；叶边细胞分化 1 ～ 3 列狭长细胞。雌雄异株。稀雌雄同株。蒴柄细长。孢蒴长圆柱形，单生或多个簇生。蒴齿单层，齿片32，棕红色。蒴盖圆锥形，具长喙。蒴帽兜形。孢子具细疣。

全世界有20种，多分布温带地区。中国有7种，本地区有1种。

东亚仙鹤藓 *Atrichum yakushimense* (Horik.) Mizut.

生境 林中石上；海拔：1510米。

分布地点 上杭县，步云乡，桂和村大凹门。

标本 贾渝12311。

本种植物体小，高0.5～1厘米；叶片长舌形，最宽处位于中部，叶背面散生棘刺，中肋单一，达叶片顶端，叶边具双齿；叶片横切面上节片无或极度退化为1～2个细胞。

2. 小金发藓属 *Pogonatum* P. Beauv.

植物体形多中等大小，稀矮小或粗大，通常密集成片生长，少数种类原丝体长存而营养体缺失。茎直立，稀分枝；具中轴；上部密集叶片，下部叶多脱落，被红棕色假根。叶干燥时贴茎或卷曲，卵状披针形，一般为2层细胞，少数种类叶边亦为2层细胞；叶边具粗齿或细齿；中肋贯顶，或突出于叶尖；叶片腹面密被纵列的栉片，顶细胞多分化，稀栉片少或缺失。叶上部细胞近于同形、多角形或方形，叶

分种检索表

1. 配子体退化；原丝体常存 ………………………… 6. 苞叶小金发藓 *P. spinulosum*
1. 配子体发育良好；原丝体不常存 ……………………………………………… 2
　2. 叶腹面栉片低矮，或仅着生中肋或中肋两侧 …… 5. 川西小金发藓 *P. nudiusculum*
　2. 叶腹面栉片高，除叶鞘部及叶边外密被纵列的栉片 …………………………… 3
　　3. 叶或基部叶的鞘部具不规则齿或毛……………7. 半栉小金发藓 *P. subfuscatum*
　　3. 叶或基部叶的鞘部全缘 …………………………………………………… 4
　　　4. 叶边细胞双层 …………………………………………………………… 5
　　　4. 叶边细胞单层 …………………………………………………………… 6
　　　　5. 植物体高可达10厘米；叶腹面栉片顶细胞单个，平滑 ……………………… ……………………………………………… 1. 刺边小金发藓 *P. cirratum*
　　　　5. 植物体高一般仅5厘米；叶腹面栉片高2～4个细胞，顶细胞单个…… ……………………………………………… 2. 扭叶小金发藓 *P. contortum*
　　　　6. 栉片顶细胞多宽度大于长度…………………3. 东亚小金发藓 *P. inflexum*
　　　　6. 栉片顶细胞长度大于宽度 ……………………… 4. 硬叶小金发藓 *P. neesii*

鞘部细胞透明，单层，多长方形。雌雄同株或异株。雌苞叶略分化。蒴柄硬挺，一般长 2 ～ 3 厘米。孢蒴多圆柱形，稀具多个不明显的脊，台部不明显，蒴齿通常 32 片。蒴盖具喙。蒴帽兜形，被密长纤毛。

全世界有 57 种，多见于世界温带山区，少数种分布热带地区。中国有 20 种，本地区有 7 种。

刺边小金发藓 *Pogonatum cirratum* (Sw.) Brid.

生境 林中土面，岩面薄土，砂土面；海拔：437 ～ 1214 米。

分布地点 连城县，莒溪镇，太平僚村石背顶。上杭县，古田镇，吴地村（大吴地至桂和旧路）；步云乡，桂和村。新罗区，万安镇，西源村。

标本 何强 10211，12387；贾渝 12287；王钧杰 ZY1369。

本种植物体大形，高 5 厘米，有时可达 10 厘米，常带红色，干燥时叶片稍扭曲；叶片长度可达 1 厘米，栉片多，高 1 ～ 2 个细胞，顶细胞不分化，圆钝形，叶边上部具粗齿，下部全缘。

扭叶小金发藓* *Pogonatum contortum* (Brid.) Lesq.

生境 土面；海拔：850 ～ 1205 米。

分布地点 连城县，庙前镇，岩背村马家坪；莒溪镇，罗地村至青石坑。上杭县，步云乡，桂和村上村。

标本 韩威 181；王钧杰 ZY1214，ZY1465。

本种植物体大形，高 5 ～ 10 厘米，暗绿色，干燥时强烈卷曲；叶片边缘至基部具稀疏的粗齿，栉片高 2 ～ 4 个细胞。

东亚小金发藓 *Pogonatum inflexum* (Lindb.) Sande Lac.

生境 竹林边土面，土面，路边土面；海拔：846 ～ 1408 米。

分布地点 连城县，庙前镇，岩背村马家坪；曲溪乡，罗胜村岭背畲。上杭县，步云乡，吴地村三坑口。

标本 韩威 160；何强 12366；王庆华 1714。

本种植物体中等大小，高 1 ～ 3 厘米，叶片干燥时卷曲，叶边缘上部具粗齿，中肋带红色，背面上部密被锐齿，栉片高 4 ～ 6 个细胞，顶细胞呈扁椭圆形或圆方形，宽度大于长度。

硬叶小金发藓* *Pogonatum neesii* (Müll. Hal.) Dozy

生境 路边土面，岩面薄土，林下土面；海拔：400 ～ 957 米。

分布地点 连城县，庙前镇，岩背村马家坪。上杭县，古田镇，吴地村（大吴地到桂和村旧路）。新罗区，万安镇，西源村渡头。

标本 何强 12327；贾渝 12388；王庆华 1724。

本种植物体小，1～2 厘米，干燥时叶片内曲，中肋带红色，背面上部约 1/3 以上被齿，栉片高 3～4 个细胞。本种与东亚小金发藓相似，主要区别在于栉片顶细胞的长度大于宽度。

川西小金发藓* *Pogonatum nudiusculum* Mitt.

生境 路边土面，岩面薄土；海拔：1047～1352 米。

分布地点 上杭县，古田镇，吴地村三坑口；步云乡，桂和村贵竹坪。

标本 贾渝 12281a；王钧杰 ZY1223。

植物体中等大小，高约 3 厘米，叶片卵状披针形，干燥时强烈扭曲，叶边尖部具锐齿，中肋突出于叶尖，背面上部具刺，栉片约 20 列，高 4～6 个细胞，顶端细胞横切面呈圆形，厚壁，平滑。

苞叶小金发藓 *Pogonatum spinulosum* Mitt.

生境 林中土面，土面；海拔：654～1422 米。

分布地点 上杭县，步云乡，桂和村（大凹门、贵竹坪）；步云乡，龙龟村西坑。

标本 何强 11403；贾渝 12337，12345；娜仁高娃 Z2110；王钧杰 ZY1264；王庆华 1667，1673。

本种在保护区内较为常见，在形态上因为其叶片退化，仅有紧贴蒴柄生长的苞叶而极易识别。

半栉小金发藓 *Pogonatum subfuscatum* Broth.

生境 林下土面，土面；海拔：690～1767 米。

分布地点 上杭县，步云乡，桂和村狗子脑。新罗区，江山镇，福坑村梯子岭。

标本 何强 10093，10094；王钧杰 ZY1317。

本种植物体小，暗绿色，叶片基部卵圆形，上部阔披针形，具不规则的齿，尖部略呈兜形，中肋粗壮，背面上部具粗齿，栉片 3～5 个细胞高，顶细胞横切面呈卵形或长卵形。

（三）短颈藓科 Diphysciaceae M. Fleisch.

植物体矮小，稀中等大小，灰绿色至暗绿色，高 0.4～2（4）厘米，丛集或稀疏散生于阴湿岩面或土壁，有时着生腐木上。茎直立，多单一，稀分枝；无中轴；基部密生假根；原丝体不常存，常具盾形的绿色同化组织。叶长舌形、长剑形或阔带形，具钝或锐尖，有时基部略宽；干时倾立、贴生、略卷曲或强烈卷曲，湿时伸展；叶边多全缘，有时具细齿或齿突；中肋宽阔，强劲，几乎占满叶片，一般突出于叶尖或近叶尖部消失，叶基部杂生一层绿色细胞。叶细胞单层至多层，卵形、近方形，或不规则多角形，有些种类背腹面均具疣，厚壁，基部细胞略长，平滑，透明。

雌雄异株或异苞同株，顶生。雄株略小，雄苞内有多数具短柄的精子器和线形配丝。雌苞顶生，雌苞内具多数颈卵器和较短的配丝。雌苞叶短或长，长卵圆形或长剑形；中肋单一，突出叶尖呈长芒状。蒴柄极短。孢蒴斜卵圆形，两侧对称，隐生于雌苞叶内，台部不分化，孢蒴壁具 2 列气孔。环带分化或不分化。蒴齿单层或 2 层，呈白色膜状折叠的圆锥筒形，常具细疣。蒴盖圆锥形或钟形，具粗或细的喙，常易脱落。蒴帽小，平滑，近于圆锥形或钟形，罩于蒴盖的喙上。孢子形小，表面具细密疣。染色体数目为 8 或 9。

全世界只有 1 属。

1. 短颈藓属 *Diphyscium* Mohr

属的特征同科。

全世界有 16 种，中国有 6 种，1 变种，本地区有 1 种，1 变种。

分种检索表

1. 叶细胞具乳突……………………………1. 乳突短颈藓 *D. chiapense* var. *unipapillosum*
1. 叶细胞具多疣……………………………………………………2. 东亚短颈藓 *D. fuvifolium*

由于配子体极度退化，所以在野外发现短颈藓属植物都是产生孢子体的。

乳突短颈藓单疣亚种* ***Diphyscium chiapense*** Norris subsp. ***unipapillosum*** (Deguchi) T. Y. Chiang & S.-H. Lin

生境 林中石上，竹林边土面；海拔：939 ～ 1491 米。

分布地点 上杭县，步云乡，桂和村永安亭；古田镇，吴地村三坑口。

标本 贾渝 12516；王庆华 1721。

本种植物体长 0.5 ～ 1.5 厘米，叶片长 3 ～ 7 毫米，叶细胞乳头状突起。

东亚短颈藓 ***Diphyscium fulvifolium*** Mitt.

生境 溪边山谷阴湿土面，树生，岩面，岩面薄土；海拔：786 ～ 1408 米。

分布地点 上杭县，步云乡，桂和村（笙竹坪－共和）。连城县，莒溪镇，太平僚村；曲溪乡，罗胜村岭背畲。

标本 韩威 244，245；何强 12340；王钧杰 ZY1232，ZY1403，ZY1457，ZY1461；于宁宁 Y4370。

本种植物体为鲜绿色，叶片为长舌形，宽约 1 毫米，中肋强劲，达叶尖部，叶细胞具粗疣或细疣。

（四）葫芦藓科 Funariaceae Schwägr.

植物体矮小的土生藓类，往往在土表稀疏丛生。茎直立，单生，稀分枝；多具分化中轴。茎基部丛生假根。叶多丛集于茎顶，且顶叶较大，往往呈莲座状，卵圆形、倒卵形或长椭圆状披针形，质柔薄，先端急尖或渐尖，具小尖头或细尖头；叶缘平滑或有锯齿，往往具分化的狭边；中肋细弱，往往在叶尖稍下处消失，稀长达叶顶部或突出叶尖。叶细胞排列疏松，不规则的多角形，稀呈菱形，基部细胞多狭长方形，细胞壁薄，平滑无疣。

雌雄多同株，生殖苞顶生。雄苞盘状，生于主枝顶，除具多数精子器外，往往具棒槌形配丝。雌苞常生于侧枝上。雌苞叶与一般叶片同形。蒴柄细长，直立或上部弯曲。孢蒴多呈梨形或倒卵形，直立、倾立或向下弯曲。蒴齿 2 层、单层或缺如，多具环带。外齿层的齿片与内齿层的齿条相对排列；齿片 16 枚，多向右旋转。蒴盖多呈半圆状突起，稀呈喙状或不分化。蒴帽兜形，稀冠形。孢子中等大小，平滑或具疣。

全世界有 16 属，常见于林地、林缘土坡、田边地角及房前屋后，在山林火烧迹地上生长尤好。中国有 6 属，本地区有 3 属。

分属检索表

1. 孢蒴较短宽，呈碗状或半圆球形，台部小而不明显；蒴齿缺如……………………3. 立碗藓属 *Physcomitrium*
1. 孢蒴较长，呈梨形或肾形，台部较长而明显；蒴齿或多或少发育良好……………… 2
   2. 孢蒴多立直，对称；环带缺如；蒴齿单层…………………… 1. 梨蒴藓属 *Entosthodon*
   2. 孢蒴多弯曲下垂、垂倾或倾立，不对称；具环带；蒴齿 2 层，稀内层发育不良……………………2. 葫芦藓属 *Funaria*

1. 梨蒴藓属 *Entosthodon* Schwägr.

植物体细小，呈黄绿色，疏散丛生。茎直立单生，基部疏生假根。叶多集生于茎先端，干时皱缩，湿时伸展，呈卵状、倒卵状、椭圆状或线状披针形，先端渐尖或急尖；叶边下部全缘，上部具细齿；中肋多在叶尖下部即消失，稀长达叶尖。叶中上部细胞呈不规则的长菱形或多边形，叶基部细胞呈长方形或狭长方形，边缘细胞往往呈狭长方形或线形，有时稍带黄色，形成分化的叶边。

雌雄同株异苞。蒴柄细长，黄色。孢蒴直立，对称，呈倒梨形，多具明显的长台部，环带缺如。蒴齿缺如，或单层，或发育不良。蒴盖锥形，先端凸出，稀具小尖头。蒴帽兜形，似葫芦藓之蒴帽。

全世界有 85 种，中国有 4 种，本地区有 1 种。

尖叶梨蒴藓* ***Entosthodon wichurae*** **M. Fleisch.**

生境　林下土壁；海拔：606 米。

分布地点　连城县，莒溪镇，太平僚村大罐。

标本　于宁宁 Y04543。

本种植物体小形，长仅 4 ～ 6 毫米，叶片卵状披针形，具长渐尖，叶上部有锯齿；孢蒴具明显的台部，无蒴齿。

2. 葫芦藓属 *Funaria* Hedw.

1 ～ 2 年生，矮小丛集的土生藓类。茎短而细。叶多丛集成芽苞形、卵圆形、舌形、倒卵圆形、卵状披针形或椭圆状披针形，先端渐尖或急尖；叶边缘平滑或具细齿；中肋及顶或稍突出，少数在叶尖稍下处即消失。叶细胞呈长方形或椭圆状菱形，叶基细胞稍狭长，有时叶缘细胞呈狭长方状线形，构成明显分化的边缘。

雌雄同株。雄苞呈花苞形，顶生。雌苞生于雄苞下的短侧枝上，当雄枝萎缩后即成为主枝。孢蒴长梨形，对称或不对称，往往弯曲呈葫芦形，直立或垂倾，大多具明显台部。蒴齿 2 层、单层或缺如；外齿层齿片呈狭长披针形，黄红色或棕红色，向左斜旋；内齿层等长或略短，黄色，具基膜或有时缺如，齿条与齿片相对着生。蒴盖圆盘状，平顶或微凸，稀呈钝端圆锥形。蒴帽往往呈兜形而膨大，先端具长喙。孢子圆球形，棕黄色，外壁具细密疣或粗疣。

全世界有 80 种，中国有 9 种，本地区有 1 种。

日本葫芦藓* ***Funaria japonica*** **Broth.**

生境　土壁；海拔：645 米。

分布地点　新罗区，江山镇，福坑村梯子岭。

标本　于宁宁 Y4425。

本种与常见的葫芦藓区别：它的孢蒴是倾立的，而葫芦藓的孢蒴是平列或下垂；它的叶片上部具细齿，而葫芦藓的叶片是全缘的，而且上部两侧常内卷。

3. 立碗藓属 *Physcomitrium* (Brid.) Brid.

植物体细小，淡绿或深绿色，疏丛生。茎单生，短而直立。叶片柔薄，干时多皱缩，潮湿时往往倾立，长倒卵形、卵圆形、卵状或长舌状披针形，先端渐尖或急尖，多数不具分化边缘，或下部具不明显的分化边；叶上部边缘常具细齿，下部叶边多平滑；中肋粗壮，单一，长达叶尖或在叶先端稍下处消失，稀突出叶尖部。叶细胞排列疏松，不规则方形或长方形，叶基部细胞稍长大，长方形或狭长方形，细胞壁薄。

雌雄同株。蒴柄细长，顶生。孢蒴直立，对称，近于圆球形或短梨形，台部极短而粗。环带由小形细胞组成而常存，或较阔大而自行卷落。无蒴齿。蒴盖平凸，呈盘形，或有时具或长或短的缘状尖，当蒴盖脱落后，孢蒴呈开口的碗状。蒴帽具直立长尖，幼时覆罩全蒴，成熟时下部分瓣成钟帽形，仅被覆蒴的上部。孢子较大，常具粗疣或刺状突。

本属全世界现有 65 种，中国有 8 种，本地区有 1 种。

红蒴立碗藓 ***Physcomitrium eurystomum*** Sendtn.

生境 林下土面；海拔：592 米。

分布地点 上杭县，步云乡，云辉村西坑。

标本 于宁宁 Y4279。

本属植物常生活于具有一定人为活动的环境中，由于植物体非常细小，常被忽略。当产生孢子体时，由于孢蒴形似碗且无蒴齿而易于识别。本种植物体高仅 2 ~ 5 毫米，叶边全缘，中肋黄色，蒴盖顶部圆突。

（五）缩叶藓科 Ptychomitriaceae Schimp.

植物体暗绿色至黑绿色，常在岩石呈簇生长。茎直立或倾立，单一或稀疏分枝。叶多列，干燥时强烈卷缩，湿时舒展倾立，披针形或狭长披针形；叶边平直，全缘或边缘中上部具齿；中肋单一，强劲，在叶尖前消失或稍突出，横切面具中央主细胞和背腹厚壁层。叶中上部细胞小，圆方形或近长方形，壁增厚，有时略成波状加厚，多数平滑；叶基部细胞长方形，壁薄，有时稍呈波状加厚。

雌雄同株。雄苞芽胞形。雌苞叶与茎叶同形。蒴柄长，直立或湿时扭曲。孢蒴直立，对称，卵圆形或长椭圆形。环带多数分化。蒴齿单层，狭披针形或线形，不规则 2 ~ 3 裂近达基部，表面具细密疣。蒴盖圆锥形，具长直喙。蒴帽大，钟帽形，基部有裂瓣。孢子球形，表面具细疣或近于平滑。

全世界有 5 属，中国有 4 属，本地区有 1 属。

1. 缩叶藓属 *Ptychomitrium* Fürnr.

植物体绿色或暗绿色，簇状生长。茎直立或倾立，单一或稀分枝，基部有假根，具分化中轴。叶干燥时皱缩，内卷或扭曲，湿时伸展倾立，披针形或卵状披针形；叶缘平直，平滑或上部有齿突或粗锯齿；中肋单一，强劲，达叶尖前消失。叶中上部细胞小，圆方形或近方形，厚壁，有时细胞壁略呈波状加厚；基部细胞长方形，壁薄或呈波状加厚。

雌雄同株。雄苞通常着生在雌苞下方。雌苞叶与茎叶同形。蒴柄直立。孢蒴直立，卵圆形或长椭圆形，表面平滑。环带多数分化，由数列厚壁细胞组成。蒴齿细长，线形或披针形，2～3个不规则纵裂至近基部，表面具细密疣。蒴盖圆锥形，具细长尖喙。蒴帽大，钟帽形，覆盖全部或大部分孢蒴，表面具纵褶，平滑无毛，基部有裂瓣。孢子圆球形，表面近于平滑或具细疣。

全世界现有50种，中国有10种，本地区有2种。

分种检索表

1. 叶舌形，基部狭窄；孢蒴长柱形；蒴齿长，2裂…………1. 齿边缩叶藓 *P. dentatum*
1. 叶长卵形，基部宽阔；孢蒴圆卵形；蒴齿短，3裂.………2. 威氏缩叶藓 *P. wilsonii*

本属在野外常生于岩面或石上，有时也生于树干，叶片明显卷缩或扭曲，经常能见到孢子体，而且蒴帽常宿存。

齿边缩叶藓 ***Ptychomitrium dentatum*** (Mitt.) A. Jaeger

生境 岩面；海拔：610～1342米。

分布地点 连城县，莒溪镇，太平僚村七仙女瀑布。上杭县，步云乡，桂和村贵竹坪。新罗区，江山镇，福坑村石斑坑。

标本 韩威222；贾渝12400；王钧杰ZY1255。

本种植物体绿色或黄绿色，高1～3厘米，多叉状分枝；叶片舌形或宽披针形，上部呈龙骨状凸起，叶尖尖锐，中肋强劲，达叶尖部，叶边缘上部平直，有时中下部背卷，中上部边缘具多细胞齿；叶细胞圆方形或近于方形，基部细胞长方形或短长方形；蒴齿红褐色，线状披针形，2裂几达基部；蒴帽表面具纵褶，基部具裂片。

威氏缩叶藓 ***Ptychomitrium wilsonii*** Sull. & Lesq.

生境 潮湿岩面，岩面；海拔：516～618米。

分布地点 新罗区，江山镇，福坑村石斑坑。连城县，莒溪镇，太平僚村。

标本 娜仁高娃Z2046；王钧杰ZY216，ZY1361。

本种植物体高 1.0 ～ 1.5 厘米，上部绿色，下部墨绿色；叶片卵状披针形或卵舌形，先端圆钝，中肋强劲，达叶尖部，叶边缘中上部具不规则的多细胞锯齿，叶上部细胞圆方形或近于方形；孢蒴卵圆形；蒴齿单层，披针形，3 裂近基部；蒴帽覆盖孢蒴至中下部，基部具裂片。

（六）紫萼藓科 Grimmiaceae Arn.

植物体深绿色或黄绿色，多生于裸露岩石或砂土上，属多年生旱生藓类。茎直立或倾立，两叉分枝或具多数分枝，基部具假根。叶多列密生，稀呈覆瓦状排列，干燥时有时扭曲，披针形、狭长披针形，稀卵圆形，先端常具白色透明毛尖，或圆钝；叶缘平直或背卷，稀内凹；中肋单一，强劲，达叶尖或在叶端前消失。叶中上部细胞小，圆方形或不规则方形，壁厚，常不透明，平滑或具疣，壁有时呈波状加厚；叶基部细胞短长方形或长方形，壁薄或不规则波状加厚；角部细胞多不分化。

雌雄同株或异株。雌苞叶与茎叶同形，略大。蒴柄长短不一，直立或弯曲。孢蒴隐生或高出，直立或倾立，圆球形至长圆柱形。环带有时分化。蒴盖多具长或短喙。蒴壁上部平滑，基部具气孔。蒴齿单层，齿片 16，披针形或线形，多不规则 2 ～ 4 裂，有时具穿孔，表面多具密疣。蒴帽钟形或兜形。孢子小，圆球形，多数表面具疣。

全世界有 10 属，主要分布寒温地区，也见于亚热带高海拔山区。中国 7 属，本地区有 1 属。

1. 无尖藓属 *Codriophorus* P. Beauv.

植物体小至大形，多数硬挺，稀柔软，绿色、黄色、橄榄色或棕色。茎匍匐或向上伸展，规则或不规则分枝。叶片披针形、卵状或椭圆状披针形、宽卵形或宽披针形；叶边细胞 1 ～ 2 层，多数 1 侧或 2 侧外卷，叶边全缘或在尖部具噬齿，疣状细齿或细圆齿；叶尖长渐尖，钝尖或长或短的芒尖，叶片明显内凹或具沟状条纹；中肋单一，达叶片中部至灌顶，在顶部呈刺状或分叉，叶细胞长形至线形，边缘为等轴形或短长方形，基部细胞壁厚，呈球状或具壁孔，具疣，偶尔平滑。

雌苞叶分化，椭圆形至舌形。蒴柄扭曲或部分扭曲。孢蒴棕色、红棕色或黄棕色，直立，对称，卵形或长圆柱形；孢蒴外壁细胞等轴形或长形，厚壁；蒴齿具疣，分裂至基部或中部。蒴帽具疣。孢子球形，具细疣。

本属全世界现有 15 种，中国有 5 种，本地区有 1 种。

黄无尖藓 *Codriophorus anomodontoides* (Cardot) Bednarek-Ochyra & Ochyra

生境 河滩干燥石上，石面砂土；海拔：1334 ～ 1343 米。

分布地点 上杭县，步云乡，桂和村（笙竹坪－共和）。

标本 王钧杰 ZY1256；于宁宁 Y4386。

本种主要特征：①植物体粗壮，长 7～8 厘米，分枝枝条长；②叶片宽卵状披针形，基部具纵褶，叶尖部具细齿；③叶细胞具多个大而长的疣；④细胞纵向壁具强烈的波状加厚。

（七）牛毛藓科 Ditrichaceae Limpr.

植物体多形小而纤细，密集丛生于土上或岩面。茎直立，单一或叉状分枝。叶多列，稀对生，多披针形或狭长披针形；中肋单一，粗壮，及顶或突出于叶尖。叶细胞多平滑，上部近方形或短长方形，基部长方形或狭长方形，角部细胞不分化。

雌雄同株或异株。雌雄生殖苞顶生。雌苞叶与茎叶同形，稍大且具长毛尖。孢蒴近于球形，多高出于雌苞叶，少数隐生，直立，稀倾立，表面平滑或具长纵褶；蒴柄长，直立。环带多数分化。蒴齿常具基膜，2 裂至基部，线形或狭披针形，表面具细疣。蒴盖圆锥形，或具长喙。蒴帽多兜形。孢子小，圆球形，表面具细疣。

全世界有 24 属，中国有 12 属，本地区有 1 属。

1. 牛毛藓属 *Ditrichum* Hampe

小形土生藓类，黄绿色，疏松丛生。茎单一或叉状分枝。叶披针形或卵状披针形，上部细长，多向一边偏曲；中肋单一，粗壮，突出于叶尖，常占满叶上部；叶边平滑或上部有齿。叶上部细胞短长方形或狭长方形；基部细胞长方形或狭长方形，薄壁，无角细胞分化。

雌雄同株或异株。雌苞叶与茎叶同形，略大。孢蒴长卵形或长圆柱形，直立，对称或弓形弯曲；蒴柄细长，直立。环带分化，由 1～2 列大形细胞组成。蒴齿单层，齿片 16，2 裂至基部成线形，表面具细密疣，具低基膜。蒴盖圆锥形，具短而钝的喙。蒴帽兜形。孢子小，圆球形，表面平滑或具细疣。

全世界现有 69 种，中国有 12 种，本地区有 2 种。

分种检索表

1. 孢蒴辐射对称，直立 ………………………………………… 2. 细叶牛毛藓 *D. pusillum*
1. 孢蒴不对称，倾立 ……………………………………………… 1. 黄牛毛藓 *D. pallidum*

黄牛毛藓 *Ditrichum pallidum* (Hedw.) Hampe

生境 林中土面，腐树桩；海拔：1392～1420 米。

分布地点 上杭县，步云乡，桂和村（大凹门、油婆记）。

标本 韩威 122；贾渝 12321a；于宁宁 Y4384a。

本种是一个常见种。它的特征在于蒴柄长（2～5 厘米），蒴齿长（0.4～0.9 毫米），叶片肩部边缘为数列狭长形细胞而区别于该属其他种类。

细叶牛毛藓* *Ditrichum pusillum* (Hedw.) Hampe

生境 溪边石上；海拔：1230～1272 米。

分布地点 上杭县，步云乡，桂和村（笙竹坪－共和）。

标本 于宁宁 Y4379。

本种植物体小，叶片披针形中下部明显背卷；叶细胞短，为长方形；孢蒴对称。

（八）小烛藓科 Bruchiaceae Schimp.

原丝体宿存。植物体通常小形；形成单生居群或者少量群丛式生长。孢蒴顶生，少数半侧生。中轴分化弱。叶片狭披针形或钻形；叶边缘平展或内曲，全缘或尖部有细齿。叶片上部细胞长方形，平滑。角部细胞不分化。中肋单一。

雌雄同株异苞。蒴柄短或长。孢蒴隐生或伸出；孢蒴颈部长；具多数气孔，显型；具蒴盖或闭蒴。环带宿存或缺失。蒴盖具喙。蒴齿为三角形。孢子大，常辐射状对称，并且具明显的纹饰。蒴帽钟形。

全世界有 5 属，主要分布于温带地区。中国有 4 属，本地区有 1 属。

1. 长蒴藓属 *Trematodon* Michx.

植物体小，淡绿色或黄绿色，疏松丛生。茎直立，稀分枝。叶干燥时多卷曲，基部长卵形，鞘状抱茎，向上逐渐或急变窄成线形；中肋强劲，单一，及顶或突出。叶上部细胞小，近方形或短长方形；中部细胞趋长；基部细胞长方形，薄壁，平滑，角部细胞不分化。

雌雄同株。雌苞叶大于上部茎叶。蒴柄长，直立。孢蒴直立，有时上部略弯曲，长柱形，台部与壶部等长或达壶部的 2～4 倍，基部多具骸突。蒴齿单层；齿片 16，狭披针形，上部分叉或具裂孔，齿片上部具细疣，下部具加厚的纵纹，稀缺失。蒴盖具斜长喙。蒴帽兜形，平滑。孢子直径 20～30 微米，圆球形，表面具疣。

全世界共有 83 种，南北半球温热带均有分布。中国有 2 种，本地区有 1 种。

长蒴藓 *Trematodon longicollis* Michx.

生境 滴水岩面，开阔地石上，竹林下田埂边土面，林下土壁，土面；海拔：

572 ～ 787 米。

分布地点 连城县，莒溪镇，太平僚村（太平僚、大罐）。上杭县，步云乡，云辉村西坑；古田镇，吴地村（大吴地到桂和村旧路）。

标本 王钧杰 ZY238，ZY261；王庆华 1669；于宁宁 Y04297，Y04547。

本种较为常见。主要特征是蒴柄长，孢蒴台部细长，为壶部长度的 2 ～ 4 倍，在野外易于识别。

（九）小曲尾藓科 Dicranellaceae M. Stech

植物体小形，垫状或簇生状。孢蒴顶生。中轴分化。叶片贴生茎上或伸展，常扭曲或镰刀状弯曲，狭披针形，尖部常呈钻尖状。叶细胞长方形，平滑，无壁孔。角部细胞不分化。中肋单一，窄，有时突出，类似于曲尾藓属，有数层厚壁细胞。

雌雄异株或雌雄同株异苞。蒴柄长，直立或弯曲。孢蒴直立至水平状，对称或呈浅囊状，偶尔具疣状突起，卵形至短圆柱形，平滑或具纵褶；常具显型气孔。蒴盖圆锥形至具长喙。蒴齿通常为曲尾藓型。孢子常具疣。蒴帽兜形。

全世界有 5 属，分布世界各地。中国有 2 属，本地区有 2 属。

分属检索表

1. 蒴柄粗壮，不规则弯曲 ·· 2. 小曲尾藓属 *Dicranella*
1. 蒴柄鹅颈状或悬垂弯曲 ·· 1. 扭柄藓属 *Campylopodium*

1. 扭柄藓属 *Campylopodium* (Müll. Hal.) Besch.

植物体细小，丛生。茎短小，单一，稀上部有短分枝。叶密集簇生，基部阔鞘状，向上突收缩呈狭长毛尖，直立或四散倾立；叶边平展，全缘；中肋与叶细胞界线明显，突出于顶端，在上部充满叶尖。叶角细胞不分化；上部细胞短长方形，渐向下呈长菱形，鞘部为长方形，较透明。

雌雄异株，稀异苞同株。蒴柄短，常鹅颈形弯曲，成熟后渐直立，或不规则扭曲。孢蒴直立或倾立，辐射对称，椭圆形，干燥时常有纵褶；台部短，有气孔。环带分化。蒴齿常纵裂至中下部，有纵长条纹，先端有疣。蒴盖具斜长喙。

全世界有 4 种，广泛分布于热带和亚热带地区。中国仅有 1 种。

扭柄藓[*] *Campylopodium medium* (Duby) Giese & J.-P. Frahm

生境 腐木；海拔：1408 米。

分布地点 连城县，曲溪乡，罗胜村岭背畲。

标本 何强 12373。

本种在产生孢子体时，由于蒴柄鹅颈状弯曲而极易识别。

2. 小曲尾藓属 *Dicranella* (Müll. Hal.) Schimp.

小形土生藓类，散生，稀密生，植物体绿色、黄绿色或褐绿色。茎直立，下部有疏假根。叶片由茎基部向上渐变宽大，直立、偏曲或背仰，披针形或阔披针形，基部常呈卵形或宽鞘状；中肋达叶尖前部终止或突出呈芒尖。叶细胞方形或长方形，平滑。基部常宽阔而长，上部常短或狭长，角细胞不分化。

雌雄异株。雌苞叶常与茎上部叶相似。蒴柄单生，直立或弯曲。孢蒴长椭圆形或圆柱形，对称或不对称，直立或弯曲，有时基部有骸突，平滑或有褶常有气孔。环带缺失或有 1 ～ 2 列细胞分化。齿片 16，2 裂达中部，有时上部不规则分裂，中下部常由疣形成条纹。蒴盖长喙状，直立或斜立。孢子球形，平滑或有细疣。蒴帽兜形。

全世界有 158 种，中国有 17 种，本地区有 4 种。

分种检索表

1. 叶多背仰 ······ 2. 南亚小曲尾藓 *D. coarctata*
1. 叶直立或偏曲 ······ 2
  2. 叶片先端有齿；蒴柄黄色 ······ 3. 多形小曲尾藓 *D. hetermalla*
  2. 叶片先端无齿；蒴柄黄色或红色 ······ 3
    3. 蒴柄红色 ······ 4. 偏叶小曲尾藓 *D. subulata*
    3. 蒴柄黄色 ······ 1. 华南小曲尾藓 *D. austro-sinensis*

华南小曲尾藓 *Dicranella austro-sinensis* Herzorg & Dixon

生境 路边土面；海拔：500 米。

分布地点 上杭县，步云乡，云辉村西坑。

标本 贯渝 12263c。

本种植物体小形；中肋粗，达叶尖处，背面平滑，叶细胞厚壁；蒴柄黄色。

南亚小曲尾藓 *Dicranella coarctata* (Müll. Hal.) Bosch & Sande Lac.

生境 开阔地石上；海拔：654 米。

分布地点 上杭县，步云乡，云辉村西坑。

标本 王庆华 1670。

本种叶片长，背仰着生；孢蒴基部常有骸突。

多形小曲尾藓 *Dicranella heteromalla* (Hedw.) Schimp.

生境 路边土面，竹林下土面，林下树干；海拔：559～939米。

分布地点 连城县，庙前镇，岩背村马家坪；莒溪镇，太平僚村大罐。上杭县，古田镇，吴地村三坑口。

标本 贾渝12393；王庆华1702；于宁宁Y04555。

本种是一个北半球广布种。叶片中上部边缘具1～2列分化细胞，且有齿而区别于该属其他种类。本种植物的叶形与黄牛毛藓相似，但是前者蒴齿不分裂为线形。

偏叶小曲尾藓 *Dicranella subulata* (Hedw.) Schimp.

生境 路边土面；海拔：654米。

分布地点 上杭县，步云乡，云辉村西坑。

标本 王庆华1672。

本种植物体小，叶片短小，中肋细，蒴柄红色。

（十）曲背藓科 Oncophoraceae M. Stech

植物体小至中等；簇生状或垫状，稀悬垂状。茎中轴分化。叶片卵形至狭长披针形，偶尔呈钻形，干燥时通常卷缩；叶边缘平展，外曲或内曲，全缘或具细齿。叶细胞近于方形，平滑或具乳状突起。角部细胞通常不分化或弱的分化。中肋单一，厚壁细胞偶尔退化或缺失。

雌雄同株异苞，稀有序同苞。蒴柄短或长，直立，有时扭曲。孢蒴直立或倾斜，对称或不对称，具沟纹，偶尔具疣状突起，具气孔。环带细胞小。蒴盖圆锥形，具喙。蒴齿多样。无性繁殖体生于叶腋或中肋上。

全世界有13属，主要分布于温带地区。中国有11属，本地区有3属。

分属检索表

1. 孢蒴凸背形，基部有骸突 ……………………………… 2. 曲背藓属 *Oncophorus*

1. 孢蒴圆柱形，基部无骸突 ……………………………………………………… 2

  2. 叶自鞘状基部向上呈长披针形，叶尖背仰；雌苞叶不高出；蒴齿不完全分裂至基部 ………………………………………… 3. 合睫藓属 *Symblepharis*

  2. 叶自鞘状基部向上呈披针形；雌苞叶高出；蒴齿完全分裂至基部 ………… ………………………………………… 1. 高领藓属 *Glyphomitrium*

1. 高领藓属 *Glyphomitrium* Brid.

植物体小形至中等大小，绿色、棕绿色至深褐色，多生于树上。茎直立或倾立，多分枝，基部常有棕色假根。叶片长舌形、剑形、披针形或狭长形，常呈龙骨状对折，先端披针形尖或急尖，干时伸展、抱茎、扭曲或强烈卷曲，湿时一般倾立；多数种类叶边全缘，有时下部略背卷；中肋单一，强劲，达叶中部以上或突出叶尖。叶细胞近方形、六边形、椭圆形或不规则，少数种类具疣或乳凸；叶基部细胞渐呈长方形。

雌雄同株，稀雌雄异株。雌苞常生于枝茎顶端。雌苞叶少，大形，通常鞘状，似筒环抱蒴柄，有时高出蒴柄，中肋单一，细弱。蒴柄常直立。孢蒴卵形、长卵形或圆柱形，有时隐没于苞叶内。蒴齿单层，齿片 16，披针形，有时两两并列。蒴盖圆锥形，具长喙。蒴帽钟形，罩覆整个孢蒴。孢子近球形或卵形，表面具密疣。

全世界有 11 种，主产东亚地区。中国有 8 种，本地区有 1 种。

短枝高领藓 ***Glyphomitrium humillimum*** (Mitt.) Cardot

生境 灌木枝上；海拔：1684 米。

分布地点 上杭县，步云乡，桂和村狗子脑。

标本 王钧杰 ZY1327。

本种生于树干或树枝上，体形小，长约 5 毫米，中肋粗壮并突出叶尖，蒴齿无疣，孢子由多细胞组成。

2. 曲背藓属 *Oncophorus* (Brid.) Brid.

植物体中等大小或小形，黄绿色或鲜绿色，有光泽，密集丛生或垫状丛生。茎直立，中下部遍生假根，单一或分枝。叶片干时卷缩，湿时背仰，基部呈鞘状，上部渐狭呈长披针形；叶边中部常内曲，有时波曲；中肋粗壮，长达叶片顶端或突出于叶尖。叶鞘部细胞长方形、透明，中部细胞不规则等轴形，上部为方形或圆角方形，叶边常为 2 层细胞。

雌雄同株。雄苞侧生。雌苞叶鞘状，鞘部占叶长度的 1/2，急尖。蒴柄直立，黄褐色。孢蒴长卵形，背曲，台部有颚突。环带不分化。蒴齿生于蒴口内深处，齿片常并列，基部联合，基膜 2 层细胞，上部 2 ～ 3 裂，外面具纵条纹，内面有横隔。蒴帽圆锥形，斜喙。蒴帽兜形。孢子黄绿色，略具疣。

全世界现有 9 种，中国有 4 种，本地区有 1 种。

大曲背藓 ***Oncophorus virens*** (Hedw.) Brid.

生境 林中石上；海拔：1420 米。

分布地点 上杭县，步云乡，桂和村大凹门。

标本 贾渝 12312。

本种植物体较大，黑褐色或褐绿色，叶片基部宽，鞘部不明显，叶边缘 2 ～ 3 层细胞厚。

3. 合睫藓属 *Symblepharis* Mont.

植物体多丛生，叶腋处具棕红色假根。叶基部呈鞘状，着生处狭，向上宽阔，呈阔卵形，有波纹，尖部细长，背仰，干时卷曲；中肋长达叶尖或突出。叶基部细胞长方形或狭长方形，透明，上部细胞小，方形，厚壁，角细胞不分化。

雌雄同株，稀异株。雌苞叶高鞘状。蒴柄直立，常 3 ～ 4 个丛生。孢蒴短圆柱形，对称，平滑，干燥时无褶。蒴齿生于蒴口深处，齿片两两并列，上部常 2 裂，具由密疣形成的纵列或斜列条纹。蒴盖圆锥形，具斜喙。蒴帽兜形。孢子厚壁，平滑。

全世界现有 10 种，中国有 4 种，本地区有 2 种。

分种检索表

1. 叶细胞有壁孔；蒴柄短，略高出于雌苞叶；孢蒴为卵形或长卵形，蒴盖开裂后蒴齿背仰 ……………………………… 1. 南亚合睫藓 *S. reinwardtii*

1. 叶细胞无壁孔；蒴柄长，明显高出于雌苞叶；孢蒴为长圆柱形，蒴盖开裂后蒴齿直立 ……………………………… 2. 合睫藓 *S. vaginata*

南亚合睫藓 *Symblepharis reinwardtii* (Dozy & Molk.) Mitt.

生境 树枝；海拔：1811 米。

分布地点 上杭县，步云乡，桂和村狗子脑。

标本 何强 11452。

本种主要特征：①叶细胞具明显的壁孔；②蒴柄短，稍高出苞叶；③孢蒴开裂后蒴齿呈放射状外伸。

合睫藓 *Symblepharis vaginata* (Hook.) Wijk & Marg.

生境 树干，灌木枝；海拔：1636 ～ 1770 米。

分布地点 上杭县，步云乡，桂和村（大凹门、狗子脑）。

标本 贾渝 12323；王钧杰 ZY1307。

本种植物体小形，绿色或黄绿色，具光泽，茎下部密被红色假根；叶片具鞘部，鞘部上部为最宽处，向上形成狭长披针形，并明显背仰，具长渐尖，叶边全缘，仅尖部具细齿；叶细胞方形、长方形或圆形，无壁孔。

（十一）曲尾藓科 Dicranaceae Schimp.

植物体土生、石生、沼生或腐木生藓类，植物体成大片丛生、小垫状或稀散生。茎直立，单一或叉状分枝。叶片多密生，基部宽阔或半鞘状，上部披针形，常有毛状或细长具齿的叶尖；叶边平直或内卷；中肋长达叶尖，突出或消失于叶尖下。叶基部细胞短或狭长矩形，上部细胞较短，呈方形或长椭圆形或线形，平滑或有疣或乳头，角细胞常分化，大形无色或红褐色，厚壁或薄壁。

雌雄异株或同株。雄苞多呈芽状。蒴柄直立、鹅颈弯曲或不规则弯曲，平滑。孢蒴圆柱形或卵形。蒴齿 16，基部常有稍高的基膜，齿片上中部 2 ～ 3 裂，具加厚的纵条纹，上部有疣，少数平滑或全部具疣，稀齿片深 2 裂，内面常具加厚的梯形横隔。蒴盖高圆锥形或具斜喙。蒴帽大，兜形，平滑。

全世界有 24 属，中国有 7 属，本地区有 3 属。

分属检索表

1. 叶具狭长无色细胞构成的叶边 …………………………………3. 白锦藓属 *Leucoloma*
1. 叶无狭长无色细胞构成的叶边 ………………………………………………………… 2
    2. 叶基部宽阔鞘状，向上突呈狭披针形 ……………………2. 苞领藓属 *Holomitrium*
    2. 叶基部不呈鞘状，向上渐呈狭披针形 ……………………1. 曲尾藓属 *Dicranum*

1. 曲尾藓属 *Dicranum* Hedw.

植物体丛生或密集丛生，绿色、褐绿色或黄绿色，有时呈鲜绿色，多具光泽。茎直立或倾立，不分枝或叉状分枝，基部具假根，有时全株被覆假根。叶片多列，直立或呈镰刀形一向偏曲，狭披针形，叶尖干燥时内卷呈筒形；叶边多有齿，稀平滑，单层或 2 层细胞；中肋细或略粗，与叶片细胞界线明显，终止于叶片先端或突出呈毛尖，中上部背面平滑、具疣或栉片。叶片角细胞明显分化，方形，厚壁或薄壁，无色或棕褐色，单层或多层，与中肋间常有一群无色大细胞；叶片中下部细胞多为长方形或线形，边缘多狭长，中上部部分种类为方形，多数为狭长形。

雌雄异株。雄株矮小，雄苞头状。内雌苞叶高鞘状，有短毛状尖。蒴柄直立，单生或多生。孢蒴圆柱形、直立或弓形弯曲，平滑。蒴齿单层，齿片 2 ～ 3 裂达中部，中下部深黄棕色，具纵斜纹，稀具粗疣，上部淡黄色，具细疣，稀蒴齿缺失。蒴盖基部高圆锥形，具直喙或斜喙。

全世界有 92 种，中国有 35 种，本地区有 2 种。

分种检索表

1. 叶片角细胞厚 2 层……………………………………………… 1. 日本曲尾藓 *D. japonicum*
1. 叶片角细胞单层 ……………………………………………2. 克什米尔曲尾藓 *D. kashmirense*

日本曲尾藓 *Dicranum japonicum* Mitt.

生境 溪边石壁上，土面，林下土面，岩面；海拔：1151 ～ 1405 米。

分布地点 连城县，莒溪镇，罗地村至青石坑；曲溪乡，罗胜村岭背畲。上杭县，步云乡，桂和村（笙竹坪 – 共和）。

标本 何强 11324；王钧杰 ZY1175，ZY1423；于宁宁 Y4343。

本种植物体较大，常成片生长，鲜绿色，叶片长而且伸展，在保护区野外较易识别。它与多蒴曲尾藓相似，但是本种叶片先端背面无锐齿。

克什米尔曲尾藓 *Dicranum kashmirense* Broth.

生境 林中树根上，岩面薄土；海拔：758 ～ 1520 米。

分布地点 上杭县，步云乡，桂和村（大凹门、贵竹坪）。连城县，莒溪镇，陈地村盘坑。

标本 何强 11298，11395；贾渝 12349。

本种体形相对日本曲尾藓小，呈黄绿色，叶片为狭长披针形，具长渐尖，叶片横切面上无节片。

2. 苞领藓属 *Holomitrium* Brid.

植物体小形，绿色或黄绿色，密集丛生。茎平卧、倾立或直立，基部密被棕红色假根。茎下部叶较小，渐上趋长大，上部叶簇生，基部鞘状，向上呈长披针形，卷曲或内曲；中肋长达叶尖或稀突出。叶细胞小，上部方圆形，壁厚，基部细胞长方形，角细胞分化，黄棕色。

雌雄异株。雄株矮小，附于假根上成假雌雄同株。雌苞叶形大，高鞘状，上部具细毛尖，与孢蒴等长或长于孢蒴。蒴柄直立。孢蒴卵圆形或短柱形，对称或稍弯曲。无环带。蒴齿着生于蒴口内部。齿片两两并立，无条纹，具密疣，单一，中缝具不规则纵长孔隙，或不规则深纵裂。蒴盖具长喙。

全世界有 50 种，中国有 2 种，本地区有 1 种。

本属分布于热带地区。

密叶苞领藓 *Holomitrium densifolium* (Wilson) Wijk & Marg.

生境 树干；海拔：1330 米。

分布地点 上杭县，步云乡，桂和村贵竹坪。
标本 王钧杰 ZY1260。

本种茎的顶端常产生芽条，中肋粗，达叶尖部，叶细胞厚壁，尤其是产生孢子体时，雌苞叶鞘部特别长，具细毛尖。

3. 白锦藓属 *Leucoloma* Brid.

植物体多纤细，柔软，灰绿色或黄绿色，有光泽。茎棕红色，干时常呈黑色，无假根；多分枝。叶片直立、倾立或呈镰刀形弯曲，基部阔卵形，渐上呈狭长披针形；叶边上部略内卷，尖部近于成管状；中肋细弱，突出于叶尖。叶片角细胞形大，无色透明，或呈棕色；叶边细胞狭长透明，厚壁，形成明显分化的宽边；近中肋细胞小，圆形或长方形，具疣。

雌雄异株。内雌苞叶分化。孢蒴直立，短柱形，对称。环带 2 列细胞。蒴盖具长喙。蒴齿单层，齿片披针形，常开裂达中部。孢子球形。蒴帽兜形。雄株小，生于雌株基部。

全世界有 106 种，中国有 4 种，本地区有 1 种。

本属分布于热带地区。

柔叶白锦藓* ***Leucoloma molle*** (Müll. Hal.) Mitt.

生境 林中树干；海拔：875 ～ 896 米。
分布地点 连城县，莒溪镇，池家山村神坛下沿途。
标本 张若星 RX098。

在野外植物体呈翠绿色，成小丛生状。叶片具长毛尖，叶横切面上边缘具 15 列以上分化细胞。

（十二）白发藓科 Leucobryaceae Schimp.

植物体灰绿色或亮白色，稀疏或紧密垫状丛生。茎直立，单一或分枝。叶多列，肥厚；中肋宽阔，几占叶片的全部，或具中央加厚细胞束，由 2 ～ 10 层大形而具圆形壁孔的无色细胞，和内部具 1 ～ 3 列多边形的小形绿色细胞组成。叶细胞单层；无色透明，基部多列，向上逐渐减少。

雌雄异株或假雌雄同株。蒴柄单生，直立。孢蒴直立，上部无疣状突起。环带不分化。蒴齿通常 16，齿片披针形，不分裂或 2 裂至中部，外部有纵条纹或密疣，有时具高出的横脊。蒴盖圆锥形，具长喙。蒴帽多兜形，有时近于钟帽形。孢子细小。

全世界有 14 属，中国有 6 属，本地区有 4 属。

分属检索表

1. 叶片横切面中央或杂生绿色细胞；植物体干燥时外观呈灰绿色 ………………………… 2
1. 叶片横切面无绿色细胞；植物体外观绿色、黄绿色或暗绿色 ………………………… 3
   2. 植物体较大；蒴帽兜形，全缘；叶片横切面的绿色细胞位于中间；环带不分化 ……………………………………4. 白发藓属 *Leucobryum*
   2. 植物体较小；蒴帽帽形，边缘有缨络；叶片横切面的绿色细胞杂于无色细胞中间；环带为 2 列细胞 ……………………………………1. 白氏藓属 *Brothera*
      3. 叶上部细胞短于下部细胞，厚壁；叶横切面有大形薄壁细胞 ……………………………………2. 曲柄藓属 *Campylopus*
      3. 叶上部细胞与下部细胞长短近似；叶横切面无大形薄壁细胞 ……………………………………3. 青毛藓属 *Dicranodontium*

1. 白氏藓属 *Brothera* Müll. Hal.

植物体细小，灰绿色，有光泽，腐木生。叶直立，基部内卷，具小形叶耳，上部披针形或狭披针形；中肋扁阔，占叶基部宽度的 1/3，尖部近于由中肋所充满，横切面细胞排列不规则。叶细胞无色，长纺锤形，薄壁，边缘细胞狭长，角部细胞分化不明显。

雌雄异株。雌苞叶与营养叶同形。蒴柄直立或呈鹅颈状扭曲。孢蒴长卵形。环带 2 列细胞。齿片 2 深裂达基部，横脊不明显，基部具密疣，上部有斜条纹。蒴盖圆锥形，具喙。蒴帽兜形，边缘有裂片。不育枝顶端有时有丛生无性芽胞。

全世界仅有 1 种。原记录该属全世界有 2 种：白氏藓和喜马拉雅白氏藓。但 Frham 于 1984 年和 2000 年将喜马拉雅白氏藓转移至拟扭柄藓属 *Campylopodiella* 和长帽藓属 *Atractylocarpus*。

白氏藓 *Brothera leana* (Sull.) Müll. Hal.

生境 树皮，树干；海拔：1191 ～ 1270 米。

分布地点 上杭县，步云乡，桂和村贵竹坪。

标本 贾渝 12454；娜仁高娃 Z2088。

植物体小，灰绿色，常生于树干或腐木上，植株顶端产生大量的肉眼可见的芽条。

2. 曲柄藓属 *Campylopus* Brid.

植物体小或大形，棕黄色或红褐色，有光泽，稀光泽不明显，一般密丛生。茎密集叉状分枝或束状分枝，有时茎端产生纤长新枝。叶湿时倾立或直立，干时贴茎，不卷曲，顶端丛生叶有时一向偏曲，基部呈耳状，上部狭长披针形，有细长尖；叶边略内卷，全缘或仅尖端具齿；中肋平阔，上部常充满整个叶尖，横切面有大形主细胞，有或无背腹厚壁层。叶细胞方形或长方形，有时菱形或虫形，多数无壁孔，基部细胞疏松薄壁，无色透明；角细胞膨大，常呈棕色或红色。

雌雄异株。雌苞叶与叶同形或略有分化。蒴柄常呈鹅颈形弯曲，成熟后直立。孢蒴辐射对称，椭圆形，有不明显纵纹或深沟。环带有分化，由 2 ～ 3 列细胞构成。蒴齿中部以上 2 裂，具纵纹。蒴盖长圆锥形，有斜长喙。蒴帽兜形，一边绽裂，或钟形，基部有缨络或裂瓣。孢子黄绿色，常有细疣。

全世界约有 150 种，中国有 20 种，本地区有 4 种。

分种检索表

1. 中肋横切面的厚壁层位于中肋背腹两侧，中央有大形主细胞…4. 节茎曲柄藓 *C. umbellatus*
1. 中肋横切面的厚壁层位于中肋背侧，腹面为大形薄壁细胞 ………………………………… 2
  2. 叶先端有白毛尖 …………………………………………………… 1. 长叶曲柄藓 *C. atrovirens*
  2. 叶先端无白毛尖 ……………………………………………………………………………… 3
    3. 叶片中上部细胞方形或长方形…………………………………2. 曲柄藓 *C. flexuosus*
    3. 叶片中上部细胞菱形、椭圆形或长椭圆形 …………… 3. 中华曲柄藓 *C. sinensis*

长叶曲柄藓 *Campylopus atrovirens* De Not.

生境 土面；海拔：1774 ～ 1806 米。

分布地点 上杭县，步云乡，桂和村狗子脑。

标本 王钧杰 ZY1288，ZY1298，ZY1324。

本种植物体黄绿色或墨绿色，叶片狭长，具透明毛尖，叶中上部细胞呈狭长纺锤形，厚壁。

曲柄藓 *Campylopus flexuosus* (Hedw.) Brid.

生境 林中石上，岩面；海拔：1520 ～ 1806 米。

分布地点 上杭县，步云乡，桂和村（大凹门、狗子脑）。

标本 贾渝 12352；王钧杰 ZY1292，ZY1293。

本种植物体为绿色或深绿色，与长叶曲柄藓相似，但是植物更粗壮，无透明白毛尖，叶边有齿，叶上部细胞较短。

中华曲柄藓 *Campylopus sinensis* (Müll. Hal.) J.-P. Frahm

生境 路边土面；海拔：1669 米。

分布地点 上杭县，步云乡，桂和村大凹门。

标本 贾渝 12322。

本种叶片细长直立，无透明毛尖，叶细胞狭长有壁孔。

节茎曲柄藓 *Campylopus umbellatus* (Arnott) Paris

生境 石上，竹林下岩面薄土，开阔地石上，岩面，岩面薄土；海拔：572～1650 米。

分布地点 上杭县，步云乡，桂和村（大凹门、贵竹坪）。连城县，莒溪镇，太平僚村大罐；陈地村盘坑；罗地村至青石坑。

标本 何强 11266；贾渝 12328；王钧杰 ZY228，ZY1189，ZY1236；王庆华 1757；于宁宁 Y04523。

本种主要特征：①植物体常粗壮，上部黄绿色，下部褐色或黑色，高 4～7 厘米；②中肋横切面的厚壁层位于中肋背腹两侧，中央有大形主细胞；③中肋占叶基宽度的 1/3～1/2，于先端成毛尖，背面上部有 2～4 列 1 个细胞高的栉片；④蒴柄短，长 5～6 毫米，下垂成鹅颈状；⑤蒴齿 2 裂达基部，线形，有密疣；⑥蒴帽兜形，边缘有缨络。

3. 青毛藓属 *Dicranodontium* Bruch & Schimp. in B.S.G.

植物体密集丛生，一般个体稍大，常有光泽。茎单一或有分枝；中轴分化较弱，皮部常有 2～3 层厚壁褐色细胞。叶直立或呈镰刀形弯曲；基部宽，向上呈狭披针形，有细长毛尖；叶边内卷，多平滑；中肋平阔，约占基部宽度的 1/3，上部充满叶尖，横切面背腹均有厚壁层。叶细胞为方形或长方形，有或无明显壁孔，基部近中肋细胞呈长方形或六边形，向叶边渐狭长，常有几列狭长形细胞；角细胞大，无色或黄褐色，厚壁或薄壁，常向外凸出呈耳状。

雌雄异株。雄株常自成群落。雌苞叶基部鞘状，向上急狭呈细长叶尖。蒴柄在未成熟前多呈鹅颈状弯曲，成熟后挺立。孢蒴辐射对称，长卵形或椭圆形，平滑。环带不分化。齿片 2 裂近于达基部，背面基部有横纹，上部有纵斜纹，无疣；内面横隔不高出。蒴盖长圆锥形。蒴帽兜形，基部无缨毛。孢子黄绿色，有细疣。

全世界现有 15 种，中国有 9 种，本地区有 4 种。

分种检索表

1. 植物体大，纤长，高达 5（10）厘米……………………………………………… 2
1. 植物体小，纤细，高 2～3（5）厘米……………………………………………… 3
   2. 植物体上部常有落叶部分；叶片上部细胞单层……………2. 青毛藓 *D. denudatum*
   2. 植物体一般不落叶；叶片上部细胞 2 层 ……………… 4. 钩叶青毛藓 *D. uncinatum*

3. 叶片基部卵形，向上突呈细长披针形尖……………1. 粗叶青毛藓 *D. asperulum*

3. 叶片基部长椭圆形，渐向上呈长披针形尖 …………3. 长叶青毛藓 *D. didymodon*

粗叶青毛藓 ***Dicranodontium asperulum*** (Mitt.) Broth.

生境　岩面，土面；海拔：1151 ～ 1339 米。

分布地点　连城县，曲溪乡，罗胜村岭背畲；莒溪镇，罗地村至青石坑。

标本　王钧杰 ZY1176，ZY1408。

本种叶基部呈卵形，叶边缘具齿突。

青毛藓 ***Dicranodontium denudatum*** (Brid.) E. Britton ex Williams

生境　腐木，土壁，石壁，土面；海拔：1007 ～ 1375 米。

分布地点　连城县，曲溪乡，罗胜村岭背畲；莒溪镇，罗地村至青石坑。上杭县，步云乡，大斜村（大畲头水库、大坪山组）；桂和村庙金山。

标本　娜仁高娃 Z2066，Z2084，Z2085，Z2128；王钧杰 ZY1190，ZY1420。

本种是该属在中国分布最广的种类。它叶中部以上的细胞为长方形；齿片 2 裂至基部。

长叶青毛藓 ***Dicranodontium didymodon*** (Griff.) Paris

生境　路边土面；海拔：1156 ～ 1231 米。

分布地点　连城县，莒溪镇，罗地村（赤家坪 – 青石坑）。

标本　何强 11321。

本种与青毛藓相比明显小而且纤细，但与其他种类区别在于它的叶尖部几乎是平滑的。

钩叶青毛藓 ***Dicranodontium uncinatum*** (Harv.) A. Jaeger

生境　岩面；海拔：1806 米。

分布地点　上杭县，步云乡，桂和村狗子脑。

标本　王钧杰 ZY1299。

本种是该属中体形最大的，具有钩状弯曲的叶片，最独特的是叶片中部边缘具 1 ～ 4 列分化细胞。

4. 白发藓属 *Leucobryum* Hampe

植物体灰绿色或褐绿色，紧密或疏松垫状丛生。茎直立，单一或分枝，高 0.5 ～ 2.0 厘米。叶片密集紧贴或直立展出，有时上部弯曲，狭披针形、披针形或近管状，基部呈长卵形或椭圆形鞘状，向上先端尖锐或具短尖头，常着生假根；中肋宽，扁平，先端几全为中肋所占有，具2～8层无色、大形细胞和中间1层四边形绿色小细胞。叶细胞单层，无色透明，狭长形，基部多列，角部细胞极少分化，叶边细胞线形；叶边全缘或先端具齿。

雌雄异株或假雌雄同株。雌苞叶鞘状，具长尖。孢子体顶生或侧生，有时丛生。蒴柄直立，细长。孢蒴近圆柱形，不对称，不规则弯曲，经常具疣。蒴齿分为16个齿片，齿片裂至中部，裂片披针形，内面具明显横隔，外面具密疣。蒴盖基部圆锥形，上部具长喙。蒴帽兜形。孢子小或大，具细疣。

全世界现有83种，分布于世界各地。中国有10种，本地区有6种。

分种检索表

1. 叶尖背部粗糙或具疣 ………………………………………………… 2
1. 叶尖背部平滑 ………………………………………………………… 5
  2. 叶片背部粗糙和具波纹 ……………… 3. 绿色白发藓 *L. chlorophyllosum*
  2. 叶片背部具规则疣突，不具波纹或具波纹又具疣 ……………………… 3
    3. 叶片背部具规则疣突，不具波纹 ……………… 1. 粗叶白发藓 *L. boninense*
    3. 叶片背部具规则粗疣或刺状疣，具波纹 ………………………………… 4
      4. 叶片镰刀状弯曲，背部具规则排列粗疣 ……… 4. 爪哇白发藓 *L. javense*
      4. 叶片不呈镰刀状弯曲，背部具规则波纹和刺状花 …… 6. 疣叶白发藓 *L. scabrum*
        5. 叶片具光泽，狭披针形，干时扭曲或弯扭 …… 2. 狭叶白发藓 *L. bowringii*
        5. 叶片不具光泽，披针形，干时直立 ……… 5. 桧叶白发藓 *L. juniperoideum*

粗叶白发藓 *Leucobryum boninense* Sull. & Lesq.

生境 腐木；海拔：901米。

分布地点 连城县，庙前镇，岩背村马家坪。

标本 韩威174。

本种植物体小，叶片背面具疣状突起或者粗糙。

狭叶白发藓 *Leucobryum bowringii* Mitt.

生境 林中倒木，林中腐木，岩面，腐木；海拔：496～1530米。

分布地点 上杭县，步云乡，云辉村西坑；桂和村油婆记。连城县，庙前镇，岩背村马家坪；莒溪镇，太平僚村石背顶。

标本 韩威135，176；何强10205；贯渝12267，12381。

本种由于茎短，叶片密集簇生于茎上，叶长披针形，叶细胞多行，具壁孔。

绿色白发藓 *Leucobryum chlorophyllosum* Müll. Hal.

生境 腐木；海拔：469～1390米。

分布地点 连城县，曲溪乡，罗胜村岭背畲。新罗区，万安镇，西源村。

标本 王钧杰 ZY1382，ZY1437。

本种体形小，散生，具光泽。

爪哇白发藓 *Leucobryum javense* (Brid.) Mitt.

生境 路边土面，阴面，砂石土，土面，腐木，岩面，竹根上，林中石上，林中土面，灌木基部；海拔：623～1408米。

分布地点 连城县，曲溪乡，罗胜村岭背畲；莒溪镇，陈地村湖堀；池家山村（鱼塘、神坛）。上杭县，古田镇，吴地村（大吴地至桂和旧路）；古田会址；步云乡，云辉村西坑。

标本 何强 11250，11261，12355，12372；贾渝 12283，12583，12593；王钧杰 ZY1119，ZY1418；王庆华 1687，1719。

本种是保护区内体形最大的白发藓，呈灰绿色，具光泽，叶片长约1厘米，宽约2毫米。

桧叶白发藓 *Leucobryum juniperoideum* (Brid.) Müll. Hal

生境 石上；海拔：1230～1272米。

分布地点 上杭县，步云乡，桂和村。

标本 王庆华 1750。

本种的主要特征（Yamaguchi, 1993）：①叶尖背面平滑，无刺状突起；②叶片由5～12列方形或长方形细胞组成，两侧边缘由2～3列线形细胞构成；③雌器苞生于茎顶端。

疣叶白发藓 *Leucobryum scabrum* Sande Lac.

生境 树干，腐木，岩面；海拔：712～1770米。

分布地点 连城县，莒溪镇，罗地村至青石坑。上杭县，步云乡，云辉村丘山；桂和村狗子脑。

标本 王钧杰 ZY1191，ZY1303，ZY1350。

本种叶片较短，叶尖直立，尖部背面具粗大的疣。

（十三）花叶藓科 Calymperaceae Kindb.

植物体小或粗壮，聚生或丛生。茎直立，单一或多次叉形分枝，稀有横茎（如匍网藓属），基部通常密被红棕色假根。叶片群集，具明显鞘部，常具 1 至多列黄色或无色透明、狭长细胞构成明显的分化边缘，或具 1 至多层细胞，有时呈栉片状加厚的肥厚边缘；叶边常有锯齿或毛状刺，稀全缘；中肋单一，多粗壮，常在叶尖前消失或突出于叶尖外，上部常着生多数无性芽胞（有时着生于中肋中部），背部常有粗疣或粗棘状刺（稀见于腹面），横切面具中央主细胞和背腹厚壁层，背腹细胞有时分化，无副细胞。叶片上部细胞小，绿色，圆形、圆方形或圆六边形，常有疣，多数沿网状细胞边缘下延，叶鞘近中肋两侧的细胞大，方形、长方形，薄壁具壁孔，无色透明，形成网状细胞，有时近叶边细胞间分化 1 至多列黄色、长形，厚壁细胞构成的嵌条往往延伸入上部绿色细胞中。

雌雄异株，稀雌雄同株。雌苞多顶生。雄苞多侧生，芽孢形，有多数细长配丝。雌苞叶退化或与叶片近似。蒴柄多细长，直立。孢蒴直立，圆柱形。环带缺失。蒴齿退失或单层，齿片 16，披针形，具粗疣，多数发育不全或退化。蒴盖具斜喙。蒴帽兜形，常覆盖全蒴，稀小或中等大小。孢子小，常粗糙。

全世界有 8 属，分布热带和亚热带地区。中国有 7 属，本地区有 2 属。

分属检索表

1. 叶片无明显分化边缘，但具胞壁较厚的细胞构成嵌条 ……… 1. 花叶藓属 *Calymperes*
1. 叶片具较窄分化边缘，但无嵌条 ………………………………………… 2. 网藓属 *Syrrhopodon*

1. 花叶藓属 *Calymperes* Sw. ex F. Web.

植物体群集丛生。茎直立，高可达 5 厘米，单一或稀多次分枝。叶片长椭圆状披针形至线形，叶基多具鞘部；中肋横切面具 1 列中央主细胞、背腹厚壁层和背、腹细胞，尖端常密生芽胞；绿色细胞单层，细小，具疣，近边缘细胞间常分化 2～5 列由长方形、黄色、胞壁较厚的细胞组成的嵌条，鞘部由大形无色透明网状细胞构成。

雌雄异株，稀同株。蒴柄直立。孢蒴顶生，直立，长圆柱形。蒴齿退化。蒴盖圆锥形，具短喙。蒴帽钟形，几乎覆盖整个孢蒴，有皱褶。

全世界现有约 200 种，多生于热带和亚热带地区。中国有 11 种，本地区有 2 种，1 变种。

分种检索表

1. 叶长圆形至披针形，渐尖；细胞多方形 ………………… 1. 剑叶花叶藓 *C. fasciculatum*

1. 叶狭线形；细胞多短方形 ······ 2
2. 叶细胞多疣 ······ 2. 拟花叶藓海南变种 *C. levyanum* var. *hainanense*
2. 叶细胞平滑 ······ 3. 花叶藓 *C. lonchophyllum*

剑叶花叶藓* *Calymperes fasciculatum* Dozy & Molk.

生境 树干；海拔：1392 米。

分布地点 上杭县，步云乡，桂和村油婆记。

标本 韩威 121。

本种植物体深绿色或褐色，高 1 ～ 2 厘米；叶片线形，渐尖，鞘部边缘近于全缘，上部具齿，中肋长突出于叶尖，中肋腹面常具纺锤形芽胞；叶细胞方形，平滑或具疣，网状细胞明显，与绿色细胞分界线不明显。

拟花叶藓海南变种* *Calymperes levyanum* Besch. var. *hainanense* Reese & P. J. Lin

生境 路边土面，树干，树干基部，土面；海拔：800 ～ 1407 米。

分布地点 连城县，莒溪镇，罗地村（菩萨湾、罗地村至青石坑）。上杭县，步云乡，桂和村贵竹坪。

标本 贾渝 12661；王钧杰 ZY1174，ZY1267，ZY1444；王庆华 1824；于宁宁 Y4364。

本变种植物体细小，深绿色，假根红黑色；叶片干时卷曲，狭长形，基部稍宽，上部线形，渐尖，全缘或具齿，中肋几达叶尖；叶细胞近于方形，大多数细胞背负面均具多疣，少数平滑，网状细胞与绿色细胞交界处呈锐尖形，无嵌条。

花叶藓* *Calymperes lonchophyllum* Schwägr.

生境 树生；海拔：1392 米。

分布地点 上杭县，步云乡，桂和村油婆记脚下。

标本 韩威 117。

本种植物体簇状丛生，黄绿色或暗绿色，高 1.0 ～ 1.5 厘米，基部具多数红棕色假根；叶片成束状着生，干燥时间断旋扭，鞘部短阔，为叶片长度的 1/8 ～ 1/6，上部狭长形，具短尖，叶边具明显的齿，中肋粗壮，突出于叶尖部呈芒状；叶细胞不规则四边形，多平滑或具小细疣，边缘细胞 2 ～ 3 层，不透明，网状细胞方形或长方形，鞘部边缘细胞透明，不规则菱形，无嵌条，中肋间断常聚生芽胞。

2. 网藓属 *Syrrhopodon* Schwägr.

植物体纤细至粗壮，密集丛生。茎多直立，无中轴，多分枝，下部密被假根。叶干时常呈螺旋形卷缩，通常有鞘状基部，上部狭长披针形或狭长舌形；叶边常明显分化，多由无色透明或稍呈黄色的1至多列狭长细胞组成，或为多层细胞或呈栉片状加厚，全缘或具齿，稀具刺状毛；中肋顶端常着生多细胞组成的芽胞，背面常具粗疣或棘状刺。叶片绿色细胞方形，平滑或具疣，鞘部阔大，网状细胞大形，多限于鞘部内，无嵌条。

孢蒴顶生，直立，圆柱形；蒴柄不甚长，0.7～2厘米。蒴齿单层，发育或退失，齿片16，披针形，具细疣。孢子表面具疣或颗粒状。蒴盖具长喙。蒴帽多兜形。

全世界现有102种，分布于热带和亚热带地区。中国有19种，本地区有1种，1变种。

分种检索表

1. 叶细胞透明，具高的多疣；叶鞘部边缘偶有细锐齿，稀具大齿或纤毛………………………………………………………………………2. 巴西网藓鞘齿变种 *S. prolifer* var. *tosaensis*
1. 叶细胞暗，具低而细的多疣，鞘部边缘无齿…1. 巴西网藓原变种 *S. prolifer* var. *prolifer*

巴西网藓原变种* ***Syrrhopodon prolifer*** Schwägr. var. ***prolifer***

生境 岩面；海拔：748～806米。
分布地点 连城县，莒溪镇，陈地村湖堀。
标本 王钧杰 ZY1126。

本种植物体小，柔弱，灰绿色或黄绿色，高0.3～0.5厘米；叶片长披针形，叶鞘部宽于叶片，为叶片长度的1/5～1/3，近于全缘，中肋达叶尖或稍突出，上部背面具钩形刺；叶细胞圆方形，具多个细小而矮的疣，叶鞘部的网状细胞与绿色细胞交接面呈体形，沿中肋向上伸展，网状细胞大形，薄壁，长方形。

巴西网藓鞘齿变种 ***Syrrhopodon prolifer*** var. ***tosaensis*** (Cardot) Orbán & Resse

生境 枯枝，石上；海拔：1214～1350米。
分布地点 连城县，莒溪镇，罗地村至青石坑。上杭县，步云乡，桂和村贵竹坪。
标本 王钧杰 ZY1212，ZY1262。

本种植物体小，黄绿色；叶片干时扭曲，长线形，先端渐尖，叶上部约为鞘部长度的2倍，鞘部具锐齿，网状细胞与绿色细胞交接面呈圆形或锐尖状；叶细胞具多个细小而高的疣。

（十四）凤尾藓科 Fissidentaceae Schimp.

植物体小形至中等大小，稀形大，绿色至深绿色或略呈红褐色，丛集，土生，石生，稀为树生或水生。茎多为直立，单一或少数具不规则分枝；中轴分化或不分化；腋生透明结节分化或缺失；假根基生或腋生，平滑或具疣。叶互生，排成扁平2列，由3部分组成：①鞘部位于叶的基部，呈鞘状而抱茎；②前翅在鞘部前方，为中肋的近轴扁平部分；③背翅在鞘部和前翅的相对一侧，即中肋的远轴扁平部分；中肋单一，常达叶尖或于叶尖稍下处消失，罕为不明显或退失；叶无分化边缘，或由狭长而厚壁细胞所成的边，通常厚仅1层（稀多层）。叶细胞为不规则的多边形至圆形，等径或狭长，平滑，具乳头状突起或具单疣至多疣；叶横切面厚度为1层细胞，有时2至多层细胞。

雌雄异株或同株。雌苞顶生或腋生；通常雌苞叶和雄苞叶分化。蒴柄通常长，有时极短至隐没。孢蒴直立，对称或倾立，弯曲而不对称；环带缺失。蒴盖圆锥形，具长或短喙。蒴齿单层，齿片16条，红色至略带红色，上部通常2裂，具螺纹加厚或具结节，稀无蒴齿。蒴帽兜形或盔形，通常平滑。孢子细小，球形，平滑或具细疣。

全世界仅1属。

1. 凤尾藓属 *Fissidens* Hedw.

属的特征同科。

全世界现有约440种，分布于热带至温带地区。中国有分布55种7变种1亚种，本地区有13种。

分种检索表

1. 叶具分化边缘或至少具部分分化边缘 ························ 4. 黄边凤尾藓 *F. geppii*
1. 叶不具分化边缘 ··· 2
  2. 叶上部由数列浅色而平滑的细胞构成一条浅色的边缘，与内方细胞明显区别 ········· 3
  2. 叶缘不如上项，通常与内方细胞无明显区别；若有区别，则是由2层以上的细胞构成一条深色边缘 ··· 5
    3. 植物体细小至中等大小；茎连叶高不超过10毫米；前翅边缘具锯齿；鞘部细胞沿角隅有疣3～4个 ························ 13. 南京凤尾藓 *F. teysmannianus*
    3. 植物体较大，茎连叶高于10毫米；前翅边缘具不规则的齿至具粗锯齿；鞘部细胞稍具乳头状突起，无疣或疣不明显 ························· 4
      4. 叶披针形；中肋及顶；浅色边缘宽3～4列细胞；叶上部横切面厚1～2层细胞；蒴柄长5～8毫米 ························ 2. 卷叶凤尾藓 *F. dubius*
      4. 叶狭披针形；中肋突出；浅色边缘宽1～3列细胞；叶上部横切面厚1层细胞；蒴柄长不及2毫米 ························ 1. 异形凤尾藓 *F. anomalus*
      5. 叶缘深色，厚2～4层细胞 ························ 8. 大凤尾藓 *F. nobilis*
      5. 叶缘与叶的其他细胞无区别 ··· 6

6. 植物体常生于水湿环境中；背翅基部明显下延……………………………… 5. 大叶凤尾藓 *F. grandifrons*
6. 植物体不生于水湿环境中；背翅基部不下延 …………………………………… 7
7. 叶细胞平滑或稍具乳头状突起 ……………………………………………… 8
7. 叶细胞具疣或明显的乳头状突起 ……………………………………………10
8. 植物体细小，茎连叶高 2.3 ～ 5.2 毫米，通常红褐色…………………………… 6. 广东凤尾藓 *F. guangdongensis*
8. 植物体中等大小，茎连叶高 18 ～ 72 毫米，绿色至褐色，但不带红色 ……………………………………………………………………… 9
9. 叶先端常为短尖，罕为钝急尖；叶上部细胞长 11 ～ 21 微米，细胞壁清晰 ……………………… 11. 网孔凤尾藓 *F. polypodioides*
9. 叶先端钝急尖；叶上部细胞长 10 ～ 13 微米，细胞壁不清晰 ……………………………………………10. 垂叶凤尾藓 *F. obscurus*
10. 叶鞘部边缘具不规则的锐锯齿… 3. 扇叶凤尾藓 *F. flabellulus*
10. 叶鞘部边缘具均匀的锯齿或细圆齿 ………………………………11
11. 蒴柄侧生或基生；雌苞叶远小于茎叶 ……………………………………………… 12. 鳞叶凤尾藓 *F. taxifolius*
11. 蒴柄顶生；雌苞叶不分化或分化不明显 …………………12
12. 叶排列疏松，长不超过 1.5 毫米；叶鞘部为叶全长的 2/3 ～ 3/5 ……………… 7. 内卷凤尾藓 *F. involulus*
12. 叶排列紧密，长 1.6 ～ 2.8 毫米；叶鞘部约为叶全长的 1/2 …………………… 9. 曲肋凤尾藓 *F. oblongifolius*

异形凤尾藓 ***Fissidens anomalus*** Mont.

生境 砂土上。潮湿岩面；海拔：670 ～ 1339 米。
分布地点 连城县，曲溪乡，罗胜村岭背畲。上杭县，步云乡，云辉村丘山。
标本 王钧杰 ZY1337，ZY1411。

本种植物体绿色或淡褐色，高 1.4 ～ 5 厘米，无腋生透明结节，茎中轴分化；叶片狭披针形，先端狭急尖，鞘部为叶长的 1/2 ～ 3/5，叶边缘具细圆齿或锯齿，边缘由 1 ～ 3 列平滑，厚壁，浅色的细胞构成一浅色的边缘，中肋粗壮，突出于叶尖；叶细胞具明显的乳头状突起。

卷叶凤尾藓 ***Fissidens dubius*** P. Beauv.

生境 水泥墙上，路边土面，树干，树根；海拔：638 ～ 1530 米。

分布地点 连城县，莒溪镇，太平僚村（七仙女瀑布，百金山）；池家山村鱼塘。上杭县，步云乡，桂和村油婆记。

标本 韩威 136；贾渝 12599，12613；王庆华 1811；张若星 RX129。

本种植物体绿色或褐绿色，高 1 ～ 5 厘米，无腋生透明结节，茎中轴分化明显；叶片披针形，干燥时明显卷曲，先端急尖或狭急尖，鞘部为叶片长的 3/5 ～ 2/3，叶尖部具不规则的齿，边缘具细圆齿或锯齿，由 3 ～ 5 列厚壁，平滑的细胞组成浅色边缘，中肋粗壮；叶细胞圆状卵圆形，平滑或不明显的乳突。

扇叶凤尾藓* *Fissidens flabellulus* Thwaites & Mitt.

生境 岩面；海拔：469 米。

分布地点 新罗区，万安镇，西源村。

标本 王钧杰 ZY1379。

黄边凤尾藓* *Fissidens geppii* M. Fleisch.

生境 林中樟科树干；海拔：654 米。

分布地点 上杭县，步云乡，云辉村西坑。

标本 于宁宁 Y04242。

本种植物体细小，高 0.4 ～ 0.8 厘米，无腋生透明结节，茎中轴分化不明显；叶片披针形，急尖，叶边仅叶尖部具细齿，叶边缘明显分化至叶尖，中肋粗壮，黄褐色，几达叶尖；叶细胞方形或不规则六边形，平滑。

大叶凤尾藓* *Fissidens grandifrons* Brid.

生境 潮湿岩面，路边滴水石上；海拔：900 ～ 1408 米。

分布地点 连城县，曲溪乡，罗胜村岭背畲；莒溪镇，池家山村鱼塘。

标本 何强 12360；贾渝 12607。

本种植物体大，深绿色，成熟时带褐色，坚挺，高 16 ～ 86 厘米，具腋生透明结节，茎中轴不分化；叶片披针形或剑状披针形，背翅基部下延，鞘部为叶长的 1/2，叶边具齿，中肋粗壮，在叶尖下终止；叶细胞四边形或六边形，平滑。

广东凤尾藓* *Fissidens guangdongensis* Z. Iwats.& Z. H. Li

生境 岩面；海拔：400 米。

分布地点 新罗区，万安镇，西源村渡头。

标本 何强 12331a。

本种植物体细小，高 0.2 ～ 4.5 厘米，无腋生透明结节，茎中轴不分化；叶片长圆状披针形或披针形，急尖，鞘部为叶片长度的 1/3 ～ 1/2，叶边具齿或全缘，中肋粗壮，终止于叶尖下；叶细胞四方形或椭圆形，平滑或稍具乳头状突起，细胞中央常具核状的透明点。

内卷凤尾藓 *Fissidens involutus* Wilson ex Mitt.

生境 竹林边土面；海拔：957 米。

分布地点 上杭县，古田镇大吴地到桂和村旧路。

标本 王庆华 1722。

本种植物体小至中等大小，黄绿色，高 0.3 ～ 0.9 厘米，具不明显的腋生透明结节，茎中轴不分化；叶片披针形或狭披针形，先端呈急狭尖，背翅基部圆形，鞘部为叶片长度的 3/5 ～ 2/3，叶边具齿，中肋及顶；叶细胞四方形，具乳头状突起。

大凤尾藓 *Fissidens nobilis* Griff.

生境 林中土面；海拔：405 米。

分布地点 新罗区，万安镇，张陈村。

标本 何强 12336。

本种植物体大，绿色或褐绿色，高 1.8 ～ 6.0 厘米，无腋生透明结节，茎中轴分化明显；叶片披针形或狭披针形，急尖，背翅基部下延，鞘部为叶片长度一半，叶边上部具齿，下部全缘，由 2 ～ 5 列细胞组成深色边缘。

曲肋凤尾藓 *Fissidens oblongifolius* Hook. f. & Wilson

生境 竹林边土面，岩面薄土；海拔：645 ～ 722 米。

分布地点 新罗区，江山镇，福坑村梯子岭。连城县，莒溪镇，太平僚村七仙女瀑布。

标本 王庆华 1790，1808。

本种植物体细小，黄绿色或暗绿色，无腋生透明结节，茎中轴稍分化；叶片高 0.3 ～ 0.7 厘米，呈狭披针形，急尖，鞘部为叶片长度的 1/2，叶边具齿，中肋粗壮，弯曲状，终止于叶尖下；叶细胞圆形或圆状六边形，具明显的乳头状突起。

垂叶凤尾藓* *Fissidens obscurus* Mitt.

生境 潮湿岩面；海拔：1408 米。

分布地点 连城县，曲溪乡，罗胜村岭背畲。

标本 何强 12346。

本种植物体绿色或褐绿色，高 1.5 ～ 5.0 厘米，无腋生透明结节，茎中轴不分化；

叶片披针形，阔尖，鞘部为叶片程度的 1/2 ～ 3/5，叶边仅尖部具细圆齿，中肋粗壮，终止于叶尖；叶细胞四方形、短长方形、六边形或圆形，平滑。

网孔凤尾藓 ***Fissidens polypodioides*** Hedw.

生境　林中石上，岩面薄土，土面；海拔：735 ～ 1476 米。

分布地点　上杭县，步云乡，桂和村（大凹门、竹子排）；云辉村丘山。

标本　何强 11396，11397；贾渝 12325；王钧杰 ZY1354。

本种植物体绿色、黄绿色或褐绿色，高 2.5 ～ 7.0 厘米，无腋生透明结节，茎中轴明显分化；叶片常圆状披针形，短尖，背翅基部圆形，鞘部为叶片长度的一半，叶边在尖部处具粗齿，其余部分具稀疏而不明显的齿，中肋粗壮，终止于叶尖下；叶细胞四方形或六边形，平滑或稍具乳头状突起。

鳞叶凤尾藓* ***Fissidens taxifolius*** Hedw.

生境　林下土面；海拔：638 ～ 710 米。

分布地点　连城县，莒溪镇，太平僚村大罐坑。

标本　何强 10259。

本种植物体中等大小，高 0.4 ～ 1.6 厘米，无腋生透明结节，茎中轴不明显分化；叶片卵圆状披针形，急尖或短尖，背翅基部圆形，鞘部为叶长的 1/2 ～ 3/5，叶边具齿，中肋粗壮，及顶或短突出；叶细胞圆六边形或六边形，具高的乳头状突起。

南京凤尾藓 ***Fissidens teysmannianus*** Dozy & Molk.

生境　土面；海拔：1050 米。

分布地点　上杭县，步云乡，大斜村大坪山。

标本　贾渝 12439。

本种植物体小至中等大小，高 0.5 ～ 1.0 厘米，腋生透明结节不明显，茎中轴稍分化；叶片披针形，急尖，背翅基部圆形，鞘部为叶长的 1/2，叶边具齿，中肋及顶；叶细胞四方形或六边形，具乳头状突起，鞘部细胞较大，角隅处具透明的珠状疣。

（十五）丛藓科 Pottiaceae Schimp.

植物体矮小丛生。着生岩石、林地，及钙质土或墙壁上。茎直立，单一，稀叉状分枝或成束状分枝。叶多列，干燥时多皱缩，稀紧贴茎上，潮湿时伸展或背仰，多呈卵状、三角状或线状披针形，稀呈阔卵圆形、椭圆形或舌形，先端多渐尖或急尖，稀圆钝；叶边全缘，稀具微齿，平展，背卷或内卷；中肋多粗壮，长达叶尖或稍突出于叶尖，稀在叶尖稍下处消失。叶细胞呈多角状圆形、方形或多边形，具疣或乳头突起，稀平滑无疣；叶基部细胞往往分化呈长方形，多平滑而透明。

雌雄异株或同株。孢蒴多呈卵形、长卵状圆柱形，稀球形，多直立，稀倾斜或下垂，蒴壁平滑。蒴齿单层，稀缺如，常具基膜，齿片16条，稀32条，多呈狭长披针形或线形，直立或向左旋扭，往往被细疣。蒴盖呈锥形，先端具长尖喙。蒴帽多兜形。孢子细小。

全世界有82属，多分布温带地区，少许属种分布寒地或热带。

中国有37属，本地区有7属。

分属检索表

1. 叶多呈狭长披针形，叶边多内卷；叶基细胞明显分化 ………………………………… 2
1. 叶多呈长卵形或卵状披针形，叶边不内卷；叶基细胞无明显分化 ……………………… 5
  2. 叶边不明显内卷；叶基分化的无色细胞沿叶边两侧向上延伸 ……………………… 3
  2. 叶边明显内卷，叶基分化的无色细胞不沿叶边两侧向上延伸 ……………………… 4
    3. 叶基阔大，鞘状抱茎；叶中肋往往突出叶尖呈刺状；蒴齿直立 ……………………
    ……………………………………………………………… 4. 拟合睫藓属 *Pseudosymblepharis*
    3. 叶基狭，不抱茎；叶中肋不突出叶尖；蒴齿旋扭 ……………… 5. 纽藓属 *Tortella*
      4. 叶细胞壁具多个细小的马蹄状疣；蒴齿无基膜，齿片短，不分裂，且常缺失 …………………………………………………………………… 7. 小石藓属 *Weissia*
      4. 叶细胞壁满被粗圆疣；蒴齿具基膜，齿片往往纵长2裂 ………………………
      ………………………………………………………………… 6. 毛口藓属 *Trichostomum*
        5. 叶片呈舌形或剑头形；叶细胞多具乳头；蒴齿缺如 ……………………………
        …………………………………………………………………… 3. 湿地藓属 *Hyophila*
        5. 叶片呈披针形或卵圆形；叶细胞多具疣；蒴齿常存 ………………………… 6
          6. 叶多呈卵圆形或长椭圆形，先端急尖，叶基细胞明显分化，长且透明；叶腋毛细胞全透明 …………………………………… 1. 扭口藓属 *Barbula*
          6. 叶呈披针形，先端渐尖；叶基细胞无明显分化，呈短矩形，绿色，不透明；叶腋毛的基细胞呈黄褐色 ………………… 2. 对齿藓属 *Didymodon*

1. 扭口藓属 *Barbula* Hedw.

植株矮小，纤细，绿色或带红棕色，往往密集丛生，或呈紧密垫状。多生于钙质土或石灰岩上。茎直立，叉状分枝，基部密生假根。叶干时紧贴，湿时散列，有时背仰，呈卵圆形、卵状或三角状至线状披针形，先端渐尖或急尖，往往由1枚或少数细胞形成刺状尖；叶边全缘，整齐背卷；中肋粗壮，长达叶尖或在叶尖稍下处消失。叶上部细胞形小，多角状圆形或方形，壁稍增厚，不透明，往往具各式的多个疣，细胞间界限不清，基部细胞长大，多矩形，平滑无疣。腋毛由 4 ～ 10 个以上细胞组成，均无色透明。

雌雄异株，雌苞叶与叶同形。孢蒴直立，稀稍倾立，卵状圆柱形，稀稍弯曲。蒴齿细长，齿片呈线形，多呈螺形左旋，稀直立，密被细疣。蒴盖圆锥形，先端具长喙。蒴帽兜形。孢子小，多黄绿色，稀红棕色，多平滑。有时叶腋或叶面着生无性繁殖的芽胞。

全世界现有约350种，分布在南北半球温暖地区。中国有25种，本地区仅有1种。

小扭口藓 *Barbula indica* (Hook.) Spreng. in Steud.

生境 竹林石上，河边土面；岩面薄土；海拔：670 ～ 939 米。

分布地点 上杭县，古田镇，吴地村三坑口；溪背村古田会址附近。

标本 王钧杰 ZY1442；王庆华 1709；于宁宁 Y4391。

本种是亚洲的热带至暖温带地区最常见的种。叶片在茎上疏松排列，近于舌形，但尖部具短尖，单中肋明显，在叶片中部较宽，叶片下部两侧边缘内卷。

2. 对齿藓属 *Didymodon* Hedw.

植物体暗绿带棕色，密集丛生。茎直立，棕色。叶片呈卵圆形，先端渐尖；叶缘狭背卷，上段疏具齿；中肋多长达叶尖或稍突出，稀在叶尖稍下处消失。叶中上部细胞呈圆形、圆方形或菱形，胞壁薄，分界明显，平滑或具矮而大的钝圆疣；叶基细胞呈不规则的矩圆形。腋毛由 3 ～ 4 个细胞组成，基部细胞深褐色，上部细胞均无色透明。

雌雄同株。蒴柄多右旋。蒴盖具长喙。蒴帽兜形。孢子褐绿色。无性芽胞由 8 个以下细胞构成。

全世界有131种，在南、北半球的寒、温带地区分布。中国有31种，本地区有2种。

分种检索表

1. 叶片呈三角状、心状或线状披针形；中肋突出叶尖呈刺芒状；叶细胞多呈方形或多角形，排列整齐……………………………………………………1. 长尖对齿藓 *D.ditrichoides*
1. 叶片呈卵状披针形；中肋不突出叶尖；叶细胞呈 3 ～ 5 角形，排列不整齐………………………………………………………………………………………………2. 短叶对齿藓 *D.tectorum*

长尖对齿藓 *Didymodon ditrichoides* (Broth.) X. J. Li & S. He

生境 土面；海拔：763 米。

分布地点 连城县，莒溪镇，太平僚村。

标本 王钧杰 ZY280。

本种叶片为三角状、心状或线状披针形，中肋突出于叶尖并呈刺芒状，叶边缘两侧均背卷，叶上部细胞具一小细疣，基部细胞平滑。

短叶对齿藓* *Didymodon tectorus* (Müll. Hal.) Saito

生境 潮湿石壁；海拔：1375 米。

分布地点 上杭县，步云乡，桂和村庙金山脚下。

标本 娜仁高娃 Z2135。

本种干燥时叶片贴生于茎上，卵状披针形，叶片较短，中肋粗壮，达叶尖部，上部细胞形状为多角形，厚壁，具一圆疣。

3. 湿地藓属 *Hyophila* Brid.

植物体矮小，密集丛生。多生于润湿的土上及岩石上。茎直立，稀分枝。叶干燥时内卷，长椭圆状舌形，先端圆钝，具小尖头；叶边全缘或先端具微齿；中肋粗壮，长达叶尖或稍突出。叶上部细胞小，呈长方－多边状圆形，具细疣或平滑；基部细胞长方形，平滑透明。

雌雄异株。雌苞叶较小，或与叶同形。蒴柄细长，直立。孢蒴直立，长圆柱形。环带分化，自行卷落。无蒴齿。蒴盖圆锥形，先端有狭长喙。蒴帽兜形。孢子小形，壁平滑。

全世界有 87 种，主要分布于亚热带至热带。中国有 8 种，本地区仅有 1 种。

湿地藓 *Hyophila javanica* (Nees & Blume) Brid.

生境 溪边山谷石上；海拔：1230 ～ 1272 米。

分布地点 上杭县，步云乡，桂和村（筀竹坪－共和）。

标本 于宁宁 Y4385。

叶片呈椭圆状舌形，先端圆钝，叶边全缘，中肋粗壮，中上部细胞壁很厚，平滑。

4. 拟合睫藓属 *Pseudosymblepharis* Broth.

植物体较高大，疏松丛生。多生于湿热地带的林地。茎直立，高 3 ～ 8 厘米，下部稀分枝，上部枝叶密生。叶干时皱缩，湿润时四散扭曲，基部较宽，呈鞘状，向上渐狭，呈狭长披针形，先端渐尖；叶边平直，全缘；中肋粗壮，长达叶尖或突出呈刺芒状。叶上部细胞绿色，呈不规则多角形，每细胞壁上具数个粗疣；下部细胞呈方形至长方形，平滑，无色透明，沿叶缘两侧向上延伸，呈明显分化的边缘。

雌雄异株。蒴柄细长。孢蒴直立，呈圆柱形。蒴齿单层，齿片短披针形，直立，黄色，具细疣。

本属全世界有 9 种，主要分布于印度至太平洋地区及中美洲。中国有 2 种，本地区有 1 种。

细拟合睫藓 ***Pseudosymblepharis duriuscula*** (Mitt.) P. C. Chen

生境 路边石上；海拔：900 米。

分布地点 连城县，莒溪镇，池家山村鱼塘。

标本 贾渝 12609。

叶片为线状披针形，干燥时卷曲，叶片基部不形成鞘部，中肋细长，叶中上部细胞具多个圆疣，基部细胞长方形，平滑。

5. 纽藓属 *Tortella* (Lindb.) Limpr.

植物体往往大片丛生。多生于岩石上或钙质土壤上。茎直立，多具分枝。叶倾立或背仰，干时强烈卷缩，狭长披针形或线形，先端狭长渐尖；叶边平展或稍呈波状，全缘或先端具微齿；中肋下部粗壮，渐向尖部渐细，长达叶尖或稍突出。叶上部细胞绿色，呈四角形至六角形或稍圆，两面均具密疣；基部细胞明显分化呈狭长方形，平滑无疣，且无色透明，与上部绿色细胞分界明显，且沿叶边上延形成“V”形明显分化的角部。

雌雄异株。蒴柄细长。孢蒴直立或倾立，长卵状圆柱形。蒴齿单层，基膜低，齿片 32，细长线形，具疣，常向左螺旋状扭曲。蒴盖长圆锥形。孢子黄褐色，外壁平滑无疣。

全世界有 51 种，大多分布在南北温带至亚热带地区，寒带亦有少许种分布。中国有 5 种，本地区有 1 种。

折叶纽藓 ***Tortella fragilis*** (Hook.& Wilson) Limpr.

生境 土面，岩面，路边岩面；海拔：671 ～ 1270 米。

分布地点 上杭县，步云乡，桂和村贵竹坪。连城县，莒溪镇，太平僚村；池家山村三层寨。

标本 贾渝 12578；娜仁高娃 Z2103；王钧杰 ZY277。

本种植物体较大，高 2 ～ 6 厘米，叶片散生于茎上，狭披针形，叶尖通常易折断。

6. 毛口藓属 *Trichostomum* Bruch.

植物体疏松或密集丛生。茎直立，单一或叉状分枝。叶卵状、长椭圆状或线状披针形，先端急尖或渐尖，略呈兜形、叶缘内卷，常呈波曲或具微齿；中肋粗壮或细长，往往突出叶尖，成小尖头或仅长达叶尖即消失。叶上部细胞多角状圆形或方形，胞壁稍厚，密被数个大圆疣；基部细胞稍长，呈不规则的长方形，平滑，透明。

雌雄异株。雌苞叶与营养叶大致同形。蒴柄长。孢蒴直立或倾立，长卵状圆柱形，台部短，稀弯曲。环带常存，由3～5列细胞构成。蒴齿具短基膜或无基膜，齿片直立，狭长线形，单一或纵裂为2，有粗斜纹或纵纹，平滑或具疣。蒴盖圆椎形，先端具短喙。蒴帽兜形。孢子黄色或红棕色，有粗疣，稀平滑。

全世界有106种，多分布于北半球温带及暖热地区。中国有9种，本地区有1种。

阔叶毛口藓 *Trichostomum platyphyllum* (Iisiba) P. C. Chen

生境 土面，岩面；海拔：572～787米。

分布地点 连城县，莒溪镇，太平僚村。

标本 王钧杰 ZY211，ZY269a。

叶片为舌形，具一小尖头，叶片最宽处在中部，中肋粗壮，达尖部。

7. 小石藓属 *Weissia* Hedw.

植物体小形，鲜绿色或黄绿色，密集丛生。茎短小，单一或具分枝，叶簇生枝顶，干时皱缩，基部稍宽，长卵圆形、披针形或狭长披针形，先端狭长渐尖，或急尖，具小尖头；叶边平展或内卷；中肋粗壮，长达叶尖或突出成刺状。叶上部细胞较小，呈多角状圆形，两面均密被细疣，基部细胞明显分化呈长方形，薄壁，平滑透明。

雌雄同株或雌雄异株，雌苞叶多与一般叶同形，基部略呈鞘状。孢蒴隐生于雌苞叶中或高出于外，呈卵状柱形或短圆柱形。蒴齿常缺如，或正常发育，或形成膜状封闭蒴口，齿片正常者成长披针形，具横脊并具疣。蒴盖呈短圆锥形，具斜长喙，有的蒴盖完全不分化，呈闭蒴形式。蒴帽兜形。孢子黄色或棕红色，具细密疣。

全世界有119种，广布于南北半球各地。中国有8种，本地区有4种。

分种检索表

1. 叶多成簇集生茎顶；孢蒴不开口，无蒴盖及蒴壶的分化，或稍有分化但不开裂；蒴柄很短 2
1. 叶多散生茎上；孢蒴有蒴盖及蒴壶的分化，成熟后裂开成蒴口；蒴柄细长 3
    2. 叶片呈长卵圆形或卵状披针形，先端急尖，上部叶缘明显内卷；孢蒴无蒴盖之分化 .... 4. 皱叶小石藓 *W. longifolia*
    2. 叶片呈狭长披针形，先端渐尖，边缘不内卷；孢蒴有蒴盖的分化，但不裂开

……………………………………………………………………3. 东亚小石藓 *W. exserta*

3. 蒴齿缺如；叶片上部细胞密被细疣……………………2. 缺齿小石藓 *W. edentala*

3. 具蒴齿，齿片缺且分离，叶片上部细胞具粗疣………1. 小石藓 *W. controversa*

小石藓 ***Weissia controversa*** Hedw.

生境 土面；海拔：763～939米。

分布地点 连城县，莒溪镇，太平僚村。上杭县，古田镇，吴地村三坑口。

标本 王钧杰 ZY212，ZY279；于宁宁 Y4304。

本种叶片呈狭长披针形，叶细胞具多个粗疣。与缺齿小石藓在配子体形态上十分相似，在缺乏孢子体的情况下很难区分，但是存在孢子体时，通过蒴齿的存在与否即可区别。

缺齿小石藓 ***Weissia edentula*** Mitt.

生境 岩面；海拔：786米。

分布地点 连城县，莒溪镇，太平僚村毛竹林。

标本 韩威 243。

本种叶片干燥时稍具波状皱曲，叶细胞具多个细疣。

东亚小石藓 ***Weissia exserta*** (Broth.) P. C. Chen

生境 林下土壁；海拔：606米。

分布地点 连城县，莒溪镇，太平僚村大罐。

标本 于宁宁 Y4544。

本种植物体密集丛生，鲜绿色带褐色；叶片干燥时皱缩，呈狭长披针形，中肋粗壮，达叶尖部或稍突出；叶细胞呈多角状圆形，具数个马蹄形疣，基部细胞平滑，呈短矩形。

皱叶小石藓 ***Weissia longifolia*** Mitt.

生境 岩面薄土；海拔：780～927米。

分布地点 连城县，庙前镇，岩背村马家坪。

标本 何强 10072。

本种植物体小，高不及1厘米，暗绿色；叶在茎顶聚集生长，呈莲座状，叶片基部较阔，呈鞘状，长卵圆形或卵状披针形，叶上部边缘内卷，中肋粗壮，达叶尖或稍突出；叶细胞多角状圆形，具数个小马蹄形疣。

（十六）虎尾藓科 Hedwigiaceae Schimp.

植物体一般粗大、硬挺，灰绿色、暗绿色或黄绿色；老时棕黄色或黑色，稀具红棕色，无光泽，直立或先端倾立，稀枝条垂倾，不规则分枝或羽状分枝，常交织成片，密集丛生，岩面或树生。茎不规则分枝；无中轴；横茎与茎下部叶多腐朽或呈鳞片状，有时呈芽条形；有的属种具鞭状枝；假根较少。叶干时常紧贴，呈覆瓦状排列，湿时倾立或背仰，质坚挺，通常宽卵形，多内凹，部分属种具纵褶，常具长或短的披针形白尖；叶边常全缘，有时略背卷；叶基部略下延；一般无中肋。叶上部细胞略小，卵圆形、近方形、线形或不规则，常厚壁，具疣；下部细胞渐大，或平滑，基部细胞多为长方形；角部细胞有时近方形，常带橙黄色。

雌雄多同株。雌苞于新枝上侧生。雌苞叶一般较长，有时具纤毛。蒴柄短或长。孢蒴多卵形或圆柱形，有时具台部，多对称，常具纵褶，一般隐生于雌苞叶中。环带不分化。蒴齿缺失或仅具外齿层。蒴盖微凸或呈圆锥形，稀呈扁平形，一般平滑，具喙。蒴帽钟形，平滑。孢子常较大，直径为 20 ～ 40 微米，多为四分体，表面具疣或具长条形纹饰。

全世界有 4 属，中国有 3 属，本地区有 1 属。

1. 虎尾藓属 *Hedwigia* P. Beauv.

植物体硬挺，多灰绿色，有时呈深绿色、棕黄色至黑褐色。支茎直立或倾立，不规则分枝，不具鞭状枝。叶干时覆瓦状紧贴，湿润时背仰，卵状披针形，内凹，具长或短的披针形尖，尖部多透明或白色，具密刺状齿；叶边全缘，有时略背卷；中肋缺失。叶上部细胞卵状方形至椭圆形，具粗疣或叉状疣；基部细胞方形、长方形或不规则长方形，常具多疣；有时角部细胞分化。

雌雄同株异苞。雄苞较小，芽胞状。雌苞侧生。雌苞叶较大，长椭圆状披针形，上部边缘常具透明纤毛。蒴柄短。孢蒴近球形，隐没于雌苞叶中。蒴齿缺失。蒴盖稍凸，多红色，具短喙。蒴帽小，兜形，仅罩覆蒴盖，易脱落。孢子多黄色，球形，表面具条形纹饰。

全世界有 4 种，分布于南北温带。中国有 3 种，本地区有 1 种。

虎尾藓 *Hedwigia ciliata* (Hedw.) Ehrh. ex P. Beauv.

生境 岩壁，岩面，开阔地石生；海拔：606 ～ 939 米。

分布地点 连城县，莒溪镇，太平僚村（风水林、大罐）。上杭县，古田镇，吴地村（大吴地到桂和村旧路）。

标本 韩威 83；何强 10229，10232，10233，10240；王庆华 1720；于宁宁 Y04468，

Y04524。

本种生于干燥或向阳的岩面或石上，植物体常为灰绿色，叶片紧贴于茎上，尖部为白色，有时肉眼能观察到这种白尖。

（十七）珠藓科 Bartramiaceae Schwägr.

植物体密集丛生，密被假根成垫状。茎具分化中轴。生殖苞下常有 1 ～ 2 分枝。叶 5 ～ 8 列，紧密排列，呈卵状披针形，基部通常不下延，呈鞘状，先端狭长，稀有纵褶；边缘不分化，上部边缘及中肋背部均具齿；中肋强劲，不及叶尖，或稍突出如芒状。叶细胞圆方形、长方形，稀狭长方形，通常壁较厚，但无壁孔，背腹面均有乳头，稀平滑，基部细胞同形或阔大，透明，通常平滑，稀有分化的角细胞。

雌雄同株或异株。生殖苞顶生，稀因茁生新芽而成为假侧生。雄苞芽胞形或盘形；配丝多数线形或棒槌形。雌苞叶较大而同形。孢子体单生，稀 2 ～ 5 丛生。蒴柄多高出。孢蒴直立或倾立，稀下垂，通常球形，稀有明显的台部，多数凸背，口斜，有深色的长纵褶，稀对称而平滑。蒴齿 2 层，稀单层，或部分退失。外齿层齿片短披针形，棕黄色，或红棕色，平滑或具疣；内齿层较短，褶叠形，基膜占蒴齿长的 1/4 ～ 1/2；齿条上部有穿孔，成熟后全部裂开；齿毛 1 ～ 3，有时不发育或全退失。蒴盖小，短圆锥形，稀具喙，干时平展，中部隆起。蒴帽小，兜形，平滑，易脱落。孢子大，圆形，椭圆形或肾形，具疣。

全世界有 10 属，中国有 6 属，本地区有 1 属。

1. 泽藓属 *Philonotis* Brid.

润湿土生或石生。植物体小形或大形，密集丛生。茎有明显分化的中轴及疏松单细胞层的皮部；通常叉形分枝，常在生殖苞下生出多数茁生芽条。叶倾立或一侧偏斜，干时紧贴茎上，茎多红色，假根密集，叶片长卵形，渐尖，稀圆钝，稀基部有纵褶；叶缘具粗或细锯齿，单细胞层，中肋强劲，常突出叶尖外，稀在叶尖下消失。叶尖及中部细胞短或长方形，或呈菱形，稀薄壁，五边形至六边形，多数具前角突或乳头，稀在细胞后角有疣，少数种类叶尖细胞平滑，或呈乳头突起，叶基细胞较大，疏松。

雌雄异株，稀同株。雄苞芽胞形或盘形，有棒状配丝。孢子体单生。孢蒴倾立或平列，近于球形，不对称，有纵褶纹，台部短，口部宽大；蒴柄长，直立。蒴齿两层；外齿层齿片具明显中缝及横纹；内齿层的齿条常 2 裂，有斜纵纹或具疣；齿毛不甚发达。蒴盖多数平凸，或短圆锥形，具短喙。蒴帽，兜形，易脱落。

全世界有 185 种，中国有 19 种，本地区有 3 种。

分种检索表

1. 叶中肋在叶尖下消失，或仅达叶尖 ……………………………………1. 泽藓 *P. fontana*
1. 叶中肋突出叶尖 …………………………………………………………………………… 2
   2. 叶片细胞的疣突位于细胞的上下两端 ………………………2. 细叶泽藓 *P. thwaitesii*
   2. 叶片细胞的疣突仅位于细胞的上端 ………………………… 3. 东亚泽藓 *P. turneriana*

泽藓 *Philonotis fontana* (Hedw.) Brid.

生境 岩面；海拔：1408 米。

分布地点 连城县，曲溪乡，罗胜村岭背畲。

标本 何强 12343。

本种叶片为三角形，中肋粗壮，疣位于叶细胞的中部。

细叶泽藓 *Philonotis thwaitesii* Mitt.

生境 水泥路侧壁上，溪边石壁上，岩面；海拔：572 ～ 1240 米。

分布地点 连连城县，莒溪镇，太平僚村七仙女瀑布。上杭县，步云乡，桂和村（笙竹坪 – 共和）。

标本 王钧杰 ZY204；王庆华 1807；于宁宁 Y4348。

本种植物体较小，中肋突出呈芒尖状，背面先端具齿突，叶细胞的疣位于上下两端。

东亚泽藓 *Philonotis turneriana* (Schwägr.) Mitt.

生境 水边石上，林中土壁，石上，岩面；海拔：437 ～ 880 米。

分布地点 连城县，庙前镇，岩背村马家坪；莒溪镇，太平僚村大罐。新罗区，万安镇，西源村。

标本 韩威 157；贾渝 12362；王钧杰 ZY1372；于宁宁 Y04541，Y04546。

本种叶片狭三角状披针形，叶基稍宽，先端呈长渐尖，中肋粗壮，达叶尖，背面具齿突，叶细胞疣位于细胞上端。

（十八）真藓科 Bryaceae Schwägr.

植物体多年生，较细小，丛生。多分布于林地、高山、平原及丘陵或房前屋后湿润的阴蔽环境，常见于较阴湿的城市旧屋房顶及路边土壁。茎直立，短或较长，单一或分枝，基部多具密集假根。叶多列（稀 3 列），茎下部叶多稀疏而小，顶部叶多大而密集，卵圆形、倒卵圆形、长椭圆形至长披针形，稀线形；边缘平滑或上部具齿，多形成由狭长细胞构成的分化边缘；中肋多强劲，长达叶中部以上或及顶，具突出的芒状小尖头；叶细胞单层，稀见边缘分化为双层或3层，叶基部细胞多长方形，明显大于上部细胞，中上部细胞呈菱形、长六角形、狭长菱形至线形或蠕虫形。部分种常形成叶腋生或根生无性芽胞。

雌雄同株或异株，生殖苞多顶生。蒴柄细长。孢蒴多垂倾、倾立或直立，多呈棒槌形至梨形，稀近圆球形；台部明显分化。蒴齿多两层，多发育完好，少数种外齿层发育不全或退失。蒴盖圆锥形，顶部常具短尖喙。蒴帽兜形。孢子小，平滑或具疣。

全世界有10属，中国有5属，本地区有3属。

分属检索表

1. 孢蒴直立或倾斜……………………………………………1. 短月藓属 *Brachymenium*
1. 孢蒴平列或下垂………………………………………………………………………… 2
   2. 植物体无匍匐茎，茎直立，枝密集；茎上下部的叶近于同形，均匀着生………………………………………………………………………………2. 真藓属 *Bryum*
   2. 主茎匍匐，支茎直立；下部叶小，呈鳞片状疏生，顶部叶长大，集生呈花状………………………………………………………………………3. 大叶藓属 *Rhodobryum*

1. 短月藓属 *Brachymenium* Schwägr.

植株细小到较大，疏松或密集丛生，黄绿、灰白绿色或褐色，为暖地藓类。土生或树干生。植株直立，基部茁生新生枝，多数等长，叶多密生于枝的顶部，下部多稀疏，卵形、卵状披针形或舌形、渐尖或具狭长的长尖，中肋多强劲，达叶尖部或贯顶呈芒状；叶细胞菱形、六菱形或长菱形，基部细胞多长方形。

雌雄异株或雌雄同株；朔柄长，直立或稍弯曲。孢朔多直立或倾立稀横列或下垂，辐射对称，梨形、卵形或棒椎形。台部多少明显，气孔多数。环带分化，蒴盖小，圆锥状凸起，具小尖头或不明显。朔齿2层，外齿层发育好，长披针形，基部多棕色，上部透明无色，具疣。内齿层基膜达齿片长度的1/3～1/2，折叠式，多少具疣，齿条常不完全发育，齿毛多缺失。孢子圆形具疣。

本属全世界有96种，多分布暖热地区。中国有15种，本地区有1种。

短月藓 *Brachymenium nepalense* Hook. in Schwägr.

生境 岩面，树干；海拔：572～1638米。
分布地点 连城县，莒溪镇，太平僚村。上杭县，步云乡，桂和村狗子脑。
标本 王钧杰 ZY206，ZY1329。

本种是一常见种。叶片簇生于茎顶端，叶片倒卵形或匙形，上部近叶尖处有锯齿，中下部全缘，内卷，中肋突出于尖部呈芒状。

2. 真藓属 *Bryum* Hedw.

植物体单一或简单分枝，下部叶小而稀疏，上部叶大而密集。叶卵圆形，椭圆形或披针形，急尖，渐尖或具锐尖头，稀钝尖；边缘具细齿至全缘，下部或全部背卷或背弯，常具明显的分化边缘，中肋通常强壮，贯顶或在叶尖下部消失。叶细胞多数菱状六角形，薄壁；近边缘细胞较狭；下部细胞较大，长六角形至长方形。

雌雄异株，雌雄同株异序或雌雄同株混生。雌器胞顶生。雌苞叶小，侧丝常众多。蒴柄长。孢蒴倾斜或下捶，大多数具蒴台，至蒴柄渐细。蒴盖凸形，圆锥状，具细尖或脐状突起至圆钝。蒴齿双层；外齿层齿片线状披针形，渐尖，下部具细密疣；内齿层基膜较高，齿条通常与外齿层相等，龙骨状突起，常具穿孔，齿毛具节。孢子小，多粗糙。蒴帽兜形，雄器苞顶生。

全世界约有 440 种，中国有 49 种，本地区有 5 种。

分种检索表

1. 植物体银白色（叶上部透明）……………………………………1. 真藓 *B. argenteum*
1. 植物体不具银白色……………………………………………………………… 2
  2. 叶边缘无或不明显分化……………………………4. 双色真藓 *B. dichotomum*
  2. 叶边缘明显分化 ……………………………………………………………… 3
    3. 植物体几无大形，但通常中等或小，叶几全缘，或上部具细圆齿，无明显的莲座状，甚至包括繁殖枝的茎上 ………………………3. 丛生真藓 *B. caespiticium*
    3. 植物体大或强壮，叶具明显的锯齿或细齿，通常至少在能育的茎上具莲座状 ……………………………………………………………………………… 4
      4. 叶细胞较小，35 ～ 65 微米；中肋贯顶通常短芒……2. 比拉真藓 *B. billarderi*
      4. 叶细胞较大，56 ～ 90 微米；中肋贯顶伸出呈长芒状 ……………………………………………………………5. 拟大叶真藓 *B. salakense*

真藓 *Bryum argenteum* Hedw.

生境 竹林边石上，河道边土面；海拔：670 ～ 939 米。
分布地点 上杭县，古田镇，吴地村三坑口；溪背村古田会址附近。
标本 王庆华 1711；于宁宁 Y4389。

本种是世界广布种，在野外植株常呈灰绿色，叶片上部常呈白色。

比拉真藓 *Bryum billarderi* Schwägr.

生境 岩面，土面，岩面薄土；海拔：572 ～ 1230 米。

分布地点 新罗区，江山镇，福坑村梯子岭。上杭县，步云乡，桂和村上村；云辉村丘山。

标本 何强 10065；王钧杰 ZY202，ZY224，ZY1335，ZY1469；王庆华 1752。

本种在该属中体形可能是最大的，外观类似于大叶藓属植物，但是植物体具密集的具疣的假根，叶片边缘具分化。

丛生真藓* *Bryum caespiticium* Hedw.

生境 岩面；海拔：628 米。

分布地点 上杭县，步云乡，云辉村。

标本 韩威 212。

本种是世界广布种，叶片边缘内卷，中肋突出于尖部呈芒状。

双色真藓 *Bryum dichotomum* Hedw.

生境 河道边土面，树干基部；海拔：670 米。

分布地点 上杭县，古田镇，溪背村古田会址附近。

标本 王钧杰 ZY1443；于宁宁 Y4390。

本种叶边缘平展，无分化边缘，中肋粗壮，突出于叶尖。

拟大叶真藓* *Bryum salakense* Cardot

生境 岩面薄土；海拔：690 米。

分布地点 新罗区，江山镇，福坑村梯子岭。

标本 何强 10076。

本种植物叶片在茎上部密集着生，下部则稀疏，叶边缘具 3 ～ 4 列分化细胞，中肋突出叶尖呈长芒尖。

3. 大叶藓属 *Rhodobryum*(Schimp.) Hamp.

植物体稀疏丛生，具匍匐状地下茎，地上茎直立。叶大形，在茎顶部密集着生，呈花盘状。茎叶小，鳞片状，疏列紧贴于茎上，长圆状披针形，渐尖。顶部叶大形，长圆状倒卵形至长圆状匙形，尖部宽的纯圆状，具小急尖或小渐尖头，稍内凹或呈龙骨状；叶上部边缘具明显的强刺齿，下部全缘，明显背卷；中肋下部较宽，渐上变细，达顶或近尖消失。叶横切面中肋部无厚壁束状细胞或厚壁束状细胞仅局限于中后部一定范围。

雌雄异株。孢子体常聚集生于顶部，具长柄。孢蒴平列或下垂，圆管状，蒴台部短或不明显，具气孔。蒴盖半圆形，具小尖头。环带形大。外齿层齿片 16，线状披针形，具细疣；内齿层齿条 16，线状披针形，具细疣，与外齿层等长，中央具大的穿孔，基膜达外齿层 2/3 处，齿毛 2 ～ 3 条，具节至附片。孢子小形。

全世界有 34 种，中国有 4 种，本地区有 1 种。

暖地大叶藓 ***Rhodobryum giganteum*** (Schwägr.) Paris

生境 林中石上，潮湿石壁，潮湿土面，土面，溪边岩面，林下土面，岩面；海拔：400 ～ 1491 米。

分布地点 连城县，庙前镇，岩背村马家坪；莒溪镇，太平僚村大罐坑；曲溪乡，罗胜村岭背畲。上杭县，古田镇，吴地村三坑口；步云乡，桂和村（庙金山脚下、永安亭）；大斜村大坪山。新罗区，万安镇，西源村渡头。

标本 何强 10270，12324，12369；贾渝 12294，12380，12443；娜仁高娃 Z2132；张若星 RX065。

本种具地下横走茎，叶片集中生于茎顶端，呈莲座状，长舌状或匙形，上部明显宽于下部，尤其是叶边缘具双齿而区别于该属其他种类，是中国亚热带森林地区常见的物种之一。

（十九）提灯藓科 Mniaceae Schwägr.

植物体疏松丛生，多生于林地、林缘或沟边土坡上，呈鲜绿或暗绿色，高约 2 ～ 10 厘米。茎直立或匍匐，基部被假根；不孕枝多呈弓形弯曲或匍匐；生殖枝直立；少数种类茎顶具丛出、纤细的鞭状枝。叶多疏生，稀簇生于枝顶，湿时伸展，干时皱缩或螺旋状扭卷；叶片多呈卵圆形、椭圆形或倒卵圆形，稀长舌形或披针形，先端渐尖、急尖或圆钝，叶缘具分化狭边或无分化狭边，叶边具单列或双列锯齿，稀全缘，叶基狭缩或下延；中肋单一，粗壮，长达叶尖或在稍下处消失，背面先端具刺状齿或平滑。叶细胞多呈五边形至六边形，矩形或近圆形，稀呈菱形；细胞壁多平滑，稀具疣或乳头状突起。

雌雄异株或同株，生殖苞顶生。孢子体多单生，稀多数丛生。蒴柄多细长，直立；孢蒴多垂倾，平展或倾立，稀直立，呈卵状圆柱形、稀球形。蒴齿双层；外齿层齿片厚，披针形，背面具纵长回折中缝，腹面具横隔；内齿层膜质，基膜具穿孔；齿条披针形，分离；齿毛 2 ～ 3 条，具节瘤，有时齿条及齿毛缺失。蒴盖拱圆盘形或圆锥形，多具直立或倾斜喙状小尖头。蒴帽呈兜形或勺形，平滑，稀被毛。孢子具粗或细的乳头状突起。

全世界有 15 属，中国有 12 属，本地区有 4 属。

分属检索表

1. 孢蒴长棒状，具明显的台部……………………………………………2. 丝瓜藓属 *Pholia*
1. 孢蒴卵状圆柱形，台部不明显 ……………………………………………………………… 2
  2. 叶细胞具乳头或疣状突起；茎先端具分枝或生殖苞丛出鞭状枝 ……………………… ……………………………………………………………………… 4. 疣灯藓属 *Trachycystis*
  2. 叶细胞平滑，不具乳头或疣；茎先端不具分枝或鞭状枝丛 ………………………… 3
    3. 植物体较细小，直立；叶边多具双列锯齿（仅 *Mnium stellare* 例外，具单列锯齿）……………………………………………………………………… 1. 提灯藓属 *Mnium*
    3. 植物体较长大，多匍匐生长；叶边多具单列锯齿…… 3. 匐灯藓属 *Plagiomnium*

1. 提灯藓属 *Mnium* Hedw.

植物体纤细，直立丛生，呈淡绿色或深绿带红色，常成小片纯群落，多生于阴湿林地及沟边土坡上。茎直立，单生，稀具分枝，基部着生假根。叶片着生于茎基部的往往呈鳞片状，渐向上叶渐增大，顶叶往往较长大而丛生成莲座状；叶片一般呈卵圆形或卵状披针形，干时皱缩或卷曲，湿时平展，倾立；叶缘常由一列或多列厚壁而狭长的细胞构成分化边缘，边具双列或单列锯齿；中肋单一，长达叶尖或叶尖稍下处消失；叶细胞多呈五边形至六边形，稀呈矩形或菱形，有时因角隅加厚而近于圆形。

雌雄异株，稀同株。孢子体单生，稀丛生。蒴柄高出，粗壮，橙色。孢蒴倾立或下垂，稀直立，通常呈长卵形，有时弯曲；蒴齿双层，内外齿等长；外层齿片棕红色，披针形，渐尖，外面有回折中缝；内齿层橘红色，基膜为齿长的 1/2，有时具孔隙；齿条披针形，多急尖，先端常纵裂，稀横裂；齿毛发育，多具节疣。蒴盖圆锥形，先端呈喙状。孢子较大，黄色或绿色，孢子壁粗糙或明显具疣状突起。

全世界有 19 种，中国有 10 种，本地区有 1 种。

异叶提灯藓 ***Mnium heterophyllum*** (Hook.) Schwägr.

生境 溪边山谷石上，林中土面；海拔：606 ～ 1270 米。
分布地点 上杭县，步云乡，桂和村（笙竹坪－共和）。连城县，莒溪镇，太平僚村大罐。
标本 于宁宁 Y4374，Y04536。

本种植物体纤细，疏松丛生，茎红色，单一，直立，叶片长卵圆披针形，叶边具双齿，中肋红色，达叶尖。

2. 丝瓜藓属 *Pohlia* Hedw.

植物体中等大小或小形，直立，茎通常短。下部叶小而稀，上部叶多较大，在顶部密集，干时较硬挺，狭长圆形至近线形，急尖至渐尖，边缘平展至背卷，上部具细齿；中肋粗壮，伸长至叶尖稍下部或达顶部，背部明显突出。叶中部细胞狭，线状菱形至线形，细胞薄，近叶基部多少短而宽，近叶缘细胞变狭，但不形成分化边缘。

雌雄有序同苞或雌雄株。蒴柄长，干时弯曲。孢蒴倾斜、平列或下垂，梨形、长圆形或长棒状，具明显的蒴台，气孔常存。环带有或缺。蒴齿双层，等长，齿毛发育好或缺。孢子粗糙。

全世界有 138 种，中国有 29 种，本地区有 4 种。

分种检索表

1. 植物体不育枝常具叶腋生无性芽胞 ……………………………4. 卵蒴丝瓜藓 *P. proligera*
1. 植物体不育枝叶腋缺无性芽胞 ……………………………………………………………… 2
  2. 植物体明显具光泽；叶干时多硬直 ………………………………1. 泛生丝瓜藓 *P. cruda*
  2. 植物体无光泽，或略具光泽；叶干时不硬挺 ……………………………………………… 3
    3. 叶在枝条上多稀疏排列，中等大小或大形 ……………3. 疣齿丝瓜藓 *P. flexuosa*
    3. 叶在茎上多密集排列，中等大小或小形…………………………2. 丝瓜藓 *P. elongata*

泛生丝瓜藓 ***Pohlia cruda*** (Hedw.) Lindb.

生境 开阔地土面；海拔：939 米。

分布地点 上杭县，古田镇，吴地村（大吴地到桂和村旧路）。

标本 王庆华 1718。

本种叶片卵状披针形，中肋粗壮，叶上部具细圆齿。

丝瓜藓 ***Pohlia elongata*** Hedw.

生境 林中土面；海拔：606 米。

分布地点 连城县，莒溪镇，太平僚村大罐。

标本 于宁宁 Y4538。

本种是该属最常见的种类。叶片狭披针形，叶边下部内卷，中肋达顶部，孢蒴台部明显长于壶部。

疣齿丝瓜藓 ***Pohlia flexuosa*** Harv. in Hook

生境 开阔岩面薄土；海拔：957 米。

分布地点 上杭县，古田镇，吴地村三坑口。
标本 王庆华 1726。
本种孢蒴卵状梨形，台部短。

卵蒴丝瓜藓 *Pohlia proligera* (Kindb.) Lindb.ex Arnell

生境 林中土壁；海拔：606 米。
分布地点 连城县，莒溪镇，太平僚村大罐。
标本 于宁宁 Y4548。
本种叶片干燥时扭曲，长披针形，急尖，先端具细圆齿，叶细胞线形，孢蒴悬垂，长梨形。

3. 匐灯藓属 *Plagiomnium* T. Kop.

植物体较粗大，多呈淡绿色。常在林下沟边阴湿地带成大片纯群落的藓类。茎平展，由基部簇生匍匐枝，或由茎端产生鞭状枝；匍匐枝呈弓形弯曲，随处生假根；鞭状枝端常下垂，亦可着土产生假根；生殖枝直立基叶较小而呈鳞片状，顶叶较大而往往丛集成莲座形；鞭状枝中部的叶较大，渐向上或向下均较小。叶呈卵圆形、倒卵圆形、长椭圆形或带状舌形；干时多皱缩或卷曲，湿时平展，倾立或背仰；叶基较狭而下延，先端渐尖或圆钝。叶缘多具分化边，叶边具齿或全缘；中肋单一，长达叶尖，或在叶尖稍下部即消失。叶细胞短轴形，多呈五边形至六边形，稀长方形或菱形，有时具角隅加厚而近于圆形；往往叶缘具 1 ～ 4 列狭长线形细胞。

多雌雄异株，稀同株。孢子体的形态及构造与提灯藓属相同。

全世界有 27 种，中国有 19 种，本地区有 5 种。

分种检索表

1. 叶片呈矩圆形、狭椭圆形、卵圆形或舌形；叶先端圆钝，呈截形或具细尖头 …… 2
1. 叶片呈阔卵圆形、倒卵圆形、椭圆形或矩圆状披针形；叶先端急尖或具骤尖头的 …3
　2. 靠近中肋的一列细胞比之邻近的叶细胞显著增大，且明显透明 ……………………… 3. 侧枝匐灯藓 *P. maximoviczii*
　2. 靠近中肋的一列细胞不明显增大 ………………… 4. 具喙匐灯藓 *P. rhynchophorum*
　　3. 叶片呈规则的椭圆形；叶缘分化边阔，边由 4 ～ 8 列狭长细胞组成 ………… ………………… 2. 阔边匐灯藓 *P. ellipticum*
　　3. 叶片呈阔卵圆形、矩圆形或卵状披针形；叶缘分化边较狭，由 2 ～ 4 列细胞构成 ………………… 4
　　　4. 叶片中肋至叶尖稍下处即消失 ………………… 5. 大叶匐灯藓 *P. succulentum*

4. 叶片中肋长达叶尖 ……………………………………………1. 匍灯藓 *P. cuspidatum*

匐灯藓 *Plagiomnium cuspidatum* (Hedw.) T. J. Kop.

生境 林中石上，土面；海拔：606 ～ 887 米。

分布地点 连城县，莒溪镇，太平僚村（风水林、大罐）。

标本 于宁宁 Y04510，Y04516。

本种叶片卵圆形，具一小尖头，叶边缘具明显分化的边缘，中上部具齿。

阔边匐灯藓 *Plagiomnium ellipticum* (Brid.) T. J. Kop.

生境 竹林边石生，岩面，岩面薄土；海拔：572 ～ 939 米。

分布地点 上杭县，古田镇，吴地村三坑口。连城县，莒溪镇，太平僚村风水林。

标本 何强 10234；王钧杰 ZY219；王庆华 1713，1827。

本种最显著的特征是叶边缘具 4 ～ 8 列细胞组成的分化边缘，叶片卵状椭圆形，基部收缩。

侧枝匐灯藓 *Plagiomnium maximoviczii* (Lindb.) T. J. Kop.

生境 树干基部，海拔：866 米。

分布地点 连城县，庙前镇，岩背村马家坪。

标本 贾渝 12382。

本种叶片长椭圆形或长舌形，常具数条横波纹，中肋粗壮达叶尖，两侧各具一列特大的整齐细胞，它们比其他细胞大 2 ～ 4 倍。

具喙匐灯藓 *Plagiomnium rhynchophorum* (Hook.) T. J. Kop.

生境 土面，岩面薄土；海拔：654 ～ 787 米。

分布地点 连城县，莒溪镇，太平僚村；陈地村湖堀。

标本 王钧杰 ZY255，ZY1162，1169。

本种植物体较纤细，叶片为长方状椭圆形或卵状舌形，常具横波纹，边缘具 1 ～ 2 列分化细胞。

大叶匐灯藓 *Plagiomnium succulentum* (Mitt.) T. J. Kop.

生境 林中石上，岩面薄土林中土面；海拔：722 ～ 850 米。

分布地点 连城县，庙前镇，岩背村马家坪；莒溪镇，太平僚村七仙女瀑布；陈地村盘坑。新罗区，万安镇，西源村。

标本 贾渝 12378；何强 11287；王钧杰 ZY1402；王庆华 1821。

本种植物体粗壮，基部密被假根，叶片阔卵形或阔椭圆形，叶边缘具钝齿。

4. 疣灯藓属 *Trachycystis* Lindb.

植物体纤细，呈暗绿色，多数丛生。茎直立，高 2 ~ 5 厘米；茎顶部往往丛生多数细枝或鞭状枝；干燥时枝叶多皱缩，且向一侧弯曲。位于茎下部的叶形小，疏生，上部的叶较大，多密集；叶片呈卵状披针形或长椭圆形，先端渐尖；叶边明显或不明显的分化，往往具多数刺状齿；中肋粗壮，长达叶尖，背面具单或双齿，先端往往具多数刺状齿。叶细胞呈圆形至方形或多角形，胞壁上下两面均具疣或乳头突起，或平滑；叶缘细胞同型或稍狭长。一般枝叶与茎叶同型；鞭状枝上的叶较小，呈鳞片状。

雌雄异株。雌苞叶无分化。孢子体顶生。蒴齿 2 层，等长；外齿层棕红色，基膜高达齿长的 1/2；内齿层齿条披针尖，渐尖，具孔隙，先端多纵裂；齿毛 3 条，多具节瘤。蒴盖圆盘状，先端具短尖头，有粗疣。

全世界有 3 种，中国有 3 种，本地区有 1 种。

疣灯藓 *Trachycystis microphylla* (Dozy & Molk.) Lindb.

生境 岩面砂土；海拔：574 ~ 603 米。
分布地点 连城县，莒溪镇，太平僚村。
标本 王钧杰 ZY234。

本种植物体较小，无鞭状枝，叶边缘无明显分化，具单齿。

（二十）木灵藓科 Orthotrichaceae Arn.

植物体常呈垫状或片状密丛集，多数树生、稀石生的藓类。茎无中轴，皮部细胞厚壁，表皮细胞小形；直立或匍匐延伸，有短或较长、单一或分歧的枝，满被假根。叶多列，密集，干时紧贴茎上，卷缩成螺旋形扭转，湿时倾立或背仰；叶片通常呈卵状长披针形或阔披针形，稀舌形；叶边多全缘；中肋达叶尖或稍突出。叶细胞小，上部细胞圆形、四边形或六边形；基部细胞多数长方形或狭长形。

雌雄同株或异株，稀叶生雌雄异株（即雄株细小，着生于大形雌株的叶上）。雌苞叶多略分化，稀呈高鞘状。孢蒴顶生，隐没于雌苞叶内或高出，直立，对称，卵形或圆柱形，稀呈梨形。环带常存。蒴齿多数 2 层，有时具前齿层，稀完全缺失。外齿层齿片外面有细密横纹，多数有疣；内面有稀疏横隔；内齿层薄壁，无毛，基膜不发达，齿条 8 或 16，线形或披针形或缺失。蒴盖平凸或圆锥形，有直长喙。蒴帽兜形，平滑或圆锥状钟形，平滑或有纵褶，或有棕色毛，稀呈帽形而有分瓣。

全世界有 19 属，中国有 8 属，本地区有 2 属。

分属检索表

1. 植物体火红色；叶细胞平滑；蒴齿 16，发育良好；蒴帽 4 ～ 6 瓣裂，无纵褶……………………2. 火藓属 *Schlotheimia*
1. 植物体绿色或暗绿色；叶细胞平滑或具疣；蒴齿通常退化，单层或双层；蒴帽具纵褶……………………1. 蓑藓属 *Macromitrium*

1. 蓑藓属 *Macromitrium* Brid.

植物体通常大形，平展，通常暗绿色或棕褐色，多为大片生长的树生或石生藓类。茎匍匐蔓生，随处有棕红色假根，具多数直立或蔓生、长或短的分枝；枝单一或簇生。叶直立或背仰，干时紧贴茎上或卷曲皱缩，或一侧卷扭，基部微凹或有纵褶，披针形、卵披针形或长舌形，钝端或渐尖，或有长尖；中肋粗，在叶尖处消失或稍突出，稀突出成毛状尖。叶上部细胞圆方形或圆六边形，平滑或具疣；基部细胞长方形，常厚壁，胞腔较狭，平滑或细胞侧壁有疣，中肋附近细胞常为薄壁，疏松而无色透明，构成不同细胞群，有时基部细胞圆形，稀叶细胞均呈狭长形。

雌雄同株、异株，或假同株。雌苞叶与营养叶同形或分化。蒴柄长，稀甚短，有时粗糙。孢蒴近于球形或长卵圆形；有气孔。蒴齿 2 层或单层，稀缺失；如为单齿层，齿片披针形，乳白色或棕红色，有粗或细疣；如为双齿层，则常为较低有疣而愈合的基膜，外层有时具退化的齿片。蒴盖圆锥形，有细长直立喙。蒴帽钟形，有纵褶，罩覆整个孢蒴，平滑而有毛，下部绽裂成瓣。孢子常不等大，具疣。

全世界约有 365 种，分布温暖地区。中国有 34 种，本地区有 5 种。

分种检索表

1. 蒴帽兜形，无毛……………………4. 长柄蓑藓 *M. microstomum*
1. 蒴帽钟形或兜形，具毛……………………2
  2. 叶基部细胞具单疣……………………3
  2. 叶基部细胞平滑……………………4
    3. 枝叶干燥时拳卷；叶中部细胞长 6.0 ～ 16.0 微米；蒴帽短，仅仅覆盖孢蒴……………………2. 福氏蓑藓 *M. ferriei*
    3. 枝叶干燥时卷曲；叶中部细胞长 6 ～ 8 微米；蒴帽长，完全覆盖孢蒴……………………5. 长帽蓑藓 *M. tosae*
      4. 蒴帽兜形；枝叶尖部钝形至圆钝形……………………3. 钝叶蓑藓 *M. japonicum*
      4. 蒴帽钟形；枝叶渐尖至锐尖……………………1. 狭叶蓑藓 *M. angustifolium*

狭叶蓑藓 *Macromitrium angustifolium* Dozy & Molk.

生境 石上；海拔：1467米。

分布地点 上杭县，步云乡，桂和村油婆记。

标本 韩威129。

本种纤细，叶片卷曲并且螺旋状排列，叶片渐尖或锐尖，叶细胞平滑，蒴帽钟形，蒴柄长1～1.5厘米。

福氏蓑藓 *Macromitrium ferriei* Cardot & Thér.

生境 公路边树干，树枝，林中树干，树干；海拔：1050～1467米。

分布地点 连城县，莒溪镇，罗地村至青石坑。上杭县，步云乡，桂和村（油婆记、贵竹坪、大吴地至桂和旧路）。

标本 韩威153；贾渝12277；娜仁高娃Z2089；王钧杰ZY1188，ZY1259。

本种变异较大，也是该属常见种之一。植物体枝条通常极短，叶片狭披针形，锐尖，叶细胞具单疣或多个细疣，叶边基部边缘具一列大形透明的薄壁细胞。

钝叶蓑藓 *Macromitrium japonicum* Dozy & Molk.

生境 石上；海拔：606米。

分布地点 连城县，莒溪镇，太平僚村大罐。

标本 于宁宁Y04521。

本种叶片近于长舌形，先端圆钝，叶细胞通常具数个细疣。

长柄蓑藓* *Macromitrium microstomum* (Hook. & Grev.) Schwägr.

生境 倒木；海拔：654米。

分布地点 上杭县，步云乡，云辉村西坑。

标本 王庆华1683a。

本种叶片舌形或卵状披针形，叶尖急尖，叶细胞平滑无疣，蒴柄长，蒴帽小，无毛。

长帽蓑藓 *Macromitrium tosae* Besch.

生境 路边树干，林中倒木，树干；海拔：400～1520米。

分布地点 上杭县，步云乡，桂和村大凹门。新罗区，万安镇，西源村渡头。

标本 何强12333；贾渝12324，12350。

本种最突出的特征是具长的蒴帽，外形有时类似于福氏蓑藓，但是它的叶片更大，叶尖更尖锐，叶基部常具单疣，叶中上部具数个细疣。

2. 火藓属 *Schlotheimia* Brid.

植物体纤细或大形，干燥时呈火红色或铁锈色，平铺成片的暖地石生或树生藓类。茎匍匐长展，随处产生假根，有多数直立或倾立的分枝；枝单一或再分枝。叶直立或背仰，干时紧贴，常呈螺旋绕茎扭转生长，上部常具横波纹，多数长舌形，具小短尖，有时呈披针形，长尖；叶边多全缘；中肋稍突生，有时成芒状。叶片上部细胞圆形或菱形，常加厚，近于平滑；叶基部细胞长形、薄壁。

雌雄异株。雌苞叶与营养叶不分化，但较长大，具小尖或有芒。蒴柄直立，稀弯曲，有时极短。孢蒴直立，对称，卵形或圆柱形，平滑或有沟槽。环带不分化。蒴齿2层，外齿层齿片肥厚，狭长披针形，钝端，红色，有密横脊和疣，沿中缝纵裂，干时向外反曲；内齿层齿条较短而狭，淡色，有纵长纹，有时退化。蒴盖半圆球形，具细长喙。蒴帽钟形，无纵褶，稀具毛，多数罩覆孢蒴，有时尖部粗糙，基部通常有分瓣。

全世界约有120种，分布热带亚热带。中国有3种，本地区有2种。

分种检索表

1. 叶尖圆钝并具短的突出部，中肋突出，叶尖部一般长约80微米或稍短……………………………………………………………………………… 1. 南亚火藓 *S. grevilleana*
1. 叶尖锐尖并具长突出部；叶尖部长160～200微米 …………… 2. 小火藓 *S. pungens*

南亚火藓 *Schlotheimia grevilleana* Mitt.

生境 腐木，林中树枝。树干，岩面；海拔：592～1040米。

分布地点 上杭县，步云乡，大斜村大坪山；云辉村西坑。连城县，莒溪镇，太平僚村七仙女瀑布；陈地村湖堀。

标本 何强10074，11246；贾渝12446，王钧杰ZY1111；王庆华1695，1822。

本种最主要的特征是叶尖部钝，中肋稍伸出叶尖；叶细胞菱形或斜卵形，基部细胞变长，具壁孔。

小火藓 *Schlotheimia pungens* E. B. Bartram

生境 树枝，岩面；海拔：654～786米。

分布地点 上杭县，步云乡，云辉村西坑。连城县，莒溪镇，陈地村孟堀。

标本 何强11254，11258；于宁宁Y04251。

本种植物体粗壮，密集簇生，红色，具光泽，主茎平铺，具密的分枝，枝条直立，基部具红色的假根；干燥时叶片螺旋状卷曲，椭圆状舌形，龙骨状，叶尖形成一个小钻尖，叶边全缘，尖部具小圆齿，中肋褐色，突出于叶尖部形成毛尖状；叶细胞菱形，基部细胞狭线形、线形。

（二十一）桧藓科 Rhizogoniaceae Broth.

植物体常丛集群生，基部密生假根，外形似针叶树幼苗，为润湿砂地生藓类。茎具分化中轴，直立，通常不分枝，无匍匐枝或鞭状枝。叶散生茎上，基部叶较小，上部叶较大，呈长披针形，或狭披针形；边缘平展，具分化边缘，有单齿或双齿；中肋粗壮，在叶尖部消失，稀突出叶尖，背部常有刺状齿，横切面中肋上有主细胞及副细胞和 1 ～ 2 层厚壁层；叶细胞小，呈圆形或六角形，稀疏松，长六边形，平滑，稀具乳头。

雌雄异株，稀同株。生殖苞芽胞形，基生或侧生，有线形配丝。外苞叶小，内苞叶较大。蒴柄长，直立，稀较短。孢蒴直立，倾立或平列；有短台部，呈卵形或长圆柱形，有时凸背或弯曲，多数平滑。蒴齿 2 层，稀单层。蒴齿构造接近提灯藓属。蒴盖具斜喙。蒴帽兜形。孢子小形。

全世界有 5 属，中国有 1 属。

1. 桧藓属 *Pyrrhobryum* Mitt.

植物体常粗硬，绿色，稍带红棕色，基部密生假根，成密集群丛的山地砂土藓类。茎直立，或弯曲蔓生，枝叶成羽毛状排列，外形似小形松柏科植物的幼苗，单生或多枝丛集。叶细长披针形；边缘多加厚，具单裂齿或双列齿；中肋粗壮，具中央主细胞及背腹厚壁层，背部常具齿；叶细胞全部同形，厚壁，圆方形或六边形。

雌雄异株，稀同株。孢子体多数单生。蒴柄长 2 ～ 6 厘米。孢蒴棕色，长卵形，有时隆背或呈圆柱形，具短台部，有时具纵长褶纹。环带相当发育，不易脱落。蒴齿 2 层。外齿层齿片基部常相连；上部披针形，渐尖；黄色或棕黄色；外面具回折中缝，及横纹，内面具横隔。内齿层无色或黄色，具细疣，基膜高约为齿片长的 1/2，齿条披针形，具裂缝或孔隙；齿毛较短，有节疣。蒴帽兜形。蒴盖具短喙状或长喙状尖头。孢子球形，小，具不明显的疣。

本属全世界有 9 种，分布于暖热地区。中国有 3 种，本地区有 1 种。

刺叶桧藓 *Pyrrhobryum spiniforme* (Hedw.) Mitt.

生境 林中石上，河边沙石上，石上，林下土面，腐木，岩面薄土；海拔：1050 ～ 1476 米。
分布地点 上杭县，古田镇，大吴地至桂和旧路；步云乡桂和村（大凹门、笙竹坪－共和、竹子排、油婆记)。连城县，莒溪镇，罗地村赤家坪－青石坑；曲溪乡，罗胜村岭背畲。

标本 韩威 128，134；何强 11325，11398，11412，12367；贾渝 12280，12318；王钧杰 ZY1179，ZY1460；王庆华 1751。

本种非常硬挺，外观类似于松树苗，是亚热带地区森林中代表性物种。

(二十二)卷柏藓科 Racopilaceae Kindb.

植物体纤细或粗大，绿色、黄绿色或暗绿色。枝条多数较硬挺，不规则羽状或不规则分枝，常成片匍匐生于岩面、地面或树干上。老茎常背腹扁圆形，周边为厚壁细胞，部分种类具中轴，腹面常密生棕红色假根。叶片多异形：2 列侧叶较大，生于茎两边；茎中央具 1 列略小的背叶，通常左右交错倾斜排列。侧叶卵形至长椭圆形，一般不对称，叶边全缘或中上部具齿，有时具分化的边缘；中肋单一，略粗壮，突出叶尖呈粗芒状或近顶；干时叶片平展、扭曲或卷曲，湿时多数伸展。叶细胞卵圆形、六边形、近方形、长方形或不规则形，平滑或具疣，常横向排列；基部细胞一般略长、大。背叶稍对称，长三角形、卵形或心状披针形，稀疏排列；叶边平滑或具齿；中肋突出呈长芒尖。

雌雄异株。雌苞生于短枝上，常具无色线形配丝，有时配丝常存。雌苞叶常呈鞘状。蒴柄一般较长，多为棕红色，坚挺，一般平滑，偶有疣或粗糙。孢蒴圆柱形或卵形，一般不对称，直立、略弯、横生或垂倾，干时常具纵褶；台部短；气孔显型，环带外卷，常自行脱落。蒴齿双层：外齿层齿片狭披针形，具细密疣，有横隔；内齿层透明，基膜常较高，齿条披针形，有时具细疣，有横隔，中缝处 2 裂或联合，齿毛一般 2 ～ 3 条，有时退化。蒴盖近于半球形，多具长喙。蒴帽长兜状或钟形，光滑或略具纤毛，基部有时具裂瓣。孢子一般球形，表面具细疣。

全世界有 4 属，中国仅有 1 属。

1. 卷柏藓属 *Racopilum* P. Beauv.

植物体纤细或中等大小，绿色、暗绿色、黄绿色或褐色，腹面常密生棕红色假根，匍匐交织群生。茎不规则羽状或不规则分枝；多数种类具异型叶：2 列较大的侧叶着生于茎两边，茎中央 1 列略小的背叶，通常左右交错倾斜排列。侧叶多为长卵形，不对称，渐尖或具急尖；叶上部边缘常具齿或齿突；中肋单一，较强劲，常突出叶尖呈芒状，有的种长可达叶片长度的 1 倍左右；干时叶伸展、扭曲或卷曲，湿时多伸展；叶细胞近方形、六角形或不规则形，平滑或具单疣，多数基部细胞略长。背叶多较小，一般为卵状、心状或三角状披针形，近于对称，疏松排列；中肋突出叶尖呈芒状；有时叶边具齿。

多为雌雄异株。雄株较小，雄苞芽状。雌苞于短枝上着生，雌苞叶基部卵形，上部具急狭尖或渐尖，中肋突出呈长芒状。孢蒴长圆柱形或长卵形，常具明显纵褶，台部略收缩，直立、略弯曲、横生或垂倾。环带常自行脱落。蒴齿双层：内外齿层一般等长；外齿层齿片长披针形，外侧下部具横脊及横纹，上部具细疣，有横隔；内齿层基膜较高，一般折叠状，齿条披针形，上部呈叉状或联合，沿中缝常有连续穿孔，齿毛 2 ～ 3 条，常具节状横隔，有时具细密疣。蒴帽兜形或钟形。孢子一般球形，表面具细疣。主要分布于热带、亚热带地区。

全世界有 44 种，中国有 4 种，本地区有 1 种。

薄壁卷柏藓 *Racopilum cuspidigerum* (Schwägr.) Ångström

生境 岩面，路边石上，土面；海拔：451 ～ 1339 米。

分布地点 新罗区，江山镇，福坑村梯子岭；万安镇，西源村。连城县，莒溪镇，太平僚村石背顶；池家山村神坛下沿路；陈地村湖堀；曲溪乡，罗胜村岭背畲；庙前镇，岩背村马家坪。

标本 何强 10067，10069，10099，10200，10214；贾渝 12369；王钧杰 ZY260，ZY1108，ZY1390，ZY1406；张若星 RX112。

本种叶片排列整齐，分 3 列，两侧各 1 列，中间 1 列，叶片中肋突出于叶尖并形成长尖，在野外易于识别。

（二十三）孔雀藓科 Hypopterygiaceae Mitt.

植物体常小形至中等，较柔弱，多成片、倾立或垂倾贴生，淡黄绿色至暗绿色，一般无光泽；多于林地、腐殖土面、树干或树基着生。主茎纤长，平横延伸，具褐色假根；支茎单一或具稀疏分枝，上部多呈扁平羽状或扁平树形分枝，似鸟尾状或孔雀开屏形。茎横切面为卵形或圆形，外壁为小形厚壁有色细胞，内面由大形薄壁细胞组成；多数具较粗的中轴。叶 3 列，侧叶 2 列，扁平排列，卵形或长卵形，稀为卵状披针形，左右不对称；常有分化边缘。腹面中央具一列小而近圆形的腹叶；中肋一般单一，由同形细胞组成，有时分叉。叶细胞等轴形，多数平滑，角细胞不分化。

雌雄异株或雌雄同株异苞；雄株与雌株相似，生殖苞仅生于支茎或分枝上，多数无配丝。雄苞小，芽苞状。孢蒴高出，多倾立或下垂，稀直立；基部显型气孔稀少。蒴齿双层。外齿层偶有退失，齿片多具密横条纹，中脊回折，内面横隔发育良好；内齿层有折叠基膜和齿条。蒴盖具喙。蒴帽钟帽形或圆锥形，平滑。孢子微小，表面一般具细疣。

全世界有8属，中国有4属，本地区有2属。

分属检索表

1. 支茎1～2回羽状分枝，外观呈扁平树形或孔雀开屏形；蒴柄较长；孢蒴长椭圆形或梨形，稀球形，横生或下垂……………………………2. 孔雀藓属 *Hypopterygium*
1. 植物体支茎单一或有稀疏不规则分枝，外观不呈扁平树形或孔雀开屏形；蒴柄短；孢蒴长卵形或球形，一般直立 ……………………………………1. 雉尾藓属 *Cyathophorum*

1. 雉尾藓属 *Cyathophorum* P. Beauv.

植物体细长。主茎短，匍匐生长，具多数假根。支茎与主茎垂直，平横生长，单一或稀分枝；枝端呈尾尖状；叶腋常具单列细胞构成的芽胞。侧叶卵形或卵状披针形，上部常具锐齿；中肋短，单一、有时分叉或完全缺失；叶细胞卵形或长六边形，平滑，薄壁，常有壁孔；叶边具狭长细胞构成的分化边缘。腹叶紧贴茎上，阔卵形或卵圆形，全缘或尖部具齿；中肋短或缺失。

雌雄异株。内雌苞叶下部鞘状。孢蒴卵圆形。蒴齿双层；外齿层齿片披针形，具不明显的回折中脊，透明，外侧具细密疣，内侧具短横隔；内齿层基膜高出，齿条狭披针形，无齿毛。蒴帽覆盖长喙，边缘具裂瓣，表面略粗糙，有时具毛。

全世界有5种，分布于温湿地区。中国有4种，本地区有1种。

粗齿雉尾藓 *Cyathophorum adiantum* (Griff.) Mitt.

生境 岩面，林中树干；海拔：690～1491米。

分布地点 新罗区，江山镇，福坑村梯子岭。上杭县，步云乡，桂和村永安亭。

标本 何强 10095，10096；贾渝 12506。

本种植物体鲜绿色，具光泽，叶片长卵形状椭圆形，具长渐尖，叶边具锯齿，短双中肋，叶细胞菱形或长菱形。

2. 孔雀藓属 *Hypopterygium* Brid.

植物体主茎匍匐横生，常成片贴生，有棕色假根；支茎下部直立，具稀疏鳞叶或裸露无叶，少数种类密被棕色假根，上部倾立，1～2回或稀3回羽状，常呈孔雀开屏形。侧叶阔卵形、椭圆形或卵状舌形，两侧不对称；多数有狭长细胞构成的分化边缘，上部常具齿；中肋单一，在叶尖下部消失。叶细胞菱形或卵状六边形，疏松排列，平滑，薄壁或加厚，基部细胞渐长且疏松。腹叶紧贴，阔卵形或卵形，两侧对称，有长尖，具分化的边缘。

雌雄异苞同株或雌雄异株。内雌苞叶基部略长或呈鞘状，上部具长尖，叶边全缘。蒴柄一般细长，平滑，有时稍扭曲。孢蒴卵圆形或长卵形，平展或垂倾。环带宽，易脱落或常存。蒴齿双层；外齿层外侧具弱中脊和密横纹；内齿层基膜高，齿条宽，齿毛 2 ～ 3，发育完整。蒴帽平滑，兜形或圆锥形。孢子小。芽胞多数，常着生于枝上。

全世界有 11 种，分布于热带、亚热带地区。中国有 4 种，本地区有 1 种。

黄边孔雀藓 *Hypopterygium flavolimbatum* Müll. Hal.

生境 林中土面，树干基部，树根，树干；海拔：638 ～ 866 米。

分布地点 上杭县，步云乡，云辉村西坑。连城县，庙前镇，岩背村马家坪；莒溪镇，太平僚村大罐坑；陈地村湖堀。

标本 何强 10271；贯渝 12258，12370；王钧杰 ZY1149，ZY1152。

本种植物体绿色，呈树状分枝，叶片分为侧叶和腹叶，侧叶叶片长椭圆形，叶边缘形成分化，中肋单一，在尖部下消失，叶边全缘，叶细胞六边形；腹叶较侧叶明显小，卵形，中肋单一，达叶顶部。本种于该属其他种的区别在于叶边全缘。

（二十四）小黄藓科 Daltoniaceae Schimp.

原丝体稀少宿存。植物体小至中等大小，形成簇生状或垫状。茎通常红色，扁平状或四棱状。皮层和中轴存在或缺乏。假鳞毛稀少。腋毛 3 ～ 4（12）细胞组成，基部的细胞通常是棕色。叶边缘通常分化，全缘或有锯齿，或具纤毛。叶细胞通常等轴形或六边形，细胞壁多为厚壁，平滑。单中肋，粗壮。

雌雄异株或同株异苞。蒴柄通常长，平滑或具刺。外蒴齿具沟槽和横条纹，齿毛退化或缺失。孢子稀内萌发，早熟。蒴帽钟形，基部具或不具裂片。常具无性繁殖体。

全世界有 14 属，中国有 3 属，本地区有 2 属。

分属检索表

1. 中肋单一，几达叶片长度的 1/2……………………………………2. 黄藓属 *Distichophyllum*
1. 中肋短弱或缺失 ……………………………………………………1. 毛柄藓属 *Calyptrochaetae*

1. 毛柄藓属 *Calyptrochaeta* Desv.

植物体纤细或稍粗大，深绿色或褐绿色，常有光泽，密集成片生长。茎硬挺，平卧或直立，单一或分叉，扁平，上部叶腋经常产生密集棕色、丝状芽胞，基部具棕色假根。叶 6 列，茎枝的基部叶疏松，上部叶密集，腹叶及背叶紧贴、斜生，侧叶散生，较大，两侧多不对称，基部略窄、上部卵形或倒卵形、短尖，边缘有多数锐齿；中肋分叉，短而不等长。叶细胞疏松，圆形、卵形或长六边形，平滑，叶基细胞较长大，叶边有 2 ～ 4 列狭长分化细胞。

雌雄异苞同株。蒴柄侧生，粗短，密被刺状毛。孢蒴小，平展或下垂，卵形，具长台部。蒴齿 2 层；外齿层齿片披针形，外面中央有槽，内面有突出横隔；内齿层的齿条有细密疣，基膜高，齿毛不发育。蒴盖圆锥形，具长喙。蒴帽钟帽形，边缘具多数长纤毛。孢子细小。

全世界有 34 种，新热带区和澳大利亚 – 太平洋地区是其两个分布中心。中国有 3 种，本地区有 1 种。

日本毛柄藓 *Calyptrochaeta japonica* (Cardot & Thér.) Z. Iwats. & Nog.

生境 连城县，莒溪镇，太平僚村大罐坑。

分布地点 连城县，莒溪镇，太平僚村大罐坑。

标本 何强 10257，10292；王钧杰 ZY266。

本种植物体绿色，茎单 ；叶片异形，侧叶较大，倒卵形，先端急尖或短尖，叶边具细齿，由 1 ～ 2 列狭长细胞组成分化边缘，双中肋短；叶细胞不规则六边形。

2. 黄藓属 *Distichophyllum* Dozy et Molk.

植物体多柔弱，密集成片贴生，黄绿色，略具光泽。茎通常倾立或垂倾，具少数分枝，外观多扁平，基部或全株被稀疏棕色假根。叶 6 ～ 8 列，腹叶和背叶紧贴，侧叶较大，斜列，长卵形或倒卵形，尖端圆钝或具短尖，稀具毛尖；叶边平展或波曲，全缘；中肋单一，消失于叶尖；叶细胞平滑，通常为长六角形或阔六角形，基部的细胞较长大。

雌雄异苞同株或雌雄混生同苞。雌苞叶小，舌形或卵状披针形，无分化边缘；多数无中肋。蒴柄细长，棕红色。孢蒴直立或斜列，卵形或长卵形，台部相当发育，平滑。蒴齿 2 层；外齿层齿片狭披针形，外面具密条纹和中央凹沟，内面有突起的横隔；内齿层有细疣，基膜高，齿条宽，中缝穿孔；无齿毛。蒴盖圆锥形，具长喙。蒴帽圆锥状帽形，平滑或粗糙，尖端有时具纤毛，基部常成流苏状。孢子细小。

全世界有 103 种，分布于新、旧热带地区。中国西南部（贵州、四川和云南）和马来西亚以及澳大利亚东北部是一个重要的中心。中国有 14 种，本地区有 1 种。

东亚黄藓 *Distichophyllum maibarae* Besch.

生境 滴水岩面，岩面薄土；海拔：516 ～ 1040 米。

分布地点 上杭县，步云乡，丘山；大斜村大坪山。连城县，庙前镇，岩背村马家坪；莒溪镇，池家山村三层寨。新罗区，江山镇，福坑村石斑坑。

标本 何强 10013，10014；贾渝 12577；娜仁高娃 Z2047；王钧杰 ZY1348，ZY1352。

本种是该属中国最常见的种类。叶片舌形，干燥时皱缩或略呈波曲，叶先端圆钝，短尖或短渐尖，全缘，叶边具 1 ～ 3 列狭长形细胞组成的分化边缘，中肋单一，达叶尖部下，中上部细胞六边形。

本种通常生于亚热带地区森林中滴水的岩石上，随着森林的破坏，湿度下降，岩石干涸，它很快会消失，是一个很好的环境指示植物。

（二十五）油藓科 Hookeriaceae Schimp.

植物体纤细或中等大小，柔弱，稀疏群生或密集成片贴生，有光泽、多扁平分枝。习见于潮湿树干基部，树基或腐木上，稀石生或土生。茎直立或匍匐横生，不规则或羽状分枝，横切面圆形或卵圆形，无分化的中轴，表皮细胞大形而薄壁，无色或棕红色，周边细胞等大或略小，有时略加厚，但无厚壁层。叶 4 ～ 8 列，腹叶和背叶紧贴，侧叶散列；叶片卵状舌形、卵状披针形、卵形或长卵形；边缘平展，全缘或有齿；中肋单一或双中肋，稀缺失。叶细胞通常阔菱形或六边形，平滑或具疣，基部细胞稍长大，常深色，角细胞不分化，叶边有时具狭长细胞。

雌雄同苞同株，或雌雄异株。蒴柄细长，平滑或具疣。孢蒴多倾立或平列，通常对称。蒴齿 2 层；外齿层齿片狭长披针形，外面有疣或横纹；内齿层有疣，基膜高或低，齿毛不甚发育或完全消失。蒴盖圆锥形，有细长喙。蒴帽钟形，基部有短裂片或流苏状，稀具毛。孢子细小或中等大小。

全世界有 2 属，多分布于温热地区。中国有 1 属，本地区有 1 属。

1. 油藓属 *Hookeria* Sm.

植物体扁平贴生，柔弱，灰绿色，具光泽。茎稀疏分枝。叶多列，腹面叶和背面叶斜列，紧贴，侧面叶与茎和枝相垂直；叶异型，卵形、长卵形或阔披针形，背叶两侧对称，侧叶多不对称；叶边平展，全缘；无中肋；叶细胞疏松，薄壁，菱形或长六角形，平滑，边缘 1 列细胞呈长方形，组成不明显的分化边缘。

雌雄异苞同株。蒴柄红色或橙红色，平滑。孢蒴平列或近于下垂，卵形或长卵形。环带发达，易脱落。蒴齿 2 层；外齿层齿片披针形，橙黄色，具细疣，内面密生凸出的横隔；内齿层黄色，具细疣，齿条狭，中间有穿孔，齿毛缺失。蒴盖圆锥形，具直喙。蒴帽钟形，基部分瓣。孢子细小。芽胞多着生于叶片尖端。

全世界有 10 种，中国有 1 种，本地区有 1 种。

尖叶油藓 *Hookeria acutifolia* Hook. & Grev.

生境 林中石上，潮湿岩面，土面，岩面薄土，林下土面；海拔：516～1520米。

分布地点 连城县，曲溪乡，罗胜村岭背畲。上杭县，步云乡，桂和村（永安亭、贵竹坪）；云辉村丘山。新罗区，江山镇，福坑村石斑坑。

标本 何强 12374；贯渝 12485；娜仁高娃 Z2048，Z2124；王钧杰 ZY1353，ZY1428。

本种是中国热带、亚热带地区森林中标志性物种之一。植物体绿色，具光泽，叶片透明，卵状披针形，无中肋，叶边全缘，叶细胞菱形，叶边最外侧一列细胞狭长形。

（二十六）棉藓科 Plagiotheciaceae M. Fleisch.

植物体纤细或粗壮，多数具光泽，松散或密集交织成片。茎多数匍匐，不规则分枝，有时具鞭状枝；分枝多数扁平；无鳞毛。茎叶和枝叶相似，椭圆形、披针形或宽卵形，先端圆钝、急尖或渐尖，有时内凹，背面和腹面叶多数对称，通常直立或紧贴；侧面叶通常较大，不对称，基部内折；双中肋，分叉，不等长，少数缺失。叶细胞椭圆形、菱形或长菱形，平滑和富含叶绿素。角部细胞稍短而阔，明显分化，有时明显下延，由1～8列长方形或方形细胞组成。

雌雄异苞同株或雌雄异株。雄苞呈花蕾状，较小；雌苞着生于短的生殖枝上。内雌苞叶小，直立，渐尖，基部呈鞘状。蒴柄细长，直立或弯曲，平滑，一般呈红色。孢蒴直立、倾斜或平列，两侧不对称，卵球形、椭圆形或圆柱形，在干时口部不收缩。环带多数存在。蒴盖圆锥形，具斜喙。蒴齿两层。外齿层具16齿片，多数基部联合，披针形，渐尖，多具横细浅沟和横纹，具横隔；内齿层分离，具高基膜，具宽的龙骨状齿条，齿毛发育或缺失。蒴帽兜形，平滑，无毛。孢子球形，黄绿色，平滑或有细密疣。

全世界有7属，中国有7属，本地区有3属。

分属检索表

1. 叶片基部不下延 ……………………………… 3. 牛尾藓属 *Struckia*
1. 叶片基部下延 ……………………………… 2
   2. 叶片全缘或仅在尖部具稀少的齿 ……………… 2. 棉藓属 *Plagiothecium*
   2. 叶片边缘1/3～1/2以上具细齿 ……………… 1. 长灰藓属 *Herzogiella*

1. 长灰藓属 *Herzogiella* Broth.

植物体淡绿色或黄绿色，有光泽，疏松或群集。茎匍匐；横切面椭圆形，表皮细胞形大，薄壁；无鳞毛；无芽胞。分枝不规则，伸展或直立上倾。茎叶和枝叶形小，平展，卵圆状披针形或长椭圆状披针形，渐成细尖，基部下延或不下延；叶边平展，1/3 ～ 1/2 以上具细齿；双中肋，短弱。叶细胞线形，平滑，角细胞稀少或多数，透明，薄壁。雌雄异苞同株。内雌苞叶基部鞘状，上部边缘背卷，急狭成细长有齿叶尖。蒴柄细长，平滑。孢蒴下垂或平列，长椭圆形或圆柱形，略弯曲，口部以下缢缩，干时具纵褶。环带分化。蒴齿 2 层；外齿层齿片披针形，黄色或黄褐色，外面具回折中缝，或密横脊，内面有突出的横隔，上部透明，具疣；内齿层齿条狭长线形，中缝有穿孔，透明，具疣，基膜高出，齿毛 1 ～ 3。蒴盖圆锥形，有短喙。蒴帽兜形，平滑。孢子球形，褐黄色，有细疣。

全世界有 10 种，多分布于北温带较温和地区。中国有 5 种，本地区有 1 种。

沼生长灰藓* *Herzogiella turfacea* (Lindb.) Z. Iwats.

生境 腐木；海拔：649 米。

分布地点 连城县，莒溪镇，太平僚村大罐。

标本 王钧杰 ZY248，ZY292。

本种植物体具光泽，叶片长卵状披针形，具长渐尖，叶边缘通体具细齿或微齿，中肋为非常弱的双中肋，或不明显，叶细胞狭长菱形，角部细胞较少分化，细胞为长方形，薄壁。

2. 棉藓属 *Plagiothecium* Bruch & Schimp.

植物体纤细或中等大小，疏松或密集丛生，一般扁平，绿色或黄绿色，具光泽。茎匍匐或群集上倾，不规则分枝。茎和分枝上无鳞毛，横切面皮层细胞大。茎和枝叶倾立，无纵褶，间有波纹，多数明显扁平，通常不对称，椭圆形至卵圆形，或卵圆形至披针形，急尖或渐尖，基部下延；叶缘通常外卷，有时延伸至近叶尖部，全缘或在尖部具稀少的齿；双中肋，分叉，不等长，经常达叶长的 1/3 ～ 1/2，有时甚短或中肋缺失；叶细胞平滑，狭长菱形或长菱形，薄壁。基部细胞短而宽，基部边缘具少数几行疏松长方形细胞。角细胞排列疏松，薄壁透明，角部常狭长下延。植物体常由茎及叶上产生芽胞进行无性繁殖。芽胞圆柱状或纺缍状，由单列细胞组成。

雌雄同株或异株。雌苞叶中等大，具鞘状基部，尖部展开。蒴柄细长，长 1 ～ 2.5 厘米，平滑，成熟时微红。孢蒴近直立、下垂或平列，对称或不对称，椭圆形或圆柱形，有短台部，平滑，具气孔，干燥时具皱纹或褶。环带分化。蒴齿 2 层。外齿层下面具横纹，透明，上面具疣，齿片狭长披针形，黄色；内齿层透明，具疣和高的基膜，具龙骨状齿条，有 2 ～ 3 条具小节的齿毛。蒴盖凸圆锥形，具斜喙。蒴帽兜形，平滑无毛。孢子球形，平滑或具不明显的疣。蒴帽兜形，平滑，无毛。

全世界约有 90 种，中国有 17 种，本地区有 3 种。

分种检索表

1. 叶扁平展开，明显不对称，具弱横波纹 ……………………2. 扁平棉藓 *P. neckeroideum*
1. 叶不呈扁平展开，对称或不对称，无明显横波纹 ………………………………………… 2
   2. 叶基部下延部位由透明细胞群组成 ………………………1. 直叶棉藓 *P. euryphyllum*
   2. 叶基下延部位不由透明细胞群组成 ………………………3. 阔叶棉藓 *P. platyphyllum*

直叶棉藓 *Plagiothecium euryphyllum* (Cardot & Thér.) Z. Iwats.

生境 林中开阔地石上，岩面，潮湿石壁；海拔：1375 ～ 1520 米。

分布地点 上杭县，步云乡，桂和村（大凹门、油婆记）。

标本 韩威 130；贾渝 12335；娜仁高娃 Z2133。

本种植物体中等大小，淡绿色或黄绿色，不规则分枝；叶片卵圆形或椭圆形，尖部短呈宽的急尖，近尖部处具横波纹，基部具透明的短下延，由长方形细胞组成，中肋 2 条，分叉，粗，达叶片中部；在叶腋处常具 3 ～ 4 个细胞组成的繁殖体；叶中部细胞线形，近基部细胞呈褐色，变宽，细胞壁变厚。

扁平棉藓原变种 *Plagiothecium neckeroideum* var. neckeroideum

生境 林中树干基部，土面，石上；海拔：1214 ～ 1598 米。

分布地点 上杭县，步云乡，桂和村（大凹门、油婆记）。连城县，莒溪镇，罗地村至青石坑。

标本 韩威 138 ，145；贾渝 12326；娜仁高娃 Z2100；王钧杰 ZY1210。

本种植物体明显扁平，不规则分枝；腹面和背面的叶片明显不对称，卵圆形或披针形，先端急尖或渐尖，叶上半部具弱的横波纹，尖部常具丝状繁殖体或假根，叶边全缘，尖部具细齿，基部一侧明显下延，双中肋，达叶片的 1/4 ～ 1/3；叶细胞线形。

扁平棉藓宽叶变种 *Plagiothecium neckeroideum* var. *niitakayamae* (Toyama) Z. Iwats.

生境 林中开阔地石上；海拔：1520 米。

分布地点 上杭县，步云乡，桂和村大凹门。

标本 贾渝 12348。

与原变种的区别：叶片对称，扁平。

阔叶棉藓 *Plagiothecium platyphyllum* Mönk.

生境 土面，岩面；海拔：1339 ～ 1369 米。

分布地点 连城县，曲溪乡，罗胜村岭背畲。

标本 王钧杰 ZY1416，ZY1421。

本种植物体绿色或深绿色，具光泽，茎和枝扁平状，不规则分枝；叶片卵形或卵状披针形，扁平，叶边下部全缘，先端具齿，基部下延由 1 ～ 3 排细胞组成，双中肋 2，不等长，其中 1 条长可达叶片中部；叶细胞线形，角部细胞透明，圆形或长方形。

3. 牛尾藓属 *Struckia* Müll. Hal.

植物体粗壮，较柔软，灰绿色，具银色光泽。茎匍匐，密生红色成簇的假根，具不规则的分枝；枝条密集，直立，呈圆条形，末端渐细，有时呈鞭枝状。叶干燥时覆瓦状紧贴，湿润时直立或倾立，卵形，尖部狭长或近于呈毛状；叶边基部稍内曲，上部具细齿或全缘；双中肋，较短。叶细胞狭长菱形或线形，角细胞分化多列，呈方形，透明。

雌雄异苞同株。内雌苞叶直立，基部鞘状，向上渐狭呈披针形。蒴柄细，红色或橙黄色，干燥时往往扭曲。孢蒴直立，卵圆形，台部短，有气孔。环带宽，成熟后自行卷落。蒴齿单层（内齿层一般缺失），外齿层齿片狭披针形，较短，带黄色，密被疣，分节甚长，中缝有时具穿孔。蒴盖圆锥形，顶端圆钝。孢子具密疣。

全世界有 2 种，中国有 2 种，本地区有 1 种。

牛尾藓 ***Struckia argentata*** (Mitt.) Müll. Hal.

生境 树干；海拔：1638 米。

分布地点 上杭县，步云乡，桂和村狗子脑。

标本 王钧杰 ZY1330。

本种植物体中等大小，灰绿色，具光泽，主茎匍匐，具红色假根，枝条末端渐细；叶片卵状披针形，内凹，长渐尖，叶边全缘，中肋短，分叉；叶细胞线形，平滑，基部细胞为不规则的长方形。

（二十七）薄罗藓科 Leskeaceae Schimp.

植物体多纤细，交织成小片状生长。茎匍匐，分枝密，多不规则，直立或倾立；鳞毛缺失或稀少而不分枝。茎叶和枝叶近于同形，卵形或卵状披针形；中肋粗壮，多数单一，长达叶片中部或尖部，稀较短或缺失。叶细胞多等轴形，稀长方形或长卵形，平滑或具单疣。

雌雄同株。雌苞生于茎上。雄苞常着生于枝端。蒴柄长，直立，平滑或粗糙具疣。孢蒴多数直立，有时倾立，两侧不对称；气孔显型。蒴齿两层；外齿层齿片披针形或短披针形，具横隔或脊；内齿层多变化，具基膜，齿条或齿毛常发育不完全。蒴帽兜形，通常平滑，稀具毛。蒴盖钝圆锥形，具短喙。孢子圆球形，细小。

全世界有15属，中国有11属，本地区有6属。

分属检索表

1. 叶细胞圆形或椭圆形；角部细胞不分化……………………1. 麻羽藓属 *Claopodium*
1. 叶细胞菱形或六边形；角部细胞分化为扁方形或方形……………………2
  2. 蒴齿内齿层的齿条退化……………………4. 细枝藓属 *Lindbergia*
  2. 蒴齿内齿层的齿条常存……………………3
    3. 孢蒴弓形倾立，不明显辐射对称，台部明显；齿毛发育完全……………………5. 拟草藓属 *Pseudoleskeopsis*
    3. 孢蒴直立，辐射对称；台部不明显；齿毛发育不完全或缺失……………………4
      4. 蒴齿内齿层齿条形状不规则……………………3. 细罗藓属 *Leskeella*
      4. 蒴齿内齿层齿条形状规则……………………5
        5. 叶边具细齿；中肋单一，细弱，达叶片的1/2处；蒴盖半圆球形，具斜长喙；孢子中等大小……………………6. 附干藓属 *Schwetschkea*
        5. 叶边全缘或仅尖部具细齿；中肋单一，粗壮，达叶片的2/3以上；蒴盖圆锥形；孢子小……………………2. 薄罗藓属 *Leskea*

1. 麻羽藓属 *Claopodium* (Lesq. et Jam.) Ren. et Card.

植物体柔弱或中等大小，鲜绿色或黄绿色，老时呈褐绿色，无光泽，疏松交织生长。茎匍匐或倾立，羽状分枝或不规则分枝，平滑或稀具疣；中轴不分化；鳞毛多缺失。茎叶与枝叶略异形，或较近似。茎叶排列疏松，干燥时多向内卷曲，湿润时倾立，基部呈卵形或三角状卵形，向上渐尖，突成披针形或毛状尖，少数种类扭曲；叶边直立或略内卷，具粗齿或细齿；中肋粗壮，突出于叶尖或消失于叶尖，平滑或具疣状突起；叶细胞菱形、六角形或长卵形，多不透明，具单粗疣或多数细疣，边缘细胞多较长而平滑无疣，近叶基部细胞较长而透明。枝叶较小而短，少数种类枝叶上部背卷或扭曲。

雌雄异株。内雌苞叶卵状披针形，具狭长尖。蒴柄细长，平滑或粗糙。孢蒴长卵形，褐色，垂倾或平列。环带分化。蒴盖具长喙。蒴齿2层；外齿层齿片披针形，淡黄色，具边和密横条纹及横脊；内齿层平滑，或具细疣，齿条与外层齿片等长，披针形，具脊，齿毛 2 ～ 3，具结节。蒴帽兜形，无纤毛。

全世界有 13 种，中国有 7 种，本地区 4 种。

分种检索表

1. 茎叶与枝叶分化明显 ……………………………………………………2. 大麻羽藓 *C. assurgens*
1. 茎叶与枝叶分化不明显；叶边多平展 ……………………………………………………… 2
   2. 叶片中肋细弱，长达叶片 2/3 ～ 4/5 处消失 ……………3. 细麻羽藓 *C. gracillimum*
   2. 叶片中肋粗壮，近于贯顶 ………………………………………………………………… 3
      3. 植物体细小；叶细胞较长，卵形至菱形 ………………1. 狭叶麻羽藓 *C. aciculum*
      3. 植物体中等；叶细胞较短，六角形至近于直角形 ……………………………………
      ……………………………………………………………… 4. 齿叶麻羽藓 *C. prionophyllum*

狭叶麻羽藓 *Claopodium aciculum* (Broth.) Broth.

生境 竹林边岩面薄土，竹林下田边石上，林下土面，林中树干；海拔：606 ～ 1491 米。

分布地点 上杭县，步云乡，桂和村（大吴地到桂和旧路、永安亭）。连城县，莒溪镇，太平僚村大罐。

标本 贾渝 12512；王庆华 1712；于宁宁 Y04283，Y04539，Y04540。

本种植物体纤细，黄绿色或绿色，基部呈褐色，交织成片生长，不规则羽状分枝；叶片披针形或长卵形，渐尖，叶边具齿，中肋细，达叶顶部；叶细胞长卵形或菱形，具单疣。

大麻羽藓 *Claopodium assurgens* (Sull. & Lesq.) Cardot

生境 树枝，土面，林下倒木，树生，树干；海拔：479 ～ 1491 米。

分布地点 连城县，莒溪镇，太平僚村大罐坑；庙前镇，岩背村马家坪。上杭县，步云乡，桂和村（大吴地到桂和旧路、永安亭）。新罗区，万安镇，西源村。

标本 韩威 161；何强 10242，10258；王钧杰 ZY278，ZY1375；于宁宁 Y4321；张若星 RX053。

本种植物体大形，柔软，黄绿色或翠绿色，老时呈褐绿色，疏松交织生长，多不规则羽状分枝；叶片基部宽阔，呈卵形或卵状三角形，向上成狭尖，叶边缘具齿，中上部多背卷，中肋贯顶或略突出于叶尖，背面平滑；叶细胞卵形或圆方形，具单个中央粗疣，叶尖细胞长卵形或长菱形。

本种分布地区偏于亚热带的低山地带，叶片边缘多背卷而极易与本属其他种类区分。

细麻羽藓 *Claopodium gracillimum* (Cardot & Thér.) Nog.

生境 树根，岩面，树干，枯木；海拔：451～787米。

分布地点 连城县，莒溪镇，太平僚村（七仙女瀑布、大罐坑）；陈地村湖堀。新罗区，万安镇，西源村；江山镇，福坑村梯子岭。

标本 何强 10085，10278；王钧杰 ZY268，ZY1161，ZY1394；王庆华 1818。

本种植物体非常纤细，疏松交织成片生长，不规则羽状分枝；叶片卵形或卵状三角形，叶边具细齿，中肋细弱，达叶片长度的2/3处；叶细胞六角形或菱形，具单疣。

齿叶麻羽藓 *Claopodium prionophyllum* (Müll. Hal.) Broth.

生境 树枝；海拔：674～787米。

分布地点 上杭县，步云乡，云辉村西坑。

标本 贾渝 12264。

本种植物体中等大小，成熟时基部呈褐色，不规则羽状分枝；叶片卵状披针形，叶边具齿，中肋近于贯顶；叶细胞六角形，具单疣。

2. 薄罗藓属 *Leskea* Hedw.

植物体甚纤细，深绿色或暗绿色，无光泽。分布在温带地区湿润的土地及石上，习见于树干基部及腐木上。茎匍匐，有稀疏的假根，具羽状或不明显的羽状分枝；分枝短，倾立或直立；鳞毛稀少，细长形或短披针形，稀缺失。叶干燥时紧贴茎排列，湿时直立或倾立，有时略向一侧偏曲。叶基部心脏形或卵形，稍下延，渐上呈短尖或长尖，钝头或锐尖，常有短皱褶；叶边常背卷，全缘或近叶尖有细齿；中肋单一，粗壮，不达叶尖即消失。叶细胞薄壁，上部圆形或六边形，有单疣，稀具2至多疣；中部细胞多为菱形，基部细胞近于方形。枝叶较小。

雌雄同株异苞。内雌苞叶色淡，基部呈鞘状，叶尖长短不一，叶细胞平滑。蒴柄细长。孢蒴直立，有时稍弯曲或垂倾，长圆柱形；环带分化，自行脱落。蒴齿两层，外齿层齿片细长形，有长尖，无分化边缘，淡黄色，外面的基部具横纹，上部具疣，内面有多数密横隔；内齿层淡黄色，具细疣，基膜低，齿条细长，折叠形，与齿片等长或较短，齿毛发育不全。蒴盖圆锥形。孢子小，表面具细疣。

全世界有 24 种，中国有 5 种，本地区有 2 种。

分种检索表

1. 较大；叶卵形，向一侧明显偏斜；鳞毛多；叶细胞具单疣；中肋背面平滑……………………………………………………………………………………… 1. 薄罗藓 *L. polycarpa*
1. 细小；叶卵状披针形，向上渐尖，不偏斜或略向一侧偏斜；鳞毛少；叶细胞平滑；中肋背面粗糙………………………………………………………… 2. 粗肋薄罗藓 *L. scabrinervis*

薄罗藓 *Leskea polycarpa* Ehrh. ex Hedw.

生境 土面，田边石上；海拔：572～670 米。

分布地点 连城县，莒溪镇，太平僚村。上杭县，古田镇，溪背村古田会址附近。

标本 王钧杰 ZY220；于宁宁 Y4397。

本种植物体近于羽状分枝；叶片卵形，两侧不对称，向一侧明显偏斜，下部具 2 纵褶，叶边全缘，中肋单一，粗壮，达叶尖部；叶细胞圆多边形或阔椭圆形，具单疣，叶基部细胞长方形。

粗肋薄罗藓 *Leskea scabrinervis* Broth. & Paris

生境 林中石上，岩面；海拔：678 ～ 887 米。

分布地点 连城县，莒溪镇，太平僚村（风水林、七仙女瀑布）。

标本 韩威 219，226；于宁宁 Y04511。

本种植物体细小，绿色或黄绿色，不规则分枝，小枝往往弧形弯曲；叶片卵状披针形，叶边全缘，中肋粗壮，在叶尖下部终止，背面粗糙；叶中部细胞圆六边形。

3. 细罗藓属 *Leskeella* (Limpr.) Loesk.

植物体外形纤细，深绿色或棕色，无光泽，密集交织成小片状。主茎匍匐，生有棕红色成束的假根，具短分枝；无鳞毛。叶干时覆瓦状排列，湿时直立或一向偏斜，基部呈心脏形或长卵形，稍下延，常有 2 条纵褶；叶边下部略背卷，上部平展，全缘；中肋粗，黄棕色，长达叶上部。叶上部细胞圆形或六边形，平滑，壁略厚；近中部细胞椭圆形；角部细胞方形。枝叶较小，叶边平展，中肋短弱。

雌雄异株。内雌苞叶直立，淡黄色，基部半鞘状，向上急狭成长尖；中肋细弱，长达叶尖；叶细胞线形。蒴柄直立。孢蒴直立，少数略弯曲，圆柱形或长柱形，红色或棕色；环带常存，自行脱落。蒴齿两层，外齿层齿片短披针形，黄色，有分化边缘，外面有横纹或斜纹，尖端有疣或平滑，内面无横隔；内齿层黄色，具细疣，基膜高出，齿条形状不规则，多数呈披针形或狭长形，少数呈片状，折叠状；齿毛缺失，少数发育不完全。蒴盖短圆锥形，有斜喙。孢子小，红棕色，有细密疣。

全世界有 5 种，中国有 2 种，本地区有 1 种。

细罗藓 *Leskeella nervosa* (Brid.) Loeske

生境 竹林下田边石上；海拔：939 米。
分布地点 上杭县，古田镇，吴地村三坑口。
标本 于宁宁 Y04289a。

本种植物体纤细，绿色或褐绿色，无光泽，密集分枝，不规则分枝或近于羽状分枝；叶片基部卵状心形，向上形成细长尖，下部具少数纵褶，中肋粗壮，达叶片长度的 2/3；叶上部细胞圆四边形或六边形，中部细胞椭圆形，基部细胞近于方形；孢蒴直立，蒴齿 2 层，齿条和齿毛发育不完全。

4. 细枝藓属 *Lindbergia* Kindb.

植物体细弱，鲜绿色或棕绿色，无光泽。茎细长，多数有不规则分枝；鳞毛稀少或缺失。叶干燥时覆瓦状紧贴排列，湿润时倾立，卵形或卵状披针形，稍内凹，基部略下延；叶边平展，多全缘，稀上部有不明显的细齿；中肋单一，粗壮，消失于叶尖下部。叶细胞薄壁，排列疏松，卵圆形或近于不规则菱形，平滑或具单疣；叶边细胞较小，方形或扁方形，基部有数列方形或扁方形细胞。

雌雄同株。内雌苞叶较大，淡绿色，直立，基部鞘状，上部披针形，渐成细长尖。蒴柄直立。孢蒴长卵形，直立，稀弯曲，蒴口小；环带有时分化。蒴齿两层，外齿层齿片披针形，略呈黄色，基部常相连，先端钝，无条纹，表面具疣，外面有迴折中缝，内面有横隔；内齿层具细疣，基膜稍高出，齿毛与齿条缺失。蒴盖圆锥形，先端圆钝。孢子圆形或卵形，有粗密疣。

全世界有19种，均为树生藓类。中国有5种，本地区有1种。

细枝藓* *Lindbergia brachyptera* (Mitt.) Kindb.

生境 岩面砂土；海拔：618米。

分布地点 新罗区，江山镇，福坑村。

标本 王钧杰 ZY1358。

本种植物体中等大小，暗绿色或褐色，无光泽，不规则分枝；叶片阔卵形或长卵形，渐尖，叶边全缘，中肋单一，粗壮，达叶片长度的2/3处；叶中上部细胞多边形，具单疣，基部两侧具数列长方形细胞。

5. 拟草藓属 *Pseudoleskeopsis* Broth.

植物体较粗壮，绿色或黄绿色，有时呈棕绿色，无光泽。茎匍匐，有稀疏的假根；分枝密，短而钝；鳞毛稀疏，狭披针形。叶干时疏松贴生，略向一侧偏斜，湿时直立或倾立，卵形或长卵形，基部稍下延，顶端多圆钝；叶边平展，叶缘具钝齿或细齿；中肋粗，长达叶尖下，稍扭曲；叶细胞小，卵圆形或斜菱形，平滑或有乳突，下部细胞渐成短长方形，角细胞方形或扁方形。

雌雄同株。内雌苞叶直立，淡绿色，细长披针形；中肋长达叶尖，有时稍突出；叶细胞平滑。蒴柄细长；孢蒴倾立或平列，不对称，长卵形或长柱形，稍呈弓状弯曲，具明显台部；环带分化；蒴齿两层，外齿层齿片狭长披针形，黄色，外面有密横纹，具分化边缘，内面有多数横隔；内齿层淡黄色，具细疣，基膜高出，折叠形，齿条与齿片等长，有狭长穿孔或裂缝；齿毛1～2条，发育完全。蒴帽兜形。蒴盖圆锥形，有短而钝的喙。孢子小，有细疣。

全世界有9种，中国有2种，本地区有2种。

分种检索表

1. 端较钝；叶细胞圆六边形或菱形……………………………………2. 拟草藓 *P. zippelii*
1. 端急尖；叶细胞较长，长方形或近线形 ……………………………1. 尖叶拟草藓 *P. tosana*

尖叶拟草藓* *Pseudoleskeopsis tosana* Cardot

生境 岩面；海拔：678米。

分布地点 连城县，莒溪镇，太平僚村七仙女瀑布。

标本 韩威 218，230。

本种与拟草藓的区别在于叶先端锐尖，呈长渐尖；叶细胞为长方形或线形。

拟草藓 *Pseudoleskeopsis zippelii* (Dozy & Molk.) Broth.

生境 岩面；海拔：572 ~ 604 米。

分布地点 连城县，莒溪镇，太平僚村。

标本 王钧杰 ZY209，ZY225。

本种植物体硬挺，不规则的密集分枝；叶片基部阔卵形，渐尖，先端钝，具齿突，中肋基部宽，向上边窄并扭曲；叶细胞短小，近于等轴形；孢蒴倾立，蒴齿发育良好。

6. 附干藓属 *Schwetschkea* Müll. Hal.

植物体纤细或甚纤细，交织成片，绿色，稍具光泽。茎匍匐，细长，先端倾立，具束状褐色假根，多呈羽状分枝；分枝短，直立或倾立，干燥时弯曲。叶片密集着生，干时直立，有时向一侧偏曲，湿时倾立，卵状披针形，长渐尖；叶边平展，具由细胞前角突形成的齿突；中肋单一，细弱，消失于叶片中部。叶细胞长椭圆形或长六角形，基部细胞宽阔，角部区域具数列方形细胞。

雌雄同株异苞。内雌苞叶卵状披针形，向上急狭成长尖。蒴柄细弱，干时螺旋状扭曲，红棕色，上部粗糙或平滑。孢蒴直立，长卵形，干时蒴口下部收缩。环带分化。蒴齿双层，生于蒴口内面深处，外齿层齿片狭长披针形，黄棕色，下部平滑，具稀疏的横脊，上部具疣，内齿层基膜低，齿条与齿片等长或稍短，狭披针形，呈折叠形，有疣，齿毛缺失。蒴盖扁圆锥形，具斜长喙。孢子中等大小。

全世界有 18 种，中国有 5 种，本地区有 1 种。

中华附干藓* *Schwetschkea sinica* Broth. & Paris

生境 林下树干；海拔：654 米。

分布地点 上杭县，步云乡，云辉村西坑。

标本 于宁宁 Y04245。

本种植物体纤细，褐绿色，不规则分枝，叶片密集生长；叶片基部阔卵形或阔卵状披针形，向上呈细尖，叶边上部具齿突，中肋单一，达叶片中部以上；叶细胞狭长菱形或狭长椭圆形，角部分化明显，具数列方形细胞。

（二十八）羽藓科 Thuidiaceae Schimp.

植物体小形至粗壮，色泽多暗绿，黄绿色或呈褐绿色，无光泽，干时较硬挺，常交织成片或经多年生长后成厚地被层。茎匍匐或尖部略倾立，不规则分枝或 1 ~ 3 回羽状分枝；中轴分化或缺失；鳞毛通常存在，单一或分枝，有时密被。茎叶与枝叶多异形。叶多列，干时通常贴生或覆瓦状排列，湿润时倾立，卵形、圆卵形或卵状三角形，上部渐尖、圆钝或呈毛尖状；叶边全缘，具细齿或细胞壁具疣状突起；中肋多单一，达叶片上部或突出于叶尖，稀短弱而分叉，少数不明显。叶上部细胞多六角形或圆多角形，壁厚，多具疣，基部细胞较长而常有壁孔，叶边细胞近方形。

雌雄同株异苞或同苞。雌苞侧生，雌苞叶通常呈卵状披针形。蒴柄细长，成熟时呈淡红色，平滑或具密疣状突起。孢蒴垂倾，不对称，平滑，气孔稀少，着生于孢蒴基部，或气孔缺失；环带常分化。蒴齿2层，外齿层16枚，披针形，基部联合，淡黄色至黄棕色，上部呈灰色，具疣状突起，边缘分化；内齿层灰色，具疣，基膜发育良好，齿条具脊，齿毛多发育。蒴盖圆锥形，有时具喙。蒴帽兜形，平滑，稀被纤毛或疣。孢子球形。

全世界有15属，中国有13属，本地区有3属。

分属检索表

1. 植物体不规则羽状分枝或1回羽状分枝 ……………………… 1. 细羽藓属 *Cyrtohypnum*
1. 植物体1～2回羽状分枝 ……………………………………………………………………… 2
  2. 植物体较纤细；叶细胞多单疣，稀具多数粗疣；孢蒴稀见 ………………………………
  ……………………………………………………………………… 2. 小羽藓属 *Haplocladium*
  2. 植物体较粗大；叶细胞具单疣或多疣；孢蒴常见 ……………… 3. 羽藓属 *Thuidium*

1. 细羽藓属 *Cyrtohypnum* Hampe et Lor.

植物体外形细小，柔弱，黄绿色、翠绿色或暗绿色，稀灰绿色，一般呈疏松小片状生长。茎匍匐基质生长，长2～3厘米，稀达5厘米，不规则羽状分枝或规则1～2回羽状分枝；中轴多分化，稀不分化；鳞毛密生或疏生茎上，有时亦见于枝的基部，稀密生枝上，多为丝状，长1～5个细胞，稀达10个细胞，有时具分枝，顶端细胞尖锐或平截，具2至多个疣，或平滑；枝长3～5毫米。茎叶一般疏生，基部呈卵形、阔卵形、阔心脏形或三角形基部向上突呈披针形或狭披针形尖，上部有时背仰，常具弱纵褶；叶边基部背卷或大部分背卷，多具细齿或粗齿，稀全缘；中肋粗壮，消失于近叶尖处或叶片长的3/4处，背面有时具细胞前角突起，稀透明而较细。枝叶卵形或阔卵形，稀阔心脏形至卵状三角形，具短钝尖，稀锐尖。叶细胞六角形、圆六角形或菱形，叶基中央细胞多呈长方形，壁薄或稍厚，背腹面各具单个粗尖疣、细疣或多个细疣。

雌雄异苞同株或雌雄异株。雌苞叶椭圆形，具长披针形尖，有时具弱纵褶；叶边全缘或具齿，稀上部边缘具少数短或长纤毛；中肋稀突出呈长芒状。蒴柄橙红色或橙黄色，纤细，直立，长1～2.5厘米，多平滑，少数种类密被疣或低乳头，稀上部粗糙。孢蒴卵形或卵状椭圆形，稀呈短圆柱形，倾垂至近于平列。蒴齿灰藓型，内外齿层近于等长。外齿层齿片 16，多淡黄褐色，长披针形，尖部透明，具密疣，基部具横条纹；内齿层淡黄色，基膜高约为内齿层 1/2，齿条具脊，中间有时开裂，齿毛 1 ～ 3 条，具结节，稀退化。蒴盖圆锥形，长 0.5 ～ 1.0 毫米。蒴帽兜形，尖部粗糙。孢子直径 10 ～ 20 微米，表面平滑或具细疣。

全世界有 30 多种，中国有 5 种，本地区有 1 种。

密枝细羽藓 *Cyrtohypnum tamariscellum* (Müll. Hal.) W. R. Buck & H. A. Crum

生境 岩面薄土；海拔：722 米。

分布地点 连城县，莒溪镇，太平僚村七仙女瀑布。

标本 王庆华 1812。

本种植物体柔弱，暗绿色或黄绿色，规则的二回羽状分枝；鳞毛主要生于茎上；茎叶阔三角形或三角状卵形，上部渐尖，叶边具齿，近尖部处全缘，中肋粗壮，消失于叶尖部下，叶细胞菱形或卵形，具 2 ～ 6 个疣；枝叶卵形或椭圆状卵形，短渐尖，中肋达叶片长度的 1/2 ～ 2/3；叶细胞圆方形或六角形，具 3 ～ 8 个疣。

2. 小羽藓属 *Haplocladium* (Müll. Hal.) Müll. Hal.

植物体较纤细至中等大小，黄绿色、褐绿色或亮绿色，疏松交织成小片或与其他藓类植物混生。茎匍匐生长，近于呈羽状分枝或不规则分枝；鳞毛稀少或多数，形态多变化。茎叶与枝叶异形，干燥时内卷或略向一侧偏曲，湿润时倾立。茎叶卵形，具短或长披针形尖部，两侧各具一条纵褶；叶边平展，或基部略背卷；中肋单一，长达叶尖或略突出于叶尖。叶细胞不规则方形至菱形，细胞壁厚度均匀，具单个圆疣，位于细胞中央或呈明显前角突起。枝叶较狭小。

雌雄同株异苞。雌苞叶长卵形，具狭长披针形尖部，灰绿色。蒴柄细长，平滑，呈红棕色。孢蒴卵形至长圆柱形，平展或呈弓形弯曲，干燥时蒴口下收缩，孢蒴壁具气孔。环带发育良好。蒴帽圆锥形，具短喙。外层蒴齿齿片黄色或黄褐色，内齿层的齿毛 2 ～ 3 条，发育良好，具结节。蒴帽平滑。

与羽藓属植物主要区别在于：小羽藓属植物较小，仅一回不规则羽状分枝。茎叶与枝叶的分化在小羽藓属中亦较不明显。

全世界有 17 种，中国有 5 种，本地区有 2 种。

分种检索表

1. 茎叶基部多呈阔卵形，渐上成狭披针尖 ……………… 1. 狭叶小羽藓 *H. angustifolium*
1. 茎叶基部多为卵形或阔卵形，叶尖为阔披针形而较短 … 2. 东亚小羽藓 *H. strictulum*

狭叶小羽藓 *Haplocladium angustifolium* (Hampe & Müll. Hal.) Broth.

生境 竹林边树干，田边土面，林中树干，河边土面，石上，岩面；海拔：572～939 米。

分布地点 上杭县，古田镇，吴地村三坑口；溪背村古田会址附近。连城县，莒溪镇，太平僚村大罐。

标本 王钧杰 ZY205，ZY223；王庆华 1716；于宁宁 Y04296，Y4323，Y4392，Y4529。

本种植物体小至中等大小，黄绿色或绿色，规则的羽状分枝，茎横切面中轴分化，鳞毛披针形，多生于茎上；叶片卵状披针形，具长渐尖，中肋强劲，常突出于叶尖；叶细胞菱形或方形，具前角突疣。

东亚小羽藓* *Haplocladium strictulum* (Cardot) Reimers

生境 林中树干；海拔：592 米。

分布地点 上杭县，步云乡，云辉村西坑。

标本 于宁宁 Y04277。

本种植物体小或中等大小，暗绿色或上部淡绿色下部深褐色，规则羽状分枝，茎横切面中轴分化；茎叶卵形或卵状三角形，向上呈披针形并具长渐尖，中肋粗，达叶片长度的 4/5，背面具刺状疣；枝叶明显小于茎叶；叶细胞菱形或椭圆形，具单个前角疣。

3. 羽藓属 *Thuidium* Bruch & Schimp.

本属为羽藓科的代表属。植物体纤细至大形，绿色、黄绿色或褐绿色，常疏松交织成片，多生于草丛下、林地和阴湿岩面。茎匍匐至上部略倾立，2～3 回羽状分枝；鳞毛密生于茎或枝上，由单列细胞或多细胞组成，常具疣状突起。茎叶与枝叶异形，或稀外形近似而大小相异。茎叶卵形或卵状心形，多具细长尖部，基部略狭窄而下延，多具纵褶；叶边多背卷，上部略有齿突；中肋不及叶尖，稀突出于叶尖；叶细胞同形，多为六角形或圆六角形，细胞壁等厚或厚壁，具单个粗疣或具多个细疣。第一回枝叶与茎叶相似，体积较小；第二回和第三回枝叶较小，多卵形或长卵形，内凹；叶边直立；中肋短弱。

雌苞叶披针形或卵状披针形，具细长尖，有时叶边具长纤毛；中肋中止于叶尖部，或略突出于叶尖；叶细胞长方形，平滑或具疣。蒴柄纤细，平滑或上部具密疣。孢蒴倾立至平列，卵状圆柱形，略呈弓形弯曲，褐色，表面平滑；环带 2～3 列，逐渐脱落；蒴盖锥形至圆锥形，具斜喙；孢蒴壁具气孔。蒴齿两层，外齿层齿片黄色或黄棕色，内齿层齿毛 2～4 条，多具结节，稀退化或缺失。蒴帽平滑，或稀具纤毛。

本属以其植物体分枝呈规则羽状而被命名。其主要特点在于茎叶与枝叶异形，植物体密被鳞毛和叶细胞具疣。

全世界有 64 种，中国有 14 种，本地区有 2 种。

分种检索表

1. 茎叶尖部由 6～10 个单列细胞组成；每个叶细胞具单疣…1. 大羽藓 *T. cymbifolium*
1. 茎叶尖部由 2～5 个单列细胞组成；每个叶细胞具多疣……2. 短肋羽藓 *T. kanedae*

大羽藓 *Thuidium cymbifolium* (Dozy & Molk.) Dozy & Molk.

生境 林中石上，开阔地土面，树干，土面，林下土面；海拔：850～1408 米。

分布地点 连城县，庙前镇，岩背村马家坪；曲溪乡，罗胜村岭背畲。上杭县，步云乡，桂和村（大吴地到桂和旧路）。

标本 韩威 156；何强 12353；贾渝 12366；王钧杰 ZY1414；王庆华 1725。

本种植物体大形，常交织成大片生长，规则的 2 回羽状分枝，茎和枝上密生鳞毛，鳞毛披针形或线形，具疣；茎叶和枝叶明显分化：茎叶基部呈三角状卵形，叶尖部形成长尖，顶端由 6～10 个单列细胞组成，中肋长达叶顶端，叶边上部具细齿；枝叶内凹，卵形或长卵形，短尖，中肋达叶片的 2/3 处；叶细胞卵状菱形或椭圆形，具单疣。

本种在热带和亚热带地区分布广泛，体形也是最大的。

短肋羽藓 *Thuidium kanedae* Sak.

生境 林中土面，林中石上，林中倒木，腐木；海拔：559～1040 米。

分布地点 上杭县，古田镇，吴地村三坑口；步云乡，云辉村西坑。连城县，莒溪镇，太平僚村大罐。

标本 韩威 248；贾渝 12267，12276；于宁宁 Y04550。

本种与大羽藓相似，但是本种的叶细胞

具星状疣。

（二十九）异枝藓科 Heterocladiaceae Ignatov & Ignatova

植物体小形至中等大小。茎匍匐生长，不规则分枝或规则羽状分枝，中轴分化弱或缺乏。鳞毛缺失或稀少。假鳞毛叶状。腋毛由 2 ～ 4 个细胞组成。叶片近于圆形或卵形，渐尖或长渐尖。叶细胞相当短，通常具单疣。角部细胞通常分化。中肋常短或缺失，或单一，或双中肋。

雌雄异株。孢蒴直立或平列，直立或弯曲，椭圆形或椭圆状圆柱形。环带宿存或缺失。蒴齿完整，稀退化。

全世界有 3 属，中国有 3 属，本地区有 1 属。

1. 粗疣藓属 *Fauriella* Besch.

植物体纤细，柔弱，淡黄绿色或淡黄色，无光泽，或稍具弱光泽。茎匍匐或倾立，有稀疏束状假根，具不规则羽状分枝；鳞毛稀少，披针形或近于呈片状。叶卵形、莲瓣形或瓢形，内凹，先端有时具毛状尖；叶边内卷，具粗齿或细齿；中肋缺失或具两短肋。叶细胞长椭圆形或菱形，具单个高疣，基部细胞狭长，角部常有几个方形细胞。

蒴柄细长。孢蒴小，卵形，老时常平列，红褐色。环带分化。蒴齿 2 层，等长；外齿层齿片长披针形，黄色，具回折中脊，有明显横脊；内齿层黄色，基膜高出，具穿孔，齿毛 3 条，短于齿条。蒴盖圆锥形。

全世界有 5 种，中国有 3 种，本地区有 1 种。

小粗疣藓 *Fauriella tenerrima* Broth.

生境 树根，林中石生，岩面；海拔：796 ～ 1127 米。

分布地点 连城县，莒溪镇，太平僚村（石背顶、太平僚村风水林）。上杭县，步云乡，桂和村上村。

标本 何强 10222；王钧杰 ZY1470；于宁宁 Y04481。

本种植物体密集丛生，淡绿色或黄绿色，不规则分枝；叶片覆瓦状排列，卵圆形，渐尖，内凹，叶边内卷，具齿突，中肋缺失或短双中肋；叶细胞菱形，具单疣，角部细胞方形。

（三十）青藓科 Brachytheciaceae Schimp.

植物体纤细或粗壮，疏松或紧密交织成片，略具光泽。茎匍匐或斜生，甚少直立，不规则或羽状分枝；无鳞毛，假鳞毛大多缺失。叶排成数列，紧贴或直立伸展，或略呈镰刀状偏曲，常具皱褶，呈宽卵形至披针形。叶先端长渐尖。中肋单一，甚发达，大多止于叶先端之下，有时在背面先端具刺状突起。叶细胞大多呈长形、菱形以至线状弯曲形，平滑或背部具前角突起，基角部细胞近于方形，有时形成明显的角部分化。

雌器苞侧生，雌苞叶分化。蒴柄长，平滑或粗糙。孢蒴下弯至横生，甚少直立且对称，呈卵球形或长椭圆状圆筒形，且不对称，干燥时或孢子释放后常弯曲。颈部短，不明显，大多具无功能的气孔。环带常分化。蒴盖圆锥形，先端钝或具小尖头，常具喙。蒴齿双层，具 16 枚线状锥形齿片，基部常愈合，呈红色，下部常具条纹和横脊。内齿层通常游离，大多与齿片等长，基膜高。齿条龙骨状，常呈线状。齿毛发达，少数消退或缺失。孢子圆球形。蒴帽兜形，平滑无毛。

全世界有 43 属，中国有 13 属。本地区有 4 属。

分属检索表

1. 叶片中肋短，或分叉，或双中肋……………………………………1. 气藓属 *Aerobryum*
1. 叶片具单中肋………………………………………………………………………………2
  2. 中肋背面具刺………………………………………………3. 美喙藓属 *Eurhynchium*
  2. 中肋背面无刺………………………………………………………………………………3
    3. 雌苞叶数多，反卷；蒴盖喙不发达………………………………2. 青藓属 *Brachythecium*
    3. 雌苞叶数少，直立，伸展；蒴盖具发达的喙……4. 长喙藓属 *Rhynchostegium*

1. 气藓属 *Aerobryum* Dozy et Molk.

植物体粗壮，绿色或黄绿色，具光泽。主茎匍匐；支茎悬垂，不规则疏羽状分枝，具叶枝近于扁平。叶疏松倾立或近于横列，阔卵形或心脏状卵形，具短尖或细尖；叶边具细齿；中肋单一，细弱，长达叶片中部。叶细胞线形，平滑无疣，角部细胞不分化。

假雌雄异苞同株或雌雄异株。雄株形小，常见于雌株叶腋或叶上。内雌苞叶直立，较茎叶小，长卵形，有狭长尖，具齿。蒴柄细弱，上部弯曲，棕红色，平滑。孢蒴直立，卵形或长卵形，垂倾或下垂，台部细窄，棕色，成熟时呈黑色。环带宽阔，成熟时自行脱落。蒴齿两层；齿毛 2 ～ 3 条，具节瘤。蒴盖圆锥形，有斜喙。蒴帽兜形，幼时具疏毛，老时脱落。孢子椭圆形，棕色，具疣。

全世界只有 1 种，分布于亚洲南部地区。

气藓 *Aerobryum speciosum* Dozy & Molk.

生境 树枝；海拔：1408 米。
分布地点 连城县，曲溪乡，罗胜村岭背畲。
标本 何强 12359。

本种植物体粗壮，绿色或黄绿色，具光泽，主茎匍匐，支茎悬垂，不规则羽状分枝；叶片阔卵形或心状卵形，具短尖或长尖，叶边具细齿，中肋单一，细弱，达叶片中部，有时短弱或分叉；叶细胞线形，平滑，角部细胞变短，呈长方形，厚壁。

2. 青藓属 *Brachythecium* Bruch & Schimp.

植物体平展，交织成片生长，绿色、黄绿色或淡绿色，常具光泽。茎匍匐，有时倾立或直立，有的呈弧形弯曲，规则羽状或不规则羽状分枝。茎叶与枝叶异形或同形。茎叶宽卵形、卵状披针形或三角状心形，先端急尖或渐尖，基部呈心形，下延或不下延。枝叶大多是披针形或阔披针形；下部全缘或上部有齿。中肋单一，细弱或强劲，长达叶中部以上，稀近叶尖。叶中部细胞呈长菱形或狭线形，平滑；基部细胞较短，排列疏松，近方形或矩形。

雌雄同株或异株。内雌苞叶较长，具细长尖。蒴柄平滑或具疣。孢蒴倾立或平横，少数直立；椭圆形，少数弓形背曲，干燥时或孢子散发后往往弯曲。环带分化。蒴齿双层，等长。外齿层齿片下部有横纹，上部有疣，具密生的横隔；内齿层齿条披针形，先端细长，具穿孔，齿毛具节瘤。蒴盖圆锥形，圆钝或具短尖头。孢子小，黄色或棕黄色，平滑或具疣。

全世界有 150 种，中国有 52 种，本地区有 5 种。

分种检索表

1. 叶片角部明显下延，叶细胞具明显的前角突 ············ 5. 宽基青藓 *B. trichomitrium*
1. 叶片角部无下延，叶细胞无前角突 ·· 2
  2. 植物体主茎长超过 4 厘米以上 ·· 3
  2. 植物体主茎长不超过 4 厘米 ···································· 4. 长叶青藓 *B. rotaeanum*
    3. 不规则羽状分枝 ·· 4
    3. 规则羽状分枝 ·· 1. 尖叶青藓 *B. coreanum*

4. 植物体扁平，细胞排列疏松，叶基部细胞分化不明显……………………………………………………………………2. 圆枝青藓 *B. garovaglioides*

4. 植物体圆条形，细胞排列不疏松，叶基部细胞分化明显……………………………………………………………………3. 平枝青藓 *B. helminthocladum*

尖叶青藓* ***Brachythecium coreanum*** Cardot

生境 溪边石上；海拔：1272 米。

分布地点 上杭县，步云乡，桂和村（笙竹坪－共和）。

标本 于宁宁 Y04375。

本种植物体大形，茎弯曲，羽状分枝；叶片卵状披针形，渐尖，内凹，具不规则的深皱褶，叶边上部具细齿，下部全缘，中肋纤细，达叶片中部以上；叶中部细胞线形，角部细胞长六边形或近于方形。

圆枝青藓 ***Brachythecium garovaglioides*** Müll. Hal.

生境 水沟边土面；海拔：628 米。

分布地点 新罗区，江山镇，福坑村。

标本 韩威 191。

本种植物体大形，叶片在茎和枝上疏松排列；叶片长卵形或长椭圆形，具不规则的皱褶，

先端急尖或毛尖。

平枝青藓 ***Brachythecium helminthocladum*** Broth. & Paris

生境 竹林边土面；海拔：939 米。

分布地点 上杭县，步云乡，桂和村（大吴地到桂和旧路）。

标本 王庆华 1710。

本种植物体中等大小，黄绿色，不规则多回分枝，枝条圆形，密生叶片；茎叶与枝叶形态上有差别：茎叶阔卵形或长卵形，内凹，略具皱褶，先端形成长钻尖状，叶边上部具细齿，下部全缘；枝叶比茎叶大，长卵形或矩圆状卵形，叶尖常扭曲；叶细胞线形，细胞末端圆钝，角部细胞分化明显，长六边形或矩形。

长叶青藓* *Brachythecium rotaeanum* De Not.

生境　林下土面；海拔：690 米。
分布地点　新罗区，江山镇，福坑村梯子岭。
标本　何强 10070。

本种植物体中等大小，黄绿色，具光泽，规则羽状分枝；叶片阔卵形，渐尖具长毛尖，内凹，具 2 浅褶皱，叶边全缘，中肋达叶片中部；叶细胞线形，薄壁，角部分化，细胞呈矩圆形、圆形或六角形，分化区域延伸至中肋处。

宽基青藓* *Brachythecium trichomitrium* (Dixon & Thér.) Huttunen, Ignatov, Min Li & Y.F. Wang

生境　田边土面；海拔：939 米。
分布地点　上杭县，步云乡，桂和村（大吴地到桂和旧路）。
标本　于宁宁 Y04301。

本种植物体大形，不规则羽状分枝；叶片阔卵形或卵形，基部明显收缩，先端常扭曲，渐尖，叶边具齿，叶基部明显下延；叶细胞长菱形，具明显的前角突，具质壁分离现象，角部细胞明显分化，长六角形或矩圆形。

3. 美喙藓属 *Eurhynchium* Bruch & Schimp.

植物体纤细或稍粗壮，淡绿色或深绿色，干燥时常具光泽，疏松或紧密交织成丛生长。茎匍匐或倾立，不规则羽状分枝或呈树状，枝圆条形或扁平。茎叶和枝叶同形或异形，茎叶紧贴或伸展，阔卵形或近于心形，内凹，常具褶皱；先端短渐尖、阔渐尖或具长渐尖；叶基略下延或下延明显；中肋达叶中部以上，背部先端常具刺状突起。叶细胞平滑，线形或矩圆状线形；基部细胞较短而宽；角部细胞分化，近于方形或矩圆形。枝叶较小，先端阔锐尖、钝或圆钝，有时扭曲，细胞较中部细胞短，通常呈短菱形。

雌苞叶长，基部鞘状，上部呈钻形，反卷。蒴柄长，粗糙或平滑。孢蒴下弯或平横，卵球状圆筒形至近于圆筒形，颈部具气孔。齿片下部具横条纹，先端具疣，具分化的边缘或具横脊。内齿层具细疣与齿片等长，基膜高，齿条披针形，先端渐尖，龙骨状，具穿孔。齿毛大多发达，具节瘤或附片。蒴帽平滑无毛。

全世界有 26 种，中国有 14 种，本地区有 3 种。

分种检索表

1. 带叶的枝呈扁平状……………………………………………3. 疏网美喙藓 *E. laxirete*

1. 带叶的枝呈圆条形……………………………………………………………………………2
   2. 叶先端锐尖 ………………………………………………1. 短尖美喙藓 *E. angustirete*
   2. 叶先端渐尖止长毛尖 …………………………………………2. 小叶美喙藓 *E. filiforme*

短尖美喙藓* *Eurhynchium angustirete* (Broth.) T. J. Kop.

生境 林中土面；海拔：628 ~ 696 米。

分布地点 上杭县，步云乡，云辉村西坑。

标本 韩威 213；贾渝 12269。

本种植物体大形，淡绿色，具光泽，规则或不规则的羽状分枝；茎叶阔卵形，叶尖锐尖，叶边具细齿，中肋稀，超过中部，末端刺状突起不明显，枝叶卵形或阔卵形，叶边具具齿，中部以上齿较大；叶细胞线形或蠕虫形，角部细胞分化达中肋，宽菱形或矩圆形。

小叶美喙藓 *Eurhynchium filiforme* (Müll. Hal.) Y. F. Wang & R. L. Hu

生境 枯毛竹桩，树干；海拔：654 ~ 1369 米。

分布地点 连城县，曲溪乡，罗胜村岭背畲。

标本 王钧杰 ZY1419。

本种植物体纤细，柔弱，不规则羽状分枝，叶小而疏生；茎叶卵形或卵状披针形，枝叶披针形，中肋强劲，达叶片长度的 3/4 处，背部具刺状突起，叶边中部以上具明显的齿，基部具细齿；叶细胞线形。

疏网美喙藓 *Eurhynchium laxirete* Broth.

生境 林中土面，田边石上；海拔：606 ~ 939 米。

分布地点 连城县，莒溪镇，太平僚村大罐。上杭县，步云乡，桂和村（大吴地到桂和村路）。

标本 于宁宁 Y04291，Y04532。

本种植物体羽状分枝，枝扁平；叶片长椭圆形，先端具小尖头，叶边具齿，叶最宽处在中部，中肋粗壮，达叶尖部，背面先端具刺状突起；叶细胞线形，角部细胞分化明显，长矩形。

4. 长喙藓属 *Rhynchostegium* Bruch & Schimp.

雌雄同株，植物体纤细至粗壮。多生于土上或岩石上。茎匍匐，多少呈不规则分枝。茎叶与枝叶近于同形，常内凹，卵状披针形至阔卵形或椭圆形，先端渐尖、长毛尖、钝或具小尖头；叶缘全缘或具齿；中肋延伸至叶中部或超过叶中部，先端背部无刺状突起。叶中部细胞狭长菱形至线形。角部细胞分化，细胞较短，且阔，呈矩形或方形。

雌苞叶基部呈鞘状，上部狭长，呈毛尖状，弯曲。蒴柄红色，平滑。孢蒴倾立或平横，卵圆形，稍拱曲，或呈规则的长圆筒形，干燥时口部收缩；蒴齿双层，外齿层齿片下部具横条纹，上部具疣，内面有横隔；内齿层基膜高，齿条披针形，具裂缝，齿毛具节瘤。蒴盖圆锥形，具喙。蒴帽平滑。孢子黄绿色，平滑或具细疣。

全世界有 128 种，分布温带及亚、热带地区。中国有 17 种，本地区有 3 种。

分种检索表

1. 叶先端锐尖或具小尖头 …………………………………… 3. 水生长喙藓 *R. riparioides*
1. 叶先端渐尖至长渐尖 ………………………………………………………………… 2
  2. 叶披针形至狭长披针形 ………………………………… 2. 狭叶长喙藓 *R. fauriei*
  2. 叶卵形至宽卵形 ………………………………………… 1. 缩叶长喙藓 *R. contractum*

缩叶长喙藓 *Rhynchostegium contractum* Cardot

生境 田边石上；海拔：939 米。

分布地点 上杭县，古田镇，吴地村三坑口。

标本 于宁宁 Y04290。

本种植物体淡绿色或黄绿色，不规则分枝；叶片阔卵形，上部边缘具细齿，中肋达叶片中部以上；叶细胞线形，角部细胞分化，呈矩圆形或六角形，可达中肋。

狭叶长喙藓 *Rhynchostegium fauriei* Cardot

生境 树干；海拔：654 米。

分布地点 连城县，莒溪镇，陈地村湖堀。

标本 王钧杰 ZY1144。

本种植物体纤细，疏松交织成片生长，淡绿色，茎弯曲，不规则分枝；叶片卵状披针形，叶上部略偏曲，长渐尖，叶边具微齿，中肋达叶片长度的 2/3 以上；叶细胞线形，角部细胞分化，呈方形或矩形。

水生长喙藓* *Rhynchostegium riparioides* (Hedw.) Cardot

生境 潮湿石壁；海拔：1007 ～ 1054 米。

分布地点 上杭县，步云乡，大斜村大坪山。

标本 娜仁高娃 Z2065。

本种植物体暗绿色，茎匍匐，不规则分枝，主茎上叶稀疏着生，枝上叶密集着生；叶片阔卵形或近于圆形，先端圆钝，具小尖头，基部收缩，略反卷，叶边具细齿，中肋达中部以上；叶细胞线形或长菱形，角部细胞长矩形或椭圆形。

（三十一）蔓藓科 Meteoriaceae Kindb.

热带和亚热带藓类植物。植物体粗壮或纤细、柔弱，黄绿色、褐绿色或呈黑色，无光泽或具暗光泽，疏松或密集成束下垂生长。着生树干、树枝、腐木或阴湿石上。主茎匍匐基质，叶多脱落，被疏假根；支茎具长或短不规则分枝或不规则羽状分枝；稀着生少数假鳞毛和腋毛。叶强烈内凹或扁平，使茎和枝呈圆条状或扁平，叶形多变，但基本上为阔椭圆形或卵状披针形，叶基两侧无叶耳或具大叶耳，具深纵褶或波纹，叶尖部突收缩成短或长毛尖；叶边具细或粗齿；中肋多单一，纤细，消失于叶片上部，稀分叉或缺失。叶细胞多卵形、菱形至线形，一般上部细胞胞壁薄，或强烈加厚，下部叶细胞多呈线形或狭长卵形，胞壁趋厚，基部细胞下部常强烈加厚，具明显壁孔，角部细胞多呈不规则方形，外壁平滑具单个粗疣或密疣。

雌苞侧生。雌苞叶一般呈卵状披针形，内雌苞叶具长毛尖。蒴柄细长或短弱，有时表面粗糙。孢蒴长卵形或圆柱形，平滑。环带有时分化。蒴齿 2 层；外齿层齿片 16，披针形，渐尖或呈针形，上部具疣或近于平滑，下部具条纹，中脊之字形；内齿层具低或高基膜，齿条线形或披针形，通常具脊，齿毛缺失或退化。蒴盖圆锥形，具短喙。蒴帽形小，兜形或帽形，多被纤毛，稀蒴帽上部粗糙。孢子球形至卵形，多粗糙或具细疣。

全世界有 21 属，主要分布在赤道南北 30° 纬度内。中国有 19 属，本地区有 15 属。

分属检索表

1. 叶细胞多疣 ………………………………………………………………………… 2
1. 叶细胞单疣 ………………………………………………………………………… 6
  2. 疣排列在细胞壁间 ………………………………………… 15. 扭叶藓属 *Trachypus*
  2. 疣在细胞内排列成一纵列 ………………………………………………………… 3
    3. 植物体圆条形；叶尖部反折，基部具大叶耳 ……………… 14. 反叶藓属 *Toloxis*

3. 植物体 ± 扁平；叶尖部不反折，基部圆钝或略具叶耳……………………………… 4
4. 植物体常常红棕色，紧密排列；孢蒴内隐 ………………13. 多疣藓属 *Sinskea*
4. 植物体常常黄绿色，疏松排列；孢蒴伸出 …………………………………………… 5
5. 植物体前端常尾鞭状；蒴齿通体具齿，不具横条纹…………………………………………………………………………………………………9. 新丝藓属 *Neocladiella*
5. 植物体前端不为尾鞭状；蒴齿具横条纹 ………6. 丝带藓属 *Floribundaria*
6. 叶在枝上明显背仰…………………………………………………………………… 7
6. 叶在枝上不背仰 …………………………………………………………………… 8
7. 植物体粗壮；叶长，前端常扭曲，基部鞘状，边缘有锯齿；蒴齿具横条纹…………………………………12. 拟木毛藓属 *Pseudospiridentopsis*
7. 植物体中等；叶短，前端不扭曲，基部不形成鞘状，边缘无明显锯齿；蒴齿不具横条纹……………………………7. 粗蔓藓属 *Meteoriopsis*
8. 植物体粗大；叶边缘明显锯齿，多少形成分化边缘；蒴柄长，约 2 厘米……………………………………………………5. 绿锯藓属 *Duthiella*
8. 植物体细小到粗大；叶边缘全缘至锯齿，不形成分化边缘；蒴柄短………………………………………………………………………………… 9
9. 植物体明显圆条形 ……………………………………………………………10
9. 植物体扁平 ………………………………………………………………………11
10. 植物体黄绿色；叶呈覆瓦状排列 ……… 8. 蔓藓属 *Meteorium*
10. 植物体红棕色、橘红色；叶不呈覆瓦状排列 ……………………………………………………………4. 垂藓属 *Chrysocladium*
11. 叶具大叶耳 …………………… 10. 耳蔓藓属 *Neonoguchia*
11. 叶无叶耳 ………………………………………………………………12
12. 叶通常具细齿；蒴柄平滑；蒴齿不具横条纹 …………………………………………………………… 3. 悬藓属 *Barbella*
12. 叶通常全缘；蒴柄多粗糙；蒴齿具横条纹…………13
13. 叶先端短渐尖；叶细胞短，卵形至长卵形，厚壁 …………………………… 2. 灰气藓属 *Aerobryopsis*
13. 叶先端长渐尖，常波曲；叶细胞常，多线形、薄壁……………………………………………………………14
14. 蒴柄长而粗糙，蒴帽密被纤毛…………………………………………………1. 毛扭藓属 *Aerobryidium*
14. 蒴柄短而平滑，蒴帽裸露……………………………………………………11. 假悬藓属 *Pseudobarbella*

1. 毛扭藓属 *Aerobryidium* Fleisch. in Broth.

植物体较粗壮或略细长，绿色、黄绿色或褐黄色，略具光泽。主茎匍匐横生；支茎长，悬垂，规则或不规则羽状分枝，具成束假根。叶一般斜展，密生，椭圆形、长卵形或卵状披针形，常具细长扭曲的毛状尖；叶边近于全缘或具细齿；中肋单一，细弱，长达叶片中部以上。叶中部细胞菱形、长菱形至线形，具单疣，一般为薄壁，基部细胞疏松，角部细胞不分化。腋毛多由 6 ～ 8 个细胞组成，透明。

雌雄异株。蒴柄长，一般红棕色，有时具疣。孢蒴卵形或长卵形，通常直立。蒴齿两层；外齿层齿片披针形，常具横纹及密疣；内齿层齿条狭披针形，具细疣，齿毛短或缺失。蒴盖圆锥形，具斜喙。蒴帽兜形，具稀疏的纤毛。孢子球形，具细密疣。

全世界有 4 种，主要分布于亚洲暖热地区。中国有 3 种，本地区有 1 种。

卵叶毛扭藓 ***Aerobryidium aureo-nitens*** (Schwägr.) Broth.

生境 树枝，林中树干，岩面，灌木枝，岩面薄土；海拔：451 ～ 1193 米。

分布地点 连城县，莒溪镇，太平僚村大罐坑；池家山村神坛。上杭县，步云乡，桂和村上村。新罗区，万安镇，西源村。

标本 韩威 294；何强 10272；王钧杰 ZY215，ZY1380，ZY1391，ZY1395；于宁宁 Y04553，Y04456，Y04472，Y04556；张若星 RX092。

本种植物体绿色，黄绿色或黄褐色，支茎多悬垂，不规则羽状分枝；叶片密集生长，卵状披针形，急尖或渐尖，常呈毛尖状，尖部一般短于叶长度的 1/2，多扭曲，叶边近于全缘或具细齿，中肋单一、细弱，达叶片中部以上；叶中部细胞菱形或长菱形，具单疣，角部细胞分化不明显。

2. 灰气藓属 *Aerobryopsis* Fleisch.

植物体大形或中等大小，多灰绿色和黄绿色，有时带黑色，具光泽。喜生于湿热沟谷林内枝上或岩面生长。主茎匍匐伸展；支茎下垂，具不规则疏分枝；分枝短而钝端。茎叶多扁平贴生而斜展，卵形至长椭圆形，略内凹，基部呈心脏形，向上渐尖或突成长而平直、扭曲或卷曲的尖部，上部多具波纹；叶边具细齿；中肋细弱，多消失于叶片的 2/3 处。叶细胞菱形、长菱形至线形，每个细胞具单疣，胞壁等厚，或厚壁而具明显壁孔，上部和基部细胞平滑，角部细胞方形或近于方形。枝叶与茎叶近似，宽展出。腋毛多由 4 个细胞组成，短而透明。

雌雄异株。雌苞着生于枝上。内雌苞叶基部呈鞘状，具短或长尖。蒴柄长于孢蒴，略粗糙。孢蒴直立或近于直立，椭圆状圆柱形，具台部，常两侧不对称。蒴齿两层；外齿层齿片披针形，具疣；内齿层齿条与齿片等长，线形，具穿孔，齿毛缺失，基膜低。蒴盖圆锥形，具斜喙。蒴帽兜形，平滑。雄苞生于枝上；内雄苞叶卵形，强烈内凹。

全世界有 14 种，中国有 9 种，本地区有 3 种。

分种检索表

1. 叶片背仰……………………………………………………………1. 突尖灰气藓 *A. deflexa*
1. 叶片扁平状着生，不呈背仰………………………………………………………………2
   2. 植物体粗大；茎叶阔卵形，上部渐尖或成毛尖……… 3. 大灰气藓 *A. subdivergens*
   2. 植物体略小；茎叶阔卵形或长卵形，多具扭曲毛尖……2. 长柄灰气藓 *A. longissim*

突尖灰气藓* *Aerobryopsis deflexa* Broth.

生境 岩面；海拔：572 ～ 604 米。

分布地点 连城县，莒溪镇，太平僚村。

标本 王钧杰 ZY231。

本种植物区别于该属其他种类的特征在于叶片不扁平着生，而是明显的背仰（Noguchi, 1976）。

长柄灰气藓 *Aerobryopsis longissima* (Dozy & Molk.) M. Fleisch.

生境 树枝，树干，路边树枝；海拔：392 ～ 1188 米。

分布地点 连城县，莒溪镇，太平僚村（大罐坑、石背顶）；铁山罗地村。上杭县，步云乡，云辉村西坑；古田镇，吴地村三坑口新罗区，江山镇，背洋村林畲；福坑村石斑坑。

标本 何强 10204，10245，10246，10273；贾渝 12266，12422；娜仁高娃 Z2032，Z2129；王钧杰 ZY036，ZY249；于宁宁 Y04325，Y4329；张若星 RX072，RX135。

本种植物体中等大小，黄绿色，稀呈黑色，具光泽，不规则疏羽状分枝；茎叶卵状披针形，短渐尖，上部波曲，具少许的纵褶，枝叶卵状椭圆形，上部渐尖成披针形尖或扭曲毛尖，具不规则短波纹，叶边缘具锯齿，中肋单一，细弱，达叶片长度的 1/2 ～ 3/4；叶细胞蠕虫形、长菱形，具单个粗疣，叶基部细胞狭长方形，壁厚而具壁孔。

大灰气藓 *Aerobryopsis subdivergens* (Broth.) Broth.

生境 林中树枝，林中树干，树干悬挂，岩面，腐木，溪边石壁，溪边树干，树生，林中石上，石上，树根，树干，枯木桩；海拔：559～1491米。

分布地点 上杭县，古田镇，吴地村三坑口；桂和村（大凹门、永安亭）。连城县，庙前镇，岩背村马家坪；莒溪镇，铁山罗地村赤家坪；太平僚村（七仙女瀑布、石背顶、大罐）；陈地村湖堀；曲溪乡，罗胜村岭背畲。

标本 韩威175；何强12363，12375；贾渝12278，12343，12374，12462，12472，12477，12597，12683；王钧杰ZY242，ZY271，ZY1153，ZY1244，ZY1266，ZY1435；于宁宁Y04357，Y4362，Y04558；张若星RX063。

本种植物体大形，灰绿色，老时呈黑色，具光泽，不规则羽状分枝，密扁平被叶；叶片扁平伸展，阔卵形，上部渐尖或趋窄而呈毛尖，叶边缘具细齿，近基部处全缘，中肋细弱，达叶片上部；叶细胞长菱形、长椭圆形至狭菱形，每个细胞具单个粗疣，叶边缘处细胞平滑，基部细胞长方形或菱形，胞壁强烈加厚，具明显穿孔，平滑无疣。

3. 悬藓属 *Barbella* Fleisch. ex Broth.

植物体较纤细，柔弱，稀中等大小，黄绿色，具弱光泽。主茎匍匐，线形，稀疏被叶，近于羽状分枝；支茎基部扁平被叶，上部悬垂生长，螺旋状着生叶片，分枝细长，稀不形成下垂细长部分。茎叶干时贴生，湿润时疏展，基部卵状椭圆形、卵形或椭圆形，上部延伸成长披针形尖或毛状尖；叶边具细齿，上部有时波曲；中肋细弱，长达叶片中部。叶细胞线形至长菱形，每个细胞具1个或多个细疣，胞壁薄，叶细胞尖部常略加厚；叶基着生处细胞长方形或方形，胞壁加厚；角部细胞方形或近于方形。枝叶与茎叶近似，通常扁平展出，不相互贴生。腋毛长可达7～8个细胞，短而透明。

雌雄异株。雌苞着生于枝或茎上。蒴柄短，常弯曲，平滑或粗糙。孢蒴直立，椭圆形或椭圆状圆柱形。蒴齿两层；外齿层齿片狭披针形，被疣，栉片高出；内齿层齿条与外齿层齿片等长或稍短，基膜高出。蒴盖具喙。蒴帽帽形，基部瓣裂，或呈兜形，平滑或被纤毛。孢子圆球形，被细疣。

全世界有17种，中国有6种，本地区有2种。

分种检索表

1. 植物体密羽状分枝；分枝短，不延伸成长枝 ………………1. 悬藓 *B. compressiramea*
1. 植物体疏分枝或疏羽状分枝；分枝能延伸成长枝 ………… 2. 纤细悬藓 *B. convolvens*

悬藓 ***Barbella compressiramea*** (Renauld & Cardot) M. Fleisch.

生境 林中树枝，林中树干；海拔：933 ～ 1590 米。

分布地点 上杭县，步云乡桂和村（大凹门、永安亭）。连城县，庙前镇，岩背村马家坪。

标本 韩威 152；何强 11436，11461；贾渝 12317，12364，12501。

本种植物体常呈羽状分枝，叶边缘具细齿，叶细胞具单疣。

纤细悬藓* ***Barbella convolvens*** (Mitt.) Broth.

生境 枯枝，树枝，林中溪边树干；海拔：786 ～ 1542 米。

分布地点 连城县，莒溪镇，太平僚村；陈地村盂堀；铁山罗地村菩萨湾。上杭县，步云乡，桂和村大凹门。

标本 何强 11253；贾渝 12331，12666；王钧杰 ZY245。

本种植物体柔软，暗绿色或灰绿色，主茎纤长，密集分枝，枝条先端倾垂，分枝近于等长；茎叶卵状椭圆形，渐尖，形成长而扭曲的尖部，叶边近于全缘，中肋达叶片中部，枝叶椭圆形，内凹，长渐尖，叶边全缘或具细齿，中部波曲；叶细胞线形，具单疣或疣不明显，角部细胞几乎不分化。

Buck（1994）将该种转移至假扭叶藓属 *Pseudotrachypus*，在本书中暂时将本种保留在悬藓属中。

4. 垂藓属 *Chrysocladium* Fleisch.

植物体通常为黄绿色、橙黄色至黑褐色，暗光泽。主茎横生；支茎长达 10 厘米以上，稀疏不规则羽状分枝，枝、茎多悬垂；短枝通常 0.5 ～ 2 厘米，干时弯曲，略硬挺，枝端圆钝或渐细。腋毛透明，长 3 ～ 4 个细胞。茎叶阔卵形至卵状心形，长 2 ～ 3 毫米，宽约 1.5 毫米，常背仰，具披针形尖，有时呈毛状，基部呈耳状，通常抱茎；叶边均具细齿，有时上部齿稍尖锐；中肋单一，细长，达叶片中部以上。枝叶稍短。叶中部细胞长菱形或线形，长 25 ～ 35 微米，宽 4 ～ 4.5 微米，中央具单个乳头状细疣，壁厚，基部有时具壁孔。

雌雄异株。雌苞叶较大，披针形，平滑。蒴柄长 3 ～ 7 毫米，表面粗糙，具乳头状密疣。孢蒴长卵形，长 1.8 ～ 2.2 毫米，直径 1 ～ 1.2 毫米，直立，稍高出于雌苞叶。蒴齿 2 层；外齿层齿片狭披针形，具横脊及密疣；内齿层齿条狭长，具略粗的疣，齿毛退失。蒴盖圆锥形，具斜长喙。蒴帽兜形，常具疏或密纤毛。孢子球形，直径 15 ～ 20 微米，表面具密疣。

全世界仅有 1 种。

垂藓 *Chrysocladium retrorsum* (Mitt.) M. Fleisch.

生境 岩面，树干，树枝，小溪边枯木干上，岩壁，路边倒木；海拔：654 ～ 1392 米。

分布地点 连城县，莒溪镇，太平僚村（石背顶、太平僚村风水林、七仙女瀑布）；罗地村（赤家坪 – 青石坑、菩萨湾）。上杭县，古田镇，溪背村，古田会址附近；步云乡，云辉村西坑；大斜村大坪山；桂和村（油婆记、大吴地至桂和旧路）。

标本 韩威 127；何强 10238，11318；贾渝 12282；王庆华 1772，1835，1836；于宁宁 Y04248，Y04249，Y04455；张若星 RX017，RX144。

该种植物体常为黄褐色，单中肋，边缘具细齿，叶细胞单疣而较易识别。分布于中国亚热带山地林中，也是亚热带地区常见的物种。

5. 绿锯藓属 *Duthiella* Müll. Hal. ex Broth.

植物体疏松贴生，多柔软，绿色、黄绿色或暗绿色，一般无光泽，呈扁平片状生长。在林地、树干和具土的岩面上生长。主茎匍匐，密被棕色假根；不规则羽状分枝，稀呈树形分枝，多扁平被叶；具不明显分化的中轴或中轴缺失。茎叶与枝叶近似，仅大小略有差异，基部呈卵形或阔卵形，渐上呈短披针形尖，干燥时尖部卷曲，湿润时倾立，基部略下延，有时具小圆耳；叶边下部具细齿，上部多具粗齿；中肋单一，细弱，消失于叶近尖部。叶细胞菱形、六角形或狭长菱形，叶基角部细胞圆六角形，胞壁薄，具单疣或 3 至多个细圆疣。枝叶通常较茎叶短。

雌雄异株。雌苞侧生于支茎或枝上。内雌苞叶由鞘状基部向上呈狭长叶尖。孢蒴不规则长卵形，略呈弓形，具短台部。蒴齿 2 层；外齿层黄色，齿片 16 枚，披针形，中脊之字形，具密横脊；内齿层淡黄色，齿条 16，狭披针形，折叠形，具密疣及穿孔，齿毛 3 条，具结节，基膜高出。蒴盖圆锥形，喙多斜出。蒴帽小，兜形，平滑。孢子球形，浅黄色，具细疣，直径可达 12 微米。

全世界有 7 种，多分布于亚洲南部和东部地区。中国有 5 种，本地区有 1 种。

软枝绿锯藓* *Duthiella flaccida* (Cardot) Broth.

生境 岩面薄土；海拔：451 米。

分布地点 新罗区，万安镇，西源村。

标本 王钧杰 ZY1397。

本种植物体柔软，黄绿色或暗绿色，无光泽，交织成片，不规则羽状分枝；叶片在茎上扁平排列，卵状披针形，叶边具细齿，中肋达叶片长度的 4/5；叶细胞长六边形，具 2 ～ 6 个疣，叶边一列细胞不具疣。

6. 丝带藓属 *Floribundaria* Fleisch.

植物体细长，黄棕色至黄褐色，无光泽，散生垂倾生长。习生树枝或树干上，稀阴湿岩面生长。主茎匍匐于基质；支茎长而下垂，稀疏分枝或不规则羽状分枝。腋毛由 1 ～ 2 个褐色短细胞和 1 个透明顶部细胞组成。叶扁平着生茎上，卵状披针形或披针形，常具细长毛尖，基部呈心脏形、卵形或卵状椭圆形；叶边具细齿，近尖部常有粗齿；中肋单一，消失于叶片中部。叶细胞多不透明，菱形至线形，薄壁，具多个细疣，稀单疣；叶基角部细胞略分化。枝叶略小于茎叶。

雌雄异株。蒴柄短而平滑，常弯曲。孢蒴椭圆形。环带为 1 ～ 2 列大形厚壁细胞。蒴齿两层；外齿层齿片狭披针形，下部具密条纹，上部密被疣；内齿层齿条与外齿层齿片等长，具疣，脊部穿孔，具高基膜，齿毛缺失。蒴盖圆锥形，具长或短而弯曲的喙。蒴帽兜形或帽形，基部开裂，被毛。

全世界有 15 种，分布于热带或亚热带南部地区。中国有 5 种，本地区有 2 种。

分种检索表

1. 茎叶具短尖 ··· 1. 中型丝带藓 *F. intermedia*
1. 茎叶具长披针形尖 ······································ 2. 假丝带藓 *F. pseudofloribunda*

中型丝带藓* *Floribundaria intermedia* Thér.

生境 树枝；海拔：516 ～ 555 米。

分布地点 新罗区江山镇，福坑村石斑坑。

标本 娜仁高娃 Z2034。

本种植物体纤长，支茎扁平被叶，密集的 2 回羽状分枝；叶片基部卵状三角形，具少数不规则纵褶，向上呈短披针形，叶先端多扭曲，叶边缘具细齿，中肋单一，纤细，达叶片长度的 2/3 处；叶细胞线形，长宽比例达 8:1，细胞中央具单疣，角部细胞为方形或长方形。

假丝带藓* *Floribundaria pseudofloribunda* M. Fleisch.

生境 树干，林中树枝，树基；海拔：867 ～ 1407 米。

分布地点 上杭县，步云乡，桂和村贵竹坪。连城县，莒溪镇，铁山罗地村。

标本 贾渝 12655；王钧杰 ZY1263，ZY1270。

本种植物体中等大小，黄橙色或灰绿色，茎横切面中轴分化，支茎纤长，不规则羽状分枝；叶片卵状披针形，长渐尖，有时尖部扭曲，叶边具细齿，中肋单一，细，达叶片上部；叶细胞线形，具 1 ～ 2 个疣。

7. 粗蔓藓属 *Meteoriopsis* Fleisch. ex Broth.

植物体形粗壮，黄绿色、黄棕色或褐色，略具光泽或无光泽。主茎横生，支茎不规则羽状或不规则分枝；分枝疏松或密集，先端钝或渐尖。叶三角状披针形或卵圆状披针形，上部常背仰，具短尖或长尖，基部抱茎；叶边有时波曲，具齿；中肋细弱，达叶片中部或近叶尖。叶细胞长菱形或线形，多具单疣，稀 2 ～ 3 个疣，基部细胞逐渐变短，有时具壁孔。

雌雄异株。蒴柄短，平滑。孢蒴卵形或长卵形。环带分化，常存。蒴齿两层。蒴盖具直喙或斜喙。蒴帽兜形，平滑或具纤毛，基部瓣裂。孢子具细密疣。

全世界有 3 种，分布亚洲热带和亚热带地区及大洋洲。中国有 3 种，本地区有 1 种。

反叶粗蔓藓 *Meteoriopsis reclinata* (Müll. Hal.) M. Fleisch. in Broth.

生境 树干，岩面，石生；海拔：572～722 米。

分布地点 连城县，莒溪镇，太平僚村七仙女瀑布。

标本 王钧杰 ZY235；王庆华 1816；于宁宁 Y04433。

本种植物体粗壮，黄绿色、黄棕色或褐色，主茎横生，不规则羽状分枝或不规则分枝，枝条通常较短；叶片卵状披针形，明显背仰，具狭长尖，基部抱茎，叶边上部具细齿或粗齿，中肋单一，细弱，达叶片中部以上；叶细胞长菱形或线形，具单疣，稀具 2 个疣。

8. 蔓藓属 *Meteorium* Dozy et Molk.

植物体略粗，暗绿色，老时褐绿色，有时带黑色，无光泽，成束生长。主茎匍匐；支茎下垂，扭曲，密或稀疏不规则分枝至不规则羽状分枝；横切面具多层黄褐色厚壁细胞的皮部和大形薄壁细胞组成的髓部，中轴由多个小形细胞组成。茎叶干时覆瓦状排列，阔卵状椭圆形至卵状三角形，上部多宽阔，呈兜状内凹，突窄成短或长毛尖，或渐尖，近基部趋宽，呈波曲叶耳，多具长短不一的纵褶；叶边内曲，全缘；中肋单一，达叶长度的1/2～2/3，稀下部分叉。叶细胞卵形、菱形、长菱形至线形，由上至下渐趋长，胞壁等厚或加厚而具壁孔，每个细胞背腹面各具一圆粗疣，叶耳部分细胞椭圆形至线形，基部着生处细胞趋长方形，胞壁强烈加厚，具明显壁孔，一般平滑无疣。腋毛长约5个细胞，基部1～2个细胞短，棕色，其余细胞短而透明。

雌雄异株。雌苞着生枝上；雌苞叶约10片；内雌苞叶卵状披针形，具毛状尖；配丝多数。蒴柄长约5毫米，粗糙。孢蒴直立，卵形至卵状椭圆形。外齿层齿片披针形，形态多异，不透明，密被细疣，栉片高；内齿层具密疣，基膜低；齿条线形，与外齿层齿片等长，不规则扭曲，脊部具穿孔。蒴盖圆锥形，具斜喙。蒴帽兜形，被长纤毛。孢子球形，具疣。雄苞着生于茎或枝上；雄苞叶卵形，内凹；中肋不明显。

全世界有37种，中国有7种，本地区有2种。

分种检索表

1. 叶渐尖或锐尖，具短宽尖；叶边细胞较短……………………… 2. 蔓藓 *M. polytrichum*
1. 叶通常渐尖，具长毛尖；叶边细胞甚短 ……………… 1. 东亚蔓藓 *M. atrovariegatum*

东亚蔓藓 *Meteorium atrovariegatum* Card. & Thér.

生境 岩壁，树干；海拔：880～1231米。

分布地点 连城县，莒溪镇，太平僚村风水林；铁山罗地村（赤家坪－青石坑）。

标本 何强10228，10237，11322。

本种植物主要特征：①植物体中等粗细；②叶卵形或卵状披针形，前端渐尖，具明显纵褶；③叶中部细胞长菱形，其长宽比为4～6∶1。

蔓藓 *Meteorium polytrichum* Dozy & Molk.

生境 岩壁，林中树干，路边石上，岩面，树干；海拔：880～1494米。

分布地点 连城县，莒溪镇，太平僚村（风水林、七仙女瀑布）。上杭县，步云乡，大斜村大坪山；桂和村（贵竹坪、狗子脑）。

标本 何强10236，11418；贾渝12431，12466；王钧杰ZY1229，ZY1333；于宁宁Y4439。

本种为热带、亚热带地区森林中常见的种类，主要生长于树干，有时也生于岩石上。植物体为悬垂状生长，植物体基部通常变为黑色，叶片呈矩圆形，具一长的毛尖。

9. 新丝藓属 *Neodicladiella* (Nog.) Buck

植物体纤长，黄绿色或淡黄褐色，略具光泽。主茎匍匐生长；支茎纤细，倾垂，稀具短分枝。茎叶狭卵状披针形，具长尖；叶边上部具细齿，基部平直。叶细胞线形，具2～3个细疣，胞壁薄，叶基角部细胞方形或不规则方形。枝叶小于茎叶，具细长毛尖。腋毛透明，由4个短细胞组成。

雌雄异株。蒴柄短，长为1.5～3毫米，略粗糙。孢蒴具2列小形、厚壁细胞组成的环带。蒴齿两层；外齿层齿片具穿孔，基部具条纹或细疣。蒴盖具短喙。蒴帽僧帽形，平滑。

新丝藓属系由悬藓属 *Barbella* 中的多疣悬藓 *Barbella pendula* (Sull.) Fleisch. 提升为属的等级。

全世界有3种（Naren 和 Jia, 2020），中国有2种，本地区有2种。

分种检索表

1. 叶片狭常披针形，毛状尖并扭曲；叶细胞具多疣 ………………… 2. 新丝藓 *N. pendula*
1. 叶片卵状披针形，短渐尖；叶细胞具1～2个疣 ……… 1. 鞭枝新丝藓 *N. flagellifera*

鞭枝新丝藓* *Neodicladiella flagellifera* (Cardot) Huttunen & D. Quandt.

生境 路边草上，树枝上，树干，树干基部，腐木；海拔：649～1334米。

分布地点 上杭县，古田镇，吴地村三坑口；步云乡，云辉村西坑；桂和村（笙竹坪－共和）。连城县，莒溪镇，太平僚村大罐。

标本 贾渝 12295；王钧杰 ZY293；王庆华 1680，1765；于宁宁 Y4308，4356；张若星 RX037。

植物体纤细，暗绿色或黄绿色，无光泽；叶片椭圆形或卵状披针形，短渐尖，叶片基部边缘常背卷，中肋达叶片中部，叶边缘具稀疏的不规则齿；叶细胞线形，具单疣，稀具2个疣。

新丝藓* *Neodicladiella pendula* (Sull.) W. R. Buck

生境 竹林旁小树干；海拔：939米。

分布地点 上杭县，古田镇，吴地村（大吴地至桂和旧路）。

标本 王庆华 1704。

本种植物体纤细而长，黄绿色或淡黄褐色，不规则分枝，分枝末端常呈尾尖状；叶片狭长披针形，长渐尖并常形成扭曲的毛尖状，叶上部具细齿；叶细胞线形，具 2 ～ 3 个疣，角部细胞明显分化，方形。

10. 耳蔓藓属 *Neonoguchia* S.-H. Lin

植物体粗壮，绿色、黄绿色至暗褐色，略具光泽。主茎横生；支茎常悬垂，长 10 ～ 20 厘米；不规则羽状分枝；分枝长 1 ～ 2 厘米，连叶宽 2 ～ 4 毫米，被叶呈扁平形，枝先端钝头。茎叶卵状披针形或椭圆状披针形，渐上成长尖，长 3 ～ 4 毫米，宽 1 ～ 1.5 毫米，内凹，常波曲，稍具纵褶，基部两侧呈明显圆形耳状，于茎上呈 90° 着生；中肋单一，长达叶片上部；叶边具齿或近于全缘。枝叶与茎叶近似，略小。叶中部细胞线形，长 40 ～ 70 微米，宽 4 ～ 8 微米，具单疣，壁稍厚，略具壁孔；基部与角部细胞略宽，近于菱形或矩形，不规则，厚壁，具壁孔。腋毛约为 3 个透明或具褐色基部的细胞，以及 3 ～ 4 个长而透明的尖部细胞。雌雄异株。雌苞叶狭披针形，尖部扭曲，长 1.5 ～ 2.0 毫米。孢子体未见。

本属的外形与灰气藓属 *Aerobryopsis* 近似，但本属植物具圆形叶耳而明显区别于后者。在蔓藓科中，具叶耳的仅见于松萝藓属，但松萝藓属植物体纤细，叶覆瓦状排列，叶细胞明显具多疣。

全世界仅有 1 种，中国特有。

耳蔓藓* *Neonoguchia auriculata* (Copp. ex Thér.) S. H. Lin

生境 树枝，灌木枝，枯枝；海拔：758 ～ 1209 米。

分布地点 连城县，莒溪镇，陈地村盘坑；罗地村至青石坑。上杭县，古田镇，吴地村（大吴地到桂和）。

标本 何强 11277，11302，11303，11305；王钧杰 ZY061，ZY1201。

本种植物体粗壮，绿色，主茎横生，支茎悬垂，不规则羽状分枝；叶片卵状披针形或椭圆状披针形，具长渐尖，内凹，常波曲，叶基部两侧形成明显的耳状，中肋单一，叶边具细齿或近于全缘；叶细胞线形，具单疣。

11. 假悬藓属 *Pseudobarbella* Nog.

植物体小形至中等大小，黄绿色、黄褐色，略具光泽。支茎基部匍匐于基质，尖部下垂，疏分枝或密分枝；分枝短，密扁平被叶，尖端钝。茎叶干时或湿润时均扁平展出，卵形至椭圆形，基部呈心脏形，着生处狭窄，上部渐窄成披针形尖或毛状尖；叶边具锯齿或细齿，基部一侧常内折；中肋纤细，长达叶中部或上部。叶细胞线形，每一细胞具单个疣或多个成列的疣，胞壁薄，角部细胞方形或长方形。枝叶与茎叶近似，常具宽短尖。

雌雄异株。雌苞着生支茎或枝上。内雌苞叶具椭圆形鞘部。蒴柄细长，上部粗糙。孢蒴直立或倾立，椭圆状圆柱形，壶部分化或不分化。环带分化。蒴齿两层；外齿层齿片披针形，上部密被疣，下部具条纹；内齿层齿条与外齿层齿片等长或短于齿片，基膜高。蒴盖圆锥形，具长斜喙。孢子球形，具疣。

全世界有 8 种，分布热带和亚热带南部山地。中国有 4 种，本地区有 2 种。

分种检索表

1. 茎叶基部狭椭圆形或卵形，具锐尖或毛尖……………………1. 短尖假悬藓 *P. attenuata*
1. 茎叶基部卵形或卵状心脏形，渐上成披针形尖………………………2. 假悬藓 *P. levieri*

短尖假悬藓* ***Pseudobarbella attenuata*** (Thwaites & Mitt.) Nog.

生境　枯枝，树生；海拔：703 ～ 1530 米。

分布地点　连城县，莒溪镇，陈地村湖堀。上杭县，步云乡，桂和村油婆记。

标本　韩威 143；王钧杰 ZY1133。

本种植物体中等大小，黄绿色，成熟时棕褐色，具光泽，密集分枝；叶片扁平伸展，狭椭圆形或卵形，叶先端呈狭锐尖或毛尖，叶边中上部常呈波状，具细齿，中肋细弱，达叶片上部；叶细胞线形，中央具单疣，角部细胞方形或长方形。

假悬藓 ***Pseudobarbella levieri*** (Renauld & Cardot) Nog.

生境　树枝，树干；海拔：638 ～ 1424 米。

分布地点　连城县，莒溪镇，太平僚村大罐坑。上杭县，步云乡，桂和村贵竹坪。

标本　何强 10285；王钧杰 ZY1283。

本种植物体较大，黄绿色，成熟时呈黄褐色，具光泽，密集的不规则羽状分枝；叶片基部呈卵状心形，向上呈狭披针形，具少数不规则的纵褶，叶上部具粗齿，中肋单一，达叶片中部；叶细胞长形，中央具单疣。

12. 拟木毛藓属 *Pseudospiridentopsis* (Broth.) Fleisch.

植物体粗壮或甚粗壮藓类，黄绿色或褐绿色，有时呈黑褐色，具强的绢泽光泽，常呈疏松大片生长。茎具不明显分化中轴或中轴缺失，匍匐伸展，尖部多倾立，长可达 10 厘米以上，具不规则稀疏羽状分枝，分枝长 1 ～ 2 厘米，钝端。叶密生，长可达 8 毫米以上，基部阔卵形，有明显叶耳，紧密抱茎，上部背仰，突成披针形叶尖；叶边波曲，具不规则疏粗齿；中肋单一，细长，消失于叶尖下。叶细胞卵形至长菱形，胞壁强烈加厚，具明显壁孔，每个叶细胞多具单疣，基部细胞呈线形，平滑。

雌雄异株。内雌苞叶小于茎叶。蒴柄细长，平滑。孢蒴直立，卵圆形。蒴齿两层。外齿层齿片为狭长披针形，基部常连合，外面具“之”字形横脊，上部具密疣；内齿层与外齿层齿片等高，黄绿色，基膜高，齿条上部具穿孔，齿毛 2 ～ 3，线形。蒴盖具斜喙。

全世界仅有 1 种，中国有分布。

拟木毛藓 ***Pseudospiridentopsis horrida*** (Cardot) M. Fleisch.

生境 土面；海拔：1214 米。

分布地点 连城县，莒溪镇，罗地村至青石坑。

标本 王钧杰 ZY1209。

本种植物体粗壮大形，常呈黑褐色，叶片强烈背仰，基部具明显的叶耳，中肋单一，达叶片长度的 3/4 以上；叶细胞常菱形，细胞壁厚，具壁孔，具单疣。

13. 多疣藓属 *Sinskea* Buck

植物体黄绿色、棕黄色或黑褐色，无光泽。主茎横生；支茎短或长为 5 ～ 10 厘米，悬垂、倾立或匍匐，不规则分枝；枝、茎干时常弯曲，通常硬挺，枝端渐细或钝端。茎叶长卵状至心状披针形，有时略背仰，渐呈狭长细尖，干燥与湿润时均斜展，密或稀疏生长，叶基于茎上平截着生，不呈“U”字形；叶边具细齿或锐齿；中肋单一，细弱，长达叶片中部。叶中部细胞狭长菱形至线形，具 2 ～ 3 个细疣，稀多个疣，壁一般厚；角部细胞短，近方形或不规则形，厚壁，常具壁孔，着生处多具色泽。腋毛由约 5 个透明、狭长细胞组成。

雌雄异株。蒴柄短，长 1 ～ 1.5 毫米，有时略粗糙。孢蒴卵形，直立，隐没于雌苞叶内。环带由 2 ～ 3 列小形、厚壁细胞构成，易散落。蒴齿两层，均具横隔，外齿层齿片厚，具细密疣。蒴盖圆锥形，具斜喙。蒴帽兜形，平滑。孢子近于球形，表面具细密疣。

本属与垂藓属区别：本属叶细胞线形，通常具多疣，角部细胞分化明显；具由 5 个长细胞组成的腋毛；蒴柄较短；孢蒴具环带；蒴帽平滑。

全世界有 2 种，中国均有分布，本地区有 1 种。

小多疣藓* *Sinskea flammea* (Mitt.) W. R. Buck

生境 路边树干；海拔：392 米。

分布地点 新罗区，江山镇，背洋村林畲。

标本 贯渝 12534。

本种植物体纤细，小形，棕黄色或黄褐色，无光泽，不规则分枝，茎和枝干时常弯曲；叶片长卵状披针形，长渐尖，常呈毛状，叶基部呈心形，叶边缘上部具齿，中肋单一，细，达叶片中部；叶细胞线形，具 2 ～ 3 个细疣，近基部处细胞具壁孔。

14. 反叶藓属 *Toloxis* Buck

植物体黄绿色，无光泽，老时呈黑褐色。主茎匍匐于基质；支茎纤长，下垂，具近于呈羽状的短分枝。叶密生，与茎近于呈 45° 角；茎叶卵状披针形，基部宽阔，两侧叶耳明显，强波曲，上部渐尖，常卷扭。叶细胞椭圆状菱形或狭菱形，具成列细疣，耳部细胞菱形或长方形。枝叶与茎叶近于同形，较小而狭。腋毛具单个短而褐色的基部细胞和约 12 个短而透明细胞。

雌雄异株。蒴柄短而粗糙。蒴齿 2 层；外齿层齿片多平滑；内齿层齿条线形，具穿孔，齿毛缺失，基膜高出。蒴帽兜形，平滑。

全世界有 3 种，中国有 1 种。

扭叶反叶藓 *Toloxis semitorta* (Müll. Hal.) W. R. Buck

生境 石上；海拔：796 ～ 861 米。

分布地点 连城县，莒溪镇，太平僚村风水林。

标本 王庆华 1829。

本种植物体细长，黄绿色，成熟时带黑色，羽状分枝，无光泽；叶片卵状披针形，具长纵褶，渐尖，叶尖扭曲，叶基部具明显的叶耳，叶上部具细齿，基部具不规则的粗齿，中肋单一，达叶片中部，叶细胞长菱形，具单列的多疣。

15. 扭叶藓属 *Trachypus* Reinw. et Hornsch.

植物体树干、树枝附生或岩面呈小片状生长。植物体多纤细或中等大小，多呈黄绿色或褐绿色，稀呈黑色或鹅黄色，无光泽。主茎匍匐；支茎倾立或垂倾，多具密而不规则羽状分枝或不规则分枝，有时具纤细鞭状枝。叶疏松贴生或倾立，卵状披针形或披针形，尖部常扭曲，具弱纵褶；叶边多具细齿；中肋单一，细弱，多消失于叶片中部或上部。叶细胞菱形或线形，胞壁密被细疣，仅叶基中央细胞平滑。

雌雄异株。孢蒴着生具长刺疣的细长蒴柄，球形或卵形，直立，长可达 3 毫米。蒴齿 2 层；外齿层齿片 16，灰绿色或略呈黄色，狭披针形，具细疣；内齿层齿条短于外齿层的齿片，齿条基膜低，多退化，无中缝，齿毛未发育。蒴盖圆锥形，具细长喙。蒴帽多被黄色纤毛。孢子呈球形，浅黄色，被细疣。

全世界有 5 种，多分布热带和亚热带南部地区。中国有 3 种，本地区有 3 种。

分种检索表

1. 叶片极为狭长，具长渐尖；叶细胞线形 ……………………3. 长叶扭叶藓 *T. longifolius*
1. 叶片较短，渐尖；叶细胞长菱形 ………………………………………………………………… 2
   2. 植物体略细至粗壮；茎叶与枝叶不明显分化，卵状披针形…… 1. 扭叶藓 *T. bicolor*
   2. 植物体纤细至甚纤细；茎叶与枝叶明显分化，多狭披针形 …………………………… ……………………………………………………………………………… 2. 小扭叶藓 *T. humilis*

扭叶藓 *Trachypus bicolor* Reinw. & Hornsch.

生境 溪边石上，树干，岩面，岩面砂土，枯木桩；海拔：1230 ～ 1467 米。

分布地点 上杭县，步云乡，桂和村（笙竹坪－共和；油婆记）。连城县，曲溪乡，罗胜村岭背畲。

标本 韩威 115，131；何强 11425；王钧杰 ZY1254，ZY1436；于宁宁 Y4380。

本种植物体大形，绿色、褐绿色或黑色，无光泽，叶片干燥时疏松贴生，叶片下部卵形或阔卵形，上部披针形，短或长的渐尖，叶边全缘或具细齿，中肋达叶片中部以上，叶细胞长菱形，具成排的疣。

小扭叶藓原变种 *Trachypus humilis* Lindb. var. humilis

生境 路边树干，路边枯树干基部，石上，林中树干；海拔：559 ～ 1335 米。

分布地点 连城县，庙前镇，岩背村马家坪；莒溪镇，太平僚村（七仙女瀑布、风水林、村大罐）；铁山罗地村菩萨湾；陈地村湖堀。上杭县，步云乡，桂和村（大吴地至桂和旧路、贵竹坪）。

标本　贾渝 12379，12667；王钧杰 ZY1109，ZY1123，ZY1239；王庆华 1729，1806，1825；于宁宁 Y4317，Y4326，Y04557。

本种植物体纤细，常密集的羽状分枝，枝条常呈钩状，常具易脆折的鞭状枝；叶片卵状披针形。

小扭叶藓细叶变种* *Trachypus humilis* var. *tenerrimus* (Herzog) Zanten

生境　岩面，树根；海拔：618 米。
分布地点　新罗区，江山镇，福坑村。
标本　王钧杰 ZY1360，ZY1362。

本变种植物体极纤细，枝条末端不呈钩状而与原变种区别；茎叶长 0.7 ～ 1 毫米。

长叶扭叶藓* *Trachypus longifolius* Nog.

生境　树干；海拔：1417 米。
分布地点　上杭县，步云乡，桂和村贵竹坪。
标本　何强 11419。

本种为中国特有种。最突出的特征是叶片狭长，具一长渐尖以及叶细胞狭长而区别于该属其他种。

（三十二）灰藓科 Hypnaceae Schimp.

植物体纤细或粗壮，多密集交织成片。茎横切面圆形或椭圆形，中轴分化或不明显分化，皮部细胞大形，包被多层厚壁细胞。茎多匍匐生长，稀直立，具规则羽状分枝或不规则分枝；鳞毛多缺失。茎叶和枝叶多为同形，稀异形，横生，长卵圆形、卵圆形或卵状披针形，具长尖，稀短尖，呈镰刀状弯曲，稀平展或具褶；双中肋短或不明显。叶细胞长轴形，少数长六边形，平滑，稀具疣，角细胞多数分化，由一群方形或长方形细胞组成。

雌雄异株或雌雄异苞同株，生殖苞侧生，苞叶分化。蒴柄长，多平滑。孢蒴直立或平列，卵圆形或圆柱形。环带分化。蒴齿 2 层：外齿层齿片披针形，有细长尖，外面多数有横脊，内面有横隔；内齿层基膜高出；齿条宽，齿毛分化，有节瘤。蒴盖圆锥形，有短喙。蒴帽兜形，多数平滑。孢子多细小，黄色或棕黄色，平滑或有密疣。

全世界有 52 属，中国有 21 属，本地区有 8 属。

分属检索表

1. 叶细胞菱形或线形，角细胞明显分化，由多数小形细胞组成 ·· 2. 厚角藓属 *Gammiella*
1. 叶细胞线形或长菱形，角细胞不明显分化，或仅有少数大形细胞 ························ 2
  2. 茎、枝呈圆条形，有时叶片外观似 2 行排列，但带叶枝条不呈扁平形 ············ 3
  2. 茎、枝常呈扁平形 ··· 4
    3. 孢蒴倾立；蒴齿两层；叶片不具深纵褶，叶尖端具细齿；叶细胞壁不强烈加厚 ·· 4. 灰藓属 *Hypnum*
    3. 孢蒴直立；蒴齿单层；叶片具明显深纵褶，叶边全缘；叶细胞壁强烈加厚 ·· 6. 拟硬叶藓属 *Stereodontopsis*
    4. 叶细胞线形 ··· 5
    4. 叶细胞较短，不呈线形 ·· 6
      5. 角细胞明显分化 ·· 1. 偏蒴藓属 *Ectropothecium*
      5. 角细胞不分化 ·· 6
        6. 假鳞毛片状；芽胞缺失 ································ 7. 鳞叶藓属 *Taxiphyllum*
        6. 无假鳞毛；芽胞存在 ······················ 5. 拟鳞叶藓属 *Pseudotaxiphyllum*
          7. 植物体无假鳞毛；叶细胞长六边形，角细胞不分化 ······················ ·· 8. 明叶藓属 *Vesicularia*
          7. 植物体常有假鳞毛；叶细胞长菱形，角细胞略有分化 ···················· ·· 3. 粗枝藓属 *Gollania*

1. 偏蒴藓属 *Ectropothecium* Mitt.

植物体纤细或粗壮，黄绿色或棕绿色，具光泽。多树生、石生或林地生长。茎匍匐，稀悬垂，仅在密集时倾立或直立；具成束假根；单一或规则羽状分枝，枝倾立，多呈扁平形，通常短而单一；无鳞毛或稀具披针形或细长形鳞毛。叶略呈一向偏斜或呈镰刀形，常有背叶，侧叶或腹面叶的分化。茎叶卵形或倒卵状披针形，两侧多不对称，叶基不下延；双中肋，短弱或中肋缺失。叶细胞狭长线形，有时具明显前角突，叶基细胞短而宽，角细胞少数，小形，正方形或长方形。

雌雄异苞同株或雌雄异株，稀雌雄杂株。内雌苞叶阔披针形，渐尖或突成细长尖。蒴柄细长。孢蒴平直或下垂，卵形、壶形或长圆柱形，干时蒴口常缢缩，有时外壁有粗糙乳头状突起。蒴齿两层；外齿层齿片狭长披针形，外面具横脊和条纹，边缘多不分化，内面具横隔；内齿层基膜高出，齿条折叠或呈狭条形，齿毛 2～4。环带分化。蒴盖大，平凸或圆锥形，有短尖或短喙。蒴帽平滑，被单细胞纤毛。孢子细小，通常平滑。

本属是一个较为复杂的类群，它与灰藓属、鳞叶藓属以及同叶藓属的某些种类经常相混淆。He（2019）在深入研究该属的形态基础上总结出该属的如下鉴别特征：①植物体匍匐生长，羽状分枝或不规则分枝；②假鳞毛丝状或叶状；③叶片狭卵状披针形，强烈弯曲或少弯曲或不弯曲；④叶细胞线形，壁孔明显或不明显，或无壁孔；⑤角部具 1 ～ 2 个膨大的细胞，其上具 2 ～ 5 个方形或长方形附属细胞；⑥孢蒴小，卵形，倾斜或悬垂；⑦孢蒴外壁细胞角隅加厚。

全世界约有 205 种，分布热带和亚热带地区。中国有 17 种，本地区有 1 种。

平叶偏蒴藓 *Ectropothecium zollingeri* (Müll. Hal.) A. Jaeger

生境 竹林边石上，林中石上；海拔：900 ～ 939 米。

分布地点 上杭县，古田镇，吴地村三坑口。连城县，莒溪镇，池家山村鱼塘。

标本 贯渝 12595；王庆华 1717。

本种植物体黄绿色或暗绿色，茎横切面中轴分化；假鳞毛叶状，叶片卵状披针形，两侧不对称，急尖，叶边平展，上部具细齿，中肋明显且呈叉状，叶细胞具前角突或平滑，角细胞 2 ～ 8 个方形无色透明。

2. 厚角藓属 *Gammiella* Broth.

植物体粗壮，柔软，黄绿色，具光泽，呈疏松片状生长。多生于树干上。茎匍匐，有少数不规则匍匐的长枝及稍呈规则羽状的短枝。枝圆条形，末端钝，往往向下弯曲。叶干燥时呈覆瓦状紧贴，湿润时近于直立，长卵形，内凹，基部稍下延，上部急狭呈长毛尖；叶边平展，仅尖部稍内曲，全缘或尖部有微齿；双中肋，甚短或中肋缺失。叶细胞狭长形，平滑；基部细胞较宽短，棕黄色；角细胞多列，黄色，方形，厚壁，稍透明，形成大形稍内凹而有明显分化的角部。雌雄异苞同株。内雌苞叶直立，卵状披针形，上部渐狭成长毛状，近于全缘；无中肋。蒴柄细，红色，平滑，干燥时往往扭卷。

孢蒴直立，圆柱形，具短台部，薄壁。环带窄，成熟后留存。蒴齿 2 层；外齿层齿片阔披针形，钝头，黄色，下部平滑，尖部具细疣，内面密生横隔；内齿层透明，具细疣，基膜不高出，齿条宽短，尖端钝，折叠成龙骨形，齿毛缺失。蒴盖圆锥形，有钝尖。

全世界有 6 种，中国有 4 种，本地区有 3 种。

分种检索表

1. 植物体大，被叶茎宽超过 1.25 毫米；叶片长约 1.25 毫米，强烈内凹 ………………………………………………………………………………… 2. 平边厚角藓 *G. panchienii*
1. 植物体小，被叶茎宽不到 1 毫米；叶片长不及 1.25 毫米，平展或稍内凹 ………… 2
   2. 叶卵圆形至卵状椭圆形，长不及 0.75 毫米，短尖至钝尖 ……………………………………………………………………………… 1. 小厚角藓 *G. ceylonensis*
   2. 叶披针形，长超过 0.75 毫米，短尖至长 …………… 3. 狭叶厚角藓 *G. tonkinensis*

小厚角藓* *Gammiella ceylonensis* (Broth.) B. C. Tan & W. R. Buck

生境 林中树干，倒木，枯木；海拔：1040 ～ 1407 米。

分布地点 上杭县，古田镇，吴地村三坑口；步云乡，桂和村（贵竹坪、永安亭）。

标本 贾渝 12303；王钧杰 ZY1238，ZY1268；张若星 RX055。

本种植物体小，常产生多数鞭状小枝，有时具平滑的条形芽胞，叶片卵状披针形，叶边缘近于全缘或仅尖部具细圆齿，角部明显分化，有近于方形的薄壁细胞组成（Tan and Buck, 1989）。最近，Akiyama（2019）将其转移至细疣胞藓属 *Clastobryella* 中。

平边厚角藓 *Gammiella panchienii* B. C. Tan & Y. Jia

生境 林中树干，溪边树干；海拔：1040 ～ 1491 米。

分布地点 上杭县，步云乡，桂和村永安亭。

标本 张若星 RX064。

本种植物体大形，红色，疏松；叶片披针形或椭圆状披针形，叶边平展，中上部具粗齿，角部区域分化明显，由多数方形细胞组成一个有色泽的内凹区域。

狭叶厚角藓* *Gammiella tonkinensis* (Broth. & Paris) B. C. Tan

生境 林中树干；海拔：1510 ～ 1620 米。

分布地点 上杭县，步云乡，桂和村大凹门。

标本 贾渝 12309a，12330a。

本种植物体成垫状，茎和枝长而细，枝叶扁平，披针形，渐尖，叶边缘近于全缘，角部细胞长方形，厚壁，有色泽。

3. 粗枝藓属 *Gollania* Broth.

植物体大形，粗壮，黄绿色或黄褐色，有光泽。茎匍匐，有时近于直立；无中轴或有中轴分化。分枝不规则或羽状分枝；假鳞毛披针形或卵形，稀三角形，渐尖或钝尖。生叶茎扁平或近圆柱形，稀呈圆柱形。茎叶常有分化（背面叶、侧面叶和腹面叶），背面叶直立，或镰刀状弯曲，卵圆形，长椭圆形或狭披针形，具短尖或长尖，基部略下延或下延较长，内凹或平展；叶边基部背卷，稀上部至基部均背卷，具粗齿或细齿，下部全缘，稀上部全缘；中肋 2，长或短，基部分离或相连。叶中部细胞狭长线形，薄壁或厚壁，稀具壁孔，叶基部细胞较大，壁厚，有时具壁孔，稀带色，角细胞分化，短方形或圆六边形。侧面叶镰刀状弯曲，尖端渐尖。腹面叶镰刀状弯曲，较宽，尖端渐狭，具短中肋。枝叶较小，狭窄。

雌雄异株。雌苞和雄苞着生于主茎上，雄苞稀着生于枝上。雄苞叶卵状披针形，无中肋。内雌苞叶长椭圆状披针形，具毛状尖，有齿，通常叶尖背仰；中肋一般不明显；叶细胞狭线形，薄壁或厚壁，稀具壁孔，蒴柄细长，平滑，下部常向左旋转，干燥时上部向右旋转。孢蒴平列，有短台部，卵形或长柱形，平滑，干燥时口部下方缢缩。蒴齿 2 层；外齿层齿片狭长披针形，外面下部黄色，有密横纹，具疣，上部白色透明，内面有横隔，有透明边缘；内齿层淡黄色，基膜不高出，齿条折叠，具疣，常有狭长穿孔，齿毛 2 ～ 4，细长，无色，有密疣和及节瘤。蒴盖圆锥形有短尖。蒴帽兜形。孢子黄棕色，平滑或具细疣。

全世界有 20 种，中国有 16 种，本地区有 1 种。

密枝粗枝藓* *Gollania turgens* (Müll. Hal.) Ando

生境 岩面；海拔：1339 米。

分布地点 连城县，曲溪乡，罗胜村岭背畲。

标本 王钧杰 ZY1407。

本种植物体外形与灰藓属相似，叶片镰刀状弯曲，双中肋分离生长且较长，茎叶边缘明显背卷，细胞壁厚，具壁孔。

4. 灰藓属 *Hypnum* Hedw.

植物体纤细或粗壮，黄绿色、金黄色或带红色，具光泽，生于多种不同的基质上，常交织成大片生长。茎不规则或规则羽状分枝，分枝末端呈钩状或镰刀状；中轴分化或缺失，表皮细胞有时形大和透明；假鳞毛披针形或卵圆形，稀呈丝状，有时无假鳞毛。叶直立或多数呈 2 列镰刀状一向偏斜或卷曲，基部有时下延，多内凹，卵状披针形或基部呈心脏形，上部呈披针形，具短尖或细长尖；叶边平展或背卷，全缘或上部具齿；双中肋，短弱或较长，或中肋完全缺失。叶细胞狭长线形，多数平滑无疣，稀具前角突，基部细胞多厚壁，有明显壁孔，有时黄色或褐色，角细胞明显分化，方形或多边形，膨大，透明。

雌雄异株或雌雄异苞同株。内雌苞叶有明显纵褶或平展。蒴柄细长，平滑，干燥时多数扭转。孢蒴倾立或平列，有时近于直立或稍下垂，长卵形或圆柱形，略弯曲，稀直立，多数平滑。蒴齿2层：外齿层齿片基部愈合，狭长披针形，16枚，黄色或褐色，透明，有明显的回折中缝，横脊间有条纹，上部锐尖，常具疣，边缘常分化；内齿层黄色，透明，具疣，基膜高出，齿条折叠状，披针形，中缝有连续穿孔，齿毛1～3，细长，具疣和节瘤。环带1～3列或无环带。蒴盖圆锥形，具长或短的喙。蒴帽兜形，平滑无毛。孢子绿色，具疣。

全世界约有43种，分布温带地区。中国有20种，本地区有7种。

分种检索表

1. 角细胞分化明显，多数，方形（沿叶边6～15列）………2. 灰藓 *H. cupressiforme*
1. 角细胞不分化或很少分化（沿叶边6列以下）……………………………………2
   2. 茎叶长2～3毫米，镰刀状弯曲……………………………………………………3
   2. 茎叶长1～1.2毫米，强镰刀状或环状弯曲……………………………………6
      3. 植物体较短；雌雄同株；雌苞叶直立，长可达8毫米；孢蒴较小；蒴柄短，长1.5～2.5厘米 ……………………………………1. 钙生灰藓 *H. calcicolum*
      3. 植物体较长；雌雄异株；雌苞叶长5毫米以下；孢蒴较大；蒴柄长，长3～5厘米……………………………………………………………………………………4
         4. 植物体疏松，不规则分枝；叶具纵褶，叶边有时背卷；雌苞叶不具纵褶；蒴盖具长喙……………………………………………4. 长喙灰藓 *H. fujiyamae*
         4. 植物体具规则羽状分枝；叶无纵褶或稍具纵褶，叶边缘平展；雌苞叶具纵褶；蒴盖钝，具短喙…………………………………………………………………5
            5. 植物体金黄色或带红色，有光泽；叶基部不呈心脏形；叶细胞长60～90微米；角细胞方形，少数（沿叶边1～2列）；孢蒴基部圆形，直立或稍倾斜；孢子形大，直径25～30微米……………………………………………………………………7. 湿地灰藓 *H. sakuraii*
            5. 植物体一般不带色泽；叶基部心脏形或近于心脏形；叶细胞长40～60微米；角细胞方形（沿叶边2～4列）；孢蒴基部狭窄，方形弯曲；孢子较小，直径12～18微米 ……………………6. 大灰藓 *H. plumaeforme*
            6. 雌雄异株；叶基部不带色，角细胞不分化；孢蒴基部圆形，直立或稍

弯曲；蒴盖具小喙……………………………………5. 南亚灰藓 *H. oldhamii*

6. 雌雄同株；叶基部常为褐色，角细胞分化明显；孢蒴基部狭窄，弓形弯曲；蒴盖钝或尖………………………………3. 密枝灰藓 *H. densirameum*

钙生灰藓* ***Hypnum calcicola*** Ando

生境 路边土面，岩面；海拔：386 ～ 786 米。

分布地点 连城县，莒溪镇，太平僚村石背顶。新罗区，万安镇，西源村。

标本 何强 10201；王钧杰 ZY1400。

本种植物体中等大小；茎叶三角状披针形或长椭圆状披针形，内凹，角部由大形、透明的细胞组成；双中肋明显，较长；枝叶形态与茎叶相似，但较小。

灰藓 ***Hypnum cupressiforme*** Hedw.

生境 路边土面，岩面；海拔：386 ～ 1417 米。

分布地点 上杭县，步云乡，桂和村贵竹坪。

标本 何强 11405，11420。

本种植物体中等大小，具光泽。规则或不规则的羽状分枝，茎横切面具中轴；叶片密集着生，长椭圆形或阔椭圆状披针形，有时狭披针形，具长渐尖，叶边全缘，仅尖端具细齿，角部细胞分化明显，方形或多边形，小形，厚壁，有壁孔，无色或黄褐色。

密枝灰藓 ***Hypnum densirameum*** Ando

生境 岩面，枯枝；海拔：787 ～ 1179 米。

分布地点 连城县，莒溪镇，太平僚村；罗地村至青石坑。

标本 王钧杰 ZY264，ZY1183。

本种植物体小，密集而规则的羽状分枝，褐绿色；茎横切面皮层细胞 4 ～ 6 层，褐色，厚壁，中部为大形薄壁细胞，中轴分化；茎叶三角状或长卵状披针形，镰刀状弯曲，具长渐尖；枝叶狭披针形，长渐尖，弯曲；角部细胞分化明显，透明，近于方形。

长喙灰藓 *Hypnum fujiyamae* (Broth.) Paris

生境 土面；海拔：670 米。

分布地点 上杭县，古田镇，古田会址。

标本 王庆华 1769。

本种植物体粗壮，叶片较纤细，渐尖，角部细胞多具色泽；孢蒴干燥时具纵褶。

南亚灰藓 *Hypnum oldhamii* (Mitt.) A. Jaeger

生境 竹林下石上；海拔：1272 ～ 1230 米。

分布地点 上杭县，步云乡，桂和村。

标本 王庆华 1754。

本种茎表皮细胞分化不明显；茎叶卵圆状披针形或三角状披针形，具长渐尖，常呈镰刀状弯曲，角部由几个大形、透明的无色细胞组成，孢蒴干燥时不收缩。

大灰藓 *Hypnum plumaeforme* Wilson

生境 开阔地岩面上，田边土面，开阔地石上，腐木，阴石壁，岩面，林中石上，干燥地面，溪边石上，路边土面；海拔：516 ～ 1629 米。

分布地点 连城县，莒溪镇，太平僚村大罐；池家山村鱼塘；铁山罗地村赤家坪；陈地村湖堀；曲溪乡，罗胜村岭背畲。上杭县，步云乡，云辉村西坑；桂和村（大吴地至桂和旧路、油婆记、贵竹坪）；大斜村大坪山。新罗区，江山镇，福坑村石斑坑

标本 韩威 140，146；何强 12378；贾渝 12436，12594，12684；娜仁高娃 Z2051；王钧杰 ZY290，ZY1145，ZY1230；王庆华 1686；于宁宁 Y04299，Y04522。

本种植物体大形，黄绿色或绿色，规则或不规则的羽状分枝；茎叶阔椭圆形或近于心形，渐尖并向一侧弯曲，叶上部有纵褶，具细齿，角细胞大，薄壁，无色透明；枝叶与茎叶同形，小于茎叶。

湿地灰藓 *Hypnum sakuraii* (Sakurai) Ando

生境 岩面；海拔：1392 ～ 1408 米。

分布地点 连城县，莒溪镇，罗胜村岭背畲。上杭县，步云乡，桂和村油婆记。

标本 韩威 124；何强 12342。

本种植物体粗壮，紫红色或红褐色，常生于潮湿生境中；茎叶卵圆状披针形，镰刀状弯曲，短渐尖，叶边上部有细齿，叶基部细胞常为黄色或红褐色；枝叶较小，较狭窄。

5. 拟鳞叶藓属 *Pseudotaxiphyllum* Iwats.

植物体匍匐生长，茎横切面皮层细胞小，厚壁；无假鳞毛；假根着生在叶基部；分枝不规则。叶两侧不对称，边缘平展，在叶尖多少具齿。无性芽胞生于叶腋。雌雄多异株。蒴柄较长，平滑。孢蒴倾立或平列。环带分化。蒴齿发育。

本属与同叶藓属 *Isopterygium* 关系密切，但无假鳞毛，而有无性芽胞和环带分化，以及多为雌雄异株等性状区分于后者（Iwatsuki, 1987）。

全世界有 11 种，中国有 6 种，本地区有 3 种。

分种检索表

1. 无性芽胞呈圆形或球形……………………………………2. 球胞拟鳞叶藓 *P. maebarae*
1. 无性芽胞呈长形或棒状…………………………………………………………………………2
  2. 无性芽胞簇生于叶腋，形长，长 0.35 ～ 0.7 毫米；叶片常呈红色………………………………………………………………………………3. 东亚拟鳞叶藓 *P. pohliaecarpum*
  2. 无性芽胞数少，不呈簇着生叶腋，较短，长 0.15 ～ 0.35 毫米；叶不呈红色…………………………………………………………………………1. 密叶拟鳞叶藓 *P. densum*

密叶拟鳞叶藓 *Pseudotaxiphyllum densum* (Cardot) Z. Iwats.

生境 路边土面，路边石缝，路边阴面土面，土面；海拔：469 ～ 830 米。

分布地点 上杭县，步云乡，云辉村西坑。连城县，莒溪镇，铁山罗地村菩萨湾。新罗区，万安镇，西源村。

标本 贾渝 12263a，12664；王钧杰 ZY1385，ZY256；王庆华 1684；于宁宁 Y4367。

本种无性芽胞稀少，而且短，叶片不呈红色。

球胞拟鳞叶藓* *Pseudotaxiphyllum maebarae* (Sak.) Z. Iwats.

生境 树干；海拔：786 米。

分布地点 连城县，莒溪镇，陈地村盂堀。

标本 何强 11252。

本种最突出的特征是无性芽胞呈球形或圆形。

东亚拟鳞叶藓 *Pseudotaxiphyllum pohliaecarpum* (Sull. & Lesq.) Z. Iwats.

生境 石生，土面，溪边土面，溪边岩面；海拔：516 ~ 1350 米。

分布地点 连城县，庙前镇，背岩村马家坪；莒溪镇，太平僚村毛竹林；陈地村湖堀。上杭县，步云乡，桂和村贵竹坪；新罗区，江山镇，福坑村石斑坑。

标本 韩威 187，251；贾渝 12460；王钧杰 ZY1105，ZY1234；张若星 RX008。

本种植物体大形，通常带红色或紫红色，枝条从叶腋处长出丰富成簇的芽胞，芽胞由多细胞组成，长而扭曲。

6. 拟硬叶藓属 *Stereodontopsis* Williams

植物体疏松中等大小，黄绿色。茎匍匐或直立，具褐色假根；不规则羽状分枝，具多数鞭状枝。叶镰刀状一向弯曲，卵状披针形，稍具纵褶；叶边全缘或尖端具细齿；无中肋；叶细胞狭长线形，角细胞疏松，方形或圆六角形。

雌雄异株。内雌苞叶直立，无纵褶，卵状披针形，渐呈毛状尖；全缘或尖端具细齿。蒴柄长约 1.5 厘米，上部具疣。孢蒴直立，近于对称，圆柱形。蒴齿单层，狭披针形，具纵隔，中脊和横隔有细疣。蒴帽密生长毛。

全世界有 2 种，中国有 1 种。

拟硬叶藓 *Stereodontopsis pseudorevoluta* (Reimers) Ando

生境 林中石上；海拔：796 ~ 861 米。

分布地点 连城县，莒溪镇，太平僚村风水林。

标本 于宁宁 Y4493。

本种植物体粗壮，大形，茎无中轴分化；叶边边缘从基部至尖部背卷，叶基部细胞壁强烈加厚，角部细胞近于方形，细胞壁厚。

7. 鳞叶藓属 *Taxiphyllum* Fleisch

植物体柔弱或稍粗壮，扁平，鲜绿色，具光泽，交织成片生长。茎多分枝；枝平展，生叶枝扁平。叶外观近于 2 列着生，长卵形，具短尖或长尖；叶边均具细齿；双中肋，短弱或缺失。叶细胞长菱形，常有前角突。

雌雄异株。内雌苞叶长卵形，急狭成芒状尖。蒴柄细长。孢蒴直立或平列，长卵形，有长台部。蒴齿两层；外齿层齿片外面具纵褶和横脊，下部黄色，有横纹，上部透明具疣，内面横隔高出；内齿层淡黄色，平滑，呈折叠形，齿毛 2 条，与齿片等长，有节瘤。蒴盖具长喙。蒴帽兜形，平滑。

全世界有 31 种，分布于温带地区。中国有 10 种，本地区有 3 种。

1. 叶稀疏扁平排列 ……………………………………………… 1. 互生叶鳞叶藓 *T. alternans*
1. 叶密集扁平排列 ………………………………………………………………………………… 2
   2. 叶密集覆瓦状排列，卵圆形或卵圆状长椭圆形，先端具细尖；叶中部细胞长菱形 ……………………………………………………………… 2. 细尖鳞叶藓 *T. aomoriense*
   2. 叶疏松覆瓦状排列，阔卵形，具短尖，或卵状披针形渐成长尖；叶中部细胞狭长菱形 ………………………………………………………… 3. 鳞叶藓 *T. taxirameum*

互生叶鳞叶藓 *Taxiphyllum alternans* (Cardot) Z. Iwats.

生境 竹林边石上；海拔：939 米。

分布地点 上杭县，古田镇，吴地村（大吴地至桂和旧路）。

标本 王庆华 1706。

本种植物体大形，侧叶和背叶分化，侧叶明显偏斜，部分叶叶尖向一侧弯曲，叶尖急尖。背叶左右对称至近对称，叶渐尖至长渐尖。

细尖鳞叶藓 *Taxiphyllum aomoriense* (Besch.) Z. Iwats.

生境 土面；海拔：606 米。

分布地点 连城县，莒溪镇，太平僚村大罐。

标本 于宁宁 Y04533。

本种植物体大形，茎粗壮，叶排列非常紧密，侧叶先端明显向腹面弯曲，枝条中部叶阔卵状披针形，具长渐尖，背叶叶尖渐尖，不弯折。

鳞叶藓 *Taxiphyllum taxirameum* (Mitt.) M. Fleisch.

生境 林中路边土面，岩面；海拔：640 ～ 678 米。

分布地点 连城县，莒溪镇，太平僚村（百金山、七仙女瀑布）。

标本 韩威 220；贾渝 12628；于宁宁 Y04288。

本种植物体枝条扁平，叶 2 列平展着生，叶狭卵状披针形，叶尖急尖至渐尖，无细长尖头。角部分化微弱，短距形细胞数少，常少于 5 个。

8. 明叶藓属 *Vesicularia* (Müll. Hal.) Müll. Hal.

植物体纤细或稍粗，淡绿色或深绿色，平铺成小片状。茎匍匐，有稀疏假根或成束假根；单一或规则分枝，稀羽状分枝；枝通常较短而呈扁平形，倾立。茎横切面扁圆形，无中轴分化，仅具疏松薄壁基本组织，外围细胞较小而厚壁，但不构成厚壁层。叶密集排列，略有背面叶、侧面叶和腹面叶的分化，侧面叶倾立或略向一侧偏斜，稀镰刀状一向弯曲，基部不下延，阔卵圆形、卵圆形或长披针形，具短尖、长尖或毛状尖；叶边平展，全缘或仅尖部有明显齿；双中肋，短弱或缺失。叶细胞疏松，卵形、六边形或近于菱形六边形，平滑，有一列长形细胞构成不明显的边缘；角细胞不分化。背面叶和腹面叶较小。

雌雄异苞同株。内雌苞叶直立，卵形或基部较长而有狭长尖。蒴柄细长，平滑。孢蒴平列或垂倾，卵形、长卵形或壶形，干时下部常缢缩。环带分化。蒴齿两层；外齿层齿片狭长披针形，褐黄色，外面有明显横脊，内面横隔略高出；内齿层齿条黄色，平滑或具疣，中缝处开裂，齿毛 1 ～ 3 条，略短于齿条，平滑。蒴盖平凸或圆锥形，有短尖，稀有短喙。蒴帽狭兜形。孢子多数平滑。

全世界有 116 种，分布于热带和亚热带地区。中国有 12 种，本地区有 4 种。

分种检索表

1. 叶卵圆形或近圆形，叶尖减尖或具短尖 ························ 3. 明叶藓 *V. montagnei*
1. 叶卵状披针形或阔卵状披针形，具急尖或长尖 ························ 2
  2. 植物体不规则分枝；叶尖平滑 ························ 1. 柔软明叶藓 *V. flaccida*
  2. 植物体羽状分枝；叶尖具细齿 ························ 3
    3. 植物体密羽状分枝 ························ 4. 长尖明叶藓 *V. reticulata*
    3. 植物体羽状分枝 ························ 2. 海南明叶藓 *V. hainanensis*

柔软明叶藓* *Vesicularia flaccida* (Sull. & Lesq.) Z. Iwats.

生境 林中土面；海拔：606 ～ 875 米。
分布地点 连城县，莒溪镇，太平僚村大罐；池家山村神坛。
标本 贾渝 12582；于宁宁 Y04535。

本种植物体柔软，小形，黄绿色，假鳞毛丝状，叶片阔披针形或卵状披针形，具狭长尖，无中肋，叶中部细胞狭菱形。

海南明叶藓* *Vesicularia hainanensis* P. C. Chen

生境 林中腐烂竹子上，枯枝，腐木；海拔：787～866米。

分布地点 连城县，莒溪镇，太平僚村石背顶；庙前镇，岩背村马家坪。

标本 贾渝 12384；王钧杰 ZY244，ZY253。

本种植物体粗壮，淡绿色，稍具光泽，羽状分枝；叶片卵形或椭圆形，具长尖，叶边上部具细齿，叶细胞菱形或六边形，基部细胞长方形。

明叶藓* *Vesicularia montagnei* (Schimp.) Broth.

生境 腐木；海拔：638～710米。

分布地点 连城县，莒溪镇，太平僚村大罐坑。

标本 何强 10279。

本种植物体中等大小，暗绿色，规则或不规则分枝；叶片阔卵形，具长渐尖，叶边全缘，叶边具一列狭长形细胞，叶中部细胞六边形。

长尖明叶藓 *Vesicularia reticulata* (Dozy & Molk.) Broth.

生境 岩面；海拔：479米。

分布地点 新罗区，万安镇，西源村。

标本 王钧杰 ZY1377。

本种植物体密集羽状分枝，黄绿色；叶片阔卵形，长渐尖，叶边上部具细齿，中肋短弱，叶细胞狭菱形，边缘具一列狭长形细胞，孢蒴小。

（三十三）毛锦藓科 Pylaisiadelphaceae Goffinet & W. R. Buck

植物体通常小至中等大小。茎匍匐状或直立，规则或不规则分枝，叶片扁平状着生，中轴分化或不分化。假鳞毛常为丝状。茎叶和枝叶分化或不分化，对称或不对称，叶边全缘或具齿。叶细胞长形平滑，稀少具疣。角部区域有3种类型的分化："腐木藓"型、"顶胞藓"型和"小锦藓"型。中肋缺失或具短的、弱的双中肋。无性繁殖体常见：丝状芽胞、叶状繁殖体或鞭状枝等。

雌雄异株或雌雄同株异苞。蒴柄长，平滑。孢蒴直立或水平状平列，对称或不对称，卵状或圆柱状；孢蒴外壁纵向加厚或角隅加厚。环带有或无。蒴盖圆锥状或具喙。蒴齿双层或退化。

全世界有16属，中国有12属，本地区有5属。

分属检索表

1. 植物体末端形成鞭状枝……3. 鞭枝藓属 *Isocladiella*
1. 植物体末端无鞭状枝……2
  2. 角部细胞不分化或稍分化……4. 同叶藓属 *Isopterygium*
  2. 角部细胞明显分化……3
    3. 叶基下延……2. 拟疣胞藓属 *Clastobryopsis*
    3. 叶基不下延……4
      4. 茎叶和枝叶分化……5. 刺枝藓属 *Wijkia*
      4. 茎叶和枝叶不分化……1. 小锦藓属 *Brotherella*

1. 小锦藓属 *Brotherella* Loeske ex Fleisch.

植物体纤细或较粗壮，黄绿色或深绿色，稀略呈棕绿色，具光泽。茎匍匐，密分枝。叶一向弯曲，近镰刀形，基部长卵圆形，内凹，具长尖；叶边稍卷曲，上部具细齿；中肋多缺失。叶细胞菱形或狭长菱形，基部呈黄色，角细胞膨大，金黄色，其上方有少数短小的细胞，多透明。

雌雄异株，稀雌雄异苞同株或叶生雄苞异株。内雌苞叶具长皱褶，尖端具长毛尖；上部边缘有细齿。孢蒴长卵圆形，多倾立，稍弯曲或呈圆柱形；环带在孢蒴成熟后仍留存。蒴齿2层；外齿层齿片狭披针形，外面具横条纹，内面具横隔；内齿层黄色，基膜较高，齿毛往往退化。蒴盖圆锥形，具短或较长的尖喙。孢子中等大小。

全世界有29种，分布于热带和亚热带山区。中国有9种，本地区有1种。

扁枝小锦藓 *Brotherella complanata* Reimers & Sakurai

生境 石壁，林中路边石壁，树干，路边石上，岩面，枯枝，路边树枝；海拔：867～1811米。

分布地点 上杭县，步云乡，大畲头水库；桂和村（贵竹坪、狗子脑）。连城县，莒溪镇，铁山罗地村（罗地村至青石坑）；曲溪乡，罗胜村岭背畲。

标本 何强 11462；贾渝 12461，12637；娜仁高娃 Z2073；王钧杰 ZY1184，ZY1187，ZY1271，Z1219，ZY1404，ZY1450；张若星 RX143。

本种在中国华东地区广泛分布。植物体体形小，分枝密集，黄绿色，具光泽。

2. 拟疣胞藓属 *Clastobryopsis* Fleisch.

植物体黄绿色或红色。主茎匍匐生长；枝条平展，柔弱；丝状芽胞常聚生于枝条的顶端。叶卵状披针形，全缘，基部下延；角细胞明显分化，由一群有色或透明的细胞组成，稀透明，方形或长方形，多为厚壁细胞。

蒴柄直立或稍扭曲，平滑。孢蒴卵形。外齿层细胞沿纵壁加厚，中缝有穿孔；内齿层齿条呈线形，基膜低。

全世界有 5 种，分布于热带和亚热带地区。中国有 3 种，本地区有 1 种。

粗枝拟疣胞藓 ***Clastobryopsis robusta*** (Broth.) M. Fleisch.

生境 树干；海拔：1620 米。

分布地点 上杭县，步云乡，桂和村大凹门。

标本 贾渝 12330e。

本种植物体棕绿色，不规则分枝，茎叶卵状披针形，枝叶宽卵形，常具纵褶，叶尖细，内凹，基部具宽的下延，叶边缘全卷曲，全缘，叶细胞长菱形或线形，常具壁孔，角部细胞无色透明；芽胞呈单列细胞，由 16 ～ 22 个细胞组成，平滑，着生于叶腋处。

3. 鞭枝藓属 *Isocladiella* Dix.

植物体主茎长而匍匐，无中轴分化；近于密集羽状分枝；枝条直立至上倾；假鳞毛丝状。枝叶覆瓦状排列，卵形，强烈内凹；中肋短或缺失。叶片中部细胞长菱形，平滑或偶尔有不明显的疣；角部由一群方形和长方形的具壁孔的细胞组成。

蒴柄长而细，平滑。孢蒴椭圆形，稍微弓形；外壁细胞角隅加厚，方形至长方形，薄壁。蒴盖具长喙。蒴齿外齿层齿片线状披针形，具密集细疣；内齿层基膜低，齿条线形，具密细疣，无齿毛。蒴帽钟形，平滑。

全世界有 2 种，分布亚洲和大洋洲地区。中国有 1 种。

鞭枝藓 ***Isocladiella surcularis*** (Dix.) Tan & Mohamed

生境 藤状灌木，林中树枝，树桩；海拔：392 ～ 901 米。

分布地点 连城县，庙前镇，岩背村马家坪；莒溪镇，陈地村湖堀。新罗区，江山乡，背洋村林畲。

标本 韩威 180；贾渝 12438，12521；于宁宁 Y4328，Y4332，Y4363；王钧杰 ZY1132。

本种植物体小形，茎长而匍匐，枝条密集且直立，近于羽状分枝，枝条常产生鞭状枝，叶片宽卵形，内凹，叶边全缘，中肋极短或缺失，叶中部细胞线形，角部区域形成方格状，细胞分化为方形或长方形的褐色厚壁细胞。

4. 同叶藓属 *Isopterygium* Mitt.

植物体匍匐生长，生于腐木或树木基部、稀石生。茎横切面皮层细胞小，厚壁，中轴略有分化；假鳞毛丝状；假根着生近叶基腹面；不规则分枝。茎叶和枝叶相似，基部长椭圆形、卵状长椭圆形，向上渐狭或突然变狭，卵圆状披针形，基部略下延，背面叶和腹面叶两侧对称，侧面叶，两侧略不对称；叶边平展，上部具齿或全缘；中肋不明显，短弱或缺失。叶中部细胞线形，薄壁，尖部细胞较短；叶下部细胞宽短；角细胞小或不分化。

雌雄异苞同株或雌雄异株。内雌苞叶长椭圆状阔披针形。蒴柄直立，平滑。孢蒴倾立或平列，长卵圆形，常有较长的台部。蒴齿 2 层：外齿层齿片基部愈合，回折中脊或横缝均相当发育，上部具疣，边缘常分化，无色透明，内面有密横隔；内齿层有高基膜，齿条折叠形，无穿孔，具疣，齿毛 1 ～ 2 条，稀 3，较短于齿条。蒴盖具短喙。蒴帽狭兜形，平滑。孢子小，平滑或近于平滑。芽胞通常存在，线形。

全世界有 145 种，多生于热带和亚热带地区。中国有 12 种，本地区有 4 种。

分种检索表

1. 茎的分枝上具芽胞……………………………………3. 芽胞同叶藓 *I. propaguliferum*
1. 茎的分枝上无芽胞………………………………………………………………………2
    2. 雌雄异株………………………………………………1. 淡色同叶藓 *I. albescens*
    2. 雌雄同株异苞……………………………………………………………………3
        3. 植物体纤细，柔弱，分枝密或规则羽状分枝；叶阔披针形，两侧对称，先端渐尖，具狭长尖；叶边全缘………………………2. 纤枝同叶藓 *I. minutirameum*
        3. 植物体较大，稀疏分枝或近羽状分枝；叶卵圆状或长椭圆状披针形，两侧不对称，端渐尖或具短尖；叶边上部具细齿或全缘………………………………………………………………………………4. 柔叶同叶藓 *I. tenerum*

淡色同叶藓 *Isopterygium albescens* (Hook.) A. Jaeger

生境 田边树基上，腐木；海拔：939 ～ 1390 米。

分布地点 连城县，曲溪乡，罗胜村岭背畲。上杭县，古田镇，吴地村（大吴地至桂和旧路）。

标本 王钧杰 ZY1432；于宁宁 Y4307。

本种植物体纤细，色泽淡，具光泽，叶疏松排列，卵圆形或卵圆状披针形，具长尖，叶上部边缘具齿。

纤枝同叶藓 *Isopterygium minutirameum* (Müll. Hal.) A. Jaeger

生境 石壁，林中路边石壁，树干，毛竹桩；海拔：594 ～ 1407 米。

分布地点 新罗区，江山镇，福坑村。连城县，莒溪镇，太平僚村。

标本 王钧杰 ZY252，ZY1367。

本种植物体纤细，扁平被叶，假鳞毛丝状，叶片阔卵状披针形，具长渐尖，叶边平展，全缘，角部细胞分化不明显。

芽胞同叶藓 *Isopterygium propaguliferum* Toyama

生境 腐木，林中腐木；海拔：640 ～ 1188 米。

分布地点 上杭县，步云乡，大畲头水库。连城县，莒溪镇，太平僚村百金山。

标本 贾渝 12627；娜仁高娃 Z2086；王钧杰 ZY270。

本种植物体中等大小，黄绿色，具光泽，近于羽状分枝，芽胞聚集在枝条顶端，芽胞呈棒槌状。

柔叶同叶藓 *Isopterygium tenerum* (Sw.) Mitt.

生境 腐木，林中腐木；海拔：640 ～ 1320 米。

分布地点 上杭县，步云乡，桂和村贵竹坪。

标本 娜仁高娃 Z2108。

本种体形较大，茎稍带红色，角细胞分化，为热带、亚热带地区优势种。

5. 刺枝藓属 *Wijkia* (Mitt.) Crum

植物体纤细或粗壮，稍硬挺，淡绿色或黄绿色，有时呈棕黄色，具光泽，通常交织成片生长。茎匍匐，有稀疏假根，不规则 1 ～ 2 回羽状分枝；枝平展或倾立，有时稍弯曲；茎及枝尖均平直而锐尖；稀有鳞毛。叶干燥时紧贴，潮湿时直立或倾立。茎叶呈阔卵圆形，内凹，渐尖或上部急狭成长毛状；叶边全缘或上部具细齿；中肋 2，甚短或缺失。叶细胞狭长菱形，薄壁，通常平滑，稀具单疣，或背面具前角突，叶基细胞常呈金黄色，厚壁，有壁孔，角部有 1 列明显分化的细胞，形大，长椭圆形，呈金黄色或棕黄色，有时透明，其余为少数小形、薄壁而透明的短轴形细胞。枝叶较小，渐尖，叶边具锐齿。

雌雄异株或叶生（雄苞）异株。内雌苞叶直立，基部成鞘状，上部具细长尖。蒴柄细长，紫色，平滑。孢蒴圆柱形，稍拱曲。环带分化。蒴齿 2 层：外齿层齿片外面下部有横纹，上部有疣，内面有高出的横隔；内齿层具折叠的基膜，齿毛 1 ～ 2 条，与齿条等长。蒴盖基部圆锥形，上部具短或长喙，稀圆钝及具短尖。孢子常不规则圆形，黄绿色，平滑。

全世界有 51 种，多分布于热带、亚热带地区分布。中国有 5 种，本地区有 2 种。

分种检索表

1. 植物体有直立而细的枝条；茎叶细胞椭圆形至狭长形，长不超过 100 微米，厚壁；叶尖全缘……2. 细枝刺枝藓 *W. surcularis*
1. 植物体无直立而细的枝条；茎叶细胞狭长形至线形，长度超过 100 微米，薄壁；叶尖具细齿……1. 角状刺枝藓 *W. hornschuchii*

角状刺枝藓 *Wijkia hornschuchii* (Dozy & Molk.) H. A. Crum

生境 林中石上；海拔：1054 米。

分布地点 上杭县，步云乡，大斜村大坪山。

标本 贯渝 12428。

本种植物体小，叶片倒卵形，在基部收缩，叶尖部骤尖形成一尾尖。

细枝刺枝藓* *Wijkia surcularis* (Mitt.) H. A. Crum

生境 林中腐树桩上，岩面；海拔：1605 ～ 1629 米。

分布地点 上杭县，步云乡，桂和村大凹门。

标本 韩威 149；贯渝 12353；于宁宁 Y4484。

本种植物体中等大小，不规则羽状分枝，支茎呈弓形。茎叶宽卵形或卵状披针形，向上收缩成一细长尖，枝叶椭圆形或椭圆状披针形，强烈内凹，短渐尖，叶边缘全缘。

（三十四）金灰藓科 Pylaisiaceae Schimp.

植物体小形至大形。茎匍匐或直立，规则或不规则分枝，叶片扁平着生于其上，或倾立；茎横切面稀有表皮分化，中轴分化狭窄或不分化。假鳞毛叶状。茎叶和枝叶分化或不分化，叶片直立至强烈弯曲，卵形至披针形；叶边缘通常平展，全缘或具齿。叶细胞线形，平滑，稀具壁孔。角部细胞分化，近于方形或膨大。中肋短的双中肋或无中肋。雌雄异株或同株异苞。蒴柄长，常直立扭曲，平滑。孢蒴直立至水平状着生，卵形至圆柱状，直立或弯曲。环带宿存或缺失。蒴盖圆锥形，具乳突，或具短喙。蒴齿通常双层。孢子稀少为内萌发。有报道以脱落的枝条进行无性繁殖。

全世界有 5 属，中国有 3 属，本地区有 1 属。

1. 大湿原藓属 *Calliergonella* Loeske

植物体粗壮，绿色或黄绿色，具光泽，稀疏成片生长。茎近于羽状分枝，横切面椭圆形，中轴小，皮层细胞膨大，透明；假鳞毛片状。茎叶倾立，基部略狭而下延，向上成阔长卵形或镰刀状披针形，顶端渐尖或圆钝，具小尖；叶边全缘或具齿；中肋 2，短弱或缺失。叶中部细胞线形，近基部细胞宽短，具壁孔；角部细胞分化明显，疏松透明，薄壁，由一群明显膨起的细胞组成叶耳。枝叶较茎叶窄小。

雌雄异株。内雌苞叶阔披针形，具纵褶，无中肋。蒴柄细长，紫红色。孢蒴长圆柱形，平列，干燥时或孢子释放后呈弓形弯曲。环带分化。蒴齿 2 层；齿毛 2 ～ 4 条。蒴盖短圆锥形。蒴帽兜形。孢子大，具密疣。

全世界有 2 种，中国有 2 种，本地区有 1 种。

弯叶大湿原藓* *Calliergonella lindbergii* (Mitt.) Hedenäs

生境 林中石上；海拔：796 ～ 861 米。

分布地点 连城县，莒溪镇，太平僚村风水林。

标本 于宁宁 Y04484。

本种植物体柔软，淡绿色、黄色或褐色，有光泽，茎不规则分枝；假鳞毛叶状。叶片一向钩形或镰刀形弯曲，阔卵状披针形，全缘或上部具细齿，双中肋；叶细胞线形，薄壁，角部区域为一群大而圆形的薄壁透明细胞组成，突出成叶耳状，无色或黄色；雌雄异株；蒴柄长，红褐色；蒴盖基部圆锥形，具短尖；齿毛 2 ～ 4。孢子小，具疣。

（三十五）锦藓科 Sematophyllaceae Broth.

植物体纤细或粗壮，柔软或硬挺，黄色、黄绿色、绿色或黄棕色，多有绢丝光泽，交织成片生长。茎横切面多呈圆形，无中轴分化，有疏松而厚壁的基本组织，周围有 2 至多层小形厚壁细胞。主茎匍匐横展，倾立或直立，多不规则分枝，稀呈羽状分枝；枝圆条形或呈扁平。茎叶与枝叶多同形，稀略有差异，两侧对称，无纵长皱褶，各属之间的叶形变化较大；中肋 2，甚短或完全退失。叶细胞多狭长菱形，平滑或具疣，叶片角部细胞分化明显。

雌雄异苞同株或雌雄异株，稀雌雄混生同苞，雌雄杂株或叶生（雄苞）异株。雄苞芽状，形小。雌苞着生于茎或枝的顶端。孢蒴倾立或悬垂，卵圆形或长卵圆形，常不对称，薄壁；台部稍发育，具显型气孔。环带常不分化。蒴齿多数 2 层：稀内齿层缺失；外齿层齿片分裂至基部，形式变化较大，外面多具横纹，稀平滑，内面多具横隔；内齿层与外齿层分离（花锦藓属除外），基膜高，齿条多呈狭长披针形，折叠如龙骨状，稀呈线形，多具齿毛。蒴盖圆锥形，具长或短喙。蒴帽多兜形，平滑无毛。

全世界有 28 属，分布于热带及亚热带地区。中国有 8 属，本地区有 2 属。

分属检索表

1. 叶细胞平滑 ……………………………………………… 1. 锦藓属 *Sematophyllum*
1. 叶细胞具疣、前角突或壁孔 ………………………………… 2. 刺疣藓属 *Trichosteleum*

1. 锦藓属 *Sematophyllum* Mitt.

植物体纤细或粗壮，具光泽，多密集交织生长。茎匍匐，具不规则分枝或羽状分枝。叶四向倾立，有时上部叶略呈一向偏曲，卵形或长椭圆形，稍内凹，顶部有时钝或具短宽尖，有时急尖或渐尖，尖部成长毛状；中肋不明显或完全缺失。叶尖部细胞菱形或长椭圆形，平滑，中部细胞狭长菱形，角细胞较长而膨大，构成明显分化的角部。

雌雄异苞同株，稀雌雄异株。内雌苞叶较长，尖部呈毛状。蒴柄细长，红色，平滑。孢蒴直立或平列，卵圆形或长卵圆形。蒴齿 2 层：外齿层齿片狭长披针形，外面具横条纹，内面具明显的横隔；内齿层黄色，基膜高，齿条与齿片等长，在中缝处成龙骨状；齿毛 1 ～ 2 条，短于齿条，有时退化。蒴盖基部拱圆形，具针状长喙。孢子不规则球形，黄绿色，平滑或近于平滑。

全世界有约 170 种，分布于热带、亚热带地区。中国有 4 种，本地区有 3 种。

分种检索表

1. 叶片大多为卵圆形至宽披针形，具细尖至钝尖，有时为短细尖；叶上部细胞圆形或菱形，少数为长卵形 ……………………………… 3. 锦藓 *S. subpinnatum*

1. 叶片大多为披针形至卵状披针形，具细长尖；叶上部细胞长卵形至线形 ………… 2
   2. 枝叶狭披针形，宽 0.2 ～ 0.3 毫米；尖部长，尖部细胞狭长 ……………………………………………………………………………………… 1. 橙色锦藓 *S. phoeniceum*
   2. 枝叶披针形至卵状披针形，宽 0.3 毫米以上，尖部短尖至长尖，尖部细胞短而宽 ……………………………………………………………… 2. 矮锦藓 *S. subhumile*

橙色锦藓 *Sematophyllum phoeniceum* (Müll. Hal.) M. Fleisch.

生境 公路边石上，岩面薄土，岩面，枯木，树干；海拔：572 ～ 1811 米。

分布地点 连城县，莒溪镇，太平僚村（七仙女瀑布附近、太平僚风水林）；陈地村湖堀。上杭县，步云乡，桂和村狗子脑。

标本 何强 11447；王钧杰 ZY221，ZY1129，ZY1315，ZY1331；王庆华 1805，1828。

本种是中国亚热带地区常见的锦藓属植物。通常为黄绿色，具光泽，叶片为卵状披针形，尖部具细齿，叶细胞狭长而区别于该属其他种。

矮锦藓 *Sematophyllum subhumile* (Müll. Hal.) M. Fleisch.

生境 树干，枯枝，林中倒木，岩面薄土，岩面；海拔：469 ～ 1369 米。

分布地点 连城县，曲溪乡，罗胜村岭背畲；莒溪镇，太平僚村大罐坑。上杭县，步云乡，云辉村丘山。新罗区，万安镇，西源村。

标本 何强 10262；贯渝 12413；王钧杰 ZY1336，ZY1396，ZY1422。

本种植物体纤细，叶片椭圆状披针形，内凹，中部细胞长菱形。

锦藓 *Sematophyllum subpinnatum* (Brid.) E. Britton

生境 岩面，石上；海拔：572 ～ 628 米。

分布地点 连城县，莒溪镇，太平僚村。上杭县，步云乡，云辉村。

标本 韩威 210；王钧杰 ZY226。

本种植物体粗壮，宽卵形或卵状披针形，短尖，叶中部细胞长菱形，尖部细胞短菱形。

2. 刺疣藓属 *Trichosteleum* Mitt.

植物体纤细或较粗壮，绿色或黄绿色，稀呈黄色或棕黄色，无光泽或稍具光泽。茎匍匐伸展，具簇生假根；不规则密分枝或近羽状分枝。枝单一或有稀疏短分枝，枝端略钝。叶披针形，长披针形或长椭圆形，稀呈卵形，上部成狭长尖，直立或倾立，有时一向偏曲，内凹，无皱褶；叶边多卷曲，上部具细齿；中肋缺失。叶细胞长椭圆形或狭长菱形，通常薄壁，稀厚壁，具单疣，叶基细胞黄色，厚壁，具壁孔，角部有少数膨大呈长椭圆形细胞，透明或黄色，明显分化小而不内凹的角部。

雌雄异苞同株。内雌苞叶直立，尖部狭长，边缘有锯齿，无中肋。蒴柄纤细，顶部弯曲，上部多粗糙，稀平滑。孢蒴多悬垂，形小，不对称；外壁细胞强烈角隅加厚，常有乳头状突起。无环带。蒴齿 2 层：外齿层齿片狭披针形，外面具"之"字形脊，下部具横条纹，上部具疣；内面具明显的横隔，上部向侧面突出；内齿层齿条与齿片等长，黄色，基膜高，具疣，中缝处成龙骨状，有穿孔；齿毛通常单一，具节瘤，有时退化。蒴盖基部拱圆形，具狭长喙。蒴帽勺状，平滑或上部稍粗糙。孢子圆形，绿色，具疣。

全世界有 120 种，分布于热带及亚热带地区。中国有 6 种，本地区有 3 种。

分种检索表

1. 叶细胞平滑 ……………………………………2. 全缘刺疣藓 *T. lutschianum*
1. 叶细胞具疣 ……………………………………………………………………… 2
  2. 叶多为短尖，边缘常卷曲；雌苞叶具疣 ……………………1. 垂蒴刺疣藓 *T. boschii*
  2. 叶渐成长尖，或渐狭成细长尖；雌苞叶疣明显 ………3. 长喙刺疣藓 *T. stigmosum*

垂蒴刺疣藓 *Trichosteleum boschii* (Dozy & Molk.) A. Jaeger

生境 腐木，树干，树干基部；海拔：1407 ～ 1774 米。

分布地点 上杭县，步云乡，桂和村（油婆记、贵竹坪、狗子脑）。

标本 韩威 142；王钧杰 ZY1274，ZY1322。

本种叶片卵形或椭圆状披针形，内凹，渐尖或急尖，叶细胞长菱形，具疣，角部具一排膨大的细胞，常具色泽。

全缘刺疣藓* *Trichosteleum lutschianum* (Broth. & Paris) Broth.

生境 树枝；海拔：1417 米。

分布地点 上杭县，步云乡，桂和村贵竹坪。

标本 何强 11435。

本种叶片卵状披针形，渐尖，强烈内凹，叶边全缘，叶细胞线形，平滑，角部具一排膨大细胞。

长喙刺疣藓 *Trichosteleum stigmosum* Mitt.

生境 腐木；海拔：649 米。

分布地点 连城县，莒溪镇，太平僚村大罐坑。

标本 王钧杰 ZY296。

本种叶片长椭圆形，强烈内凹，短尖，叶细胞长菱形，具疣，角部常具 2 个大形、薄壁、有色的细胞。

（三十六）塔藓科 Hylocomiaceae M. Fleisch.

植物体中等至大形，坚挺，多粗壮，少数纤细，绿色、黄绿色至棕黄色，常略具光泽，稀疏或密集交织成片。茎匍匐，有时带赤色；支茎多倾立，有时弓状弯曲，不规则分枝或规则 2 ～ 3 回羽状分枝，常明显分层。茎横切面通常具中轴及大形的薄壁细胞和较小的表皮细胞。茎、枝上具枝状鳞毛或小叶状假鳞毛，部分属、种无鳞毛；常具棕色假根。茎叶与枝叶常异形，倾立、背仰或向一侧偏斜，基部常抱茎。茎叶卵状披针形、阔卵状披针形或三角状心形，有时具纵褶或横皱褶，稀内凹，上部渐尖、急尖至圆钝；叶边上部多具齿，有时基部略背卷；中肋单一，2 条或不规则分叉，强劲或细弱，长达叶片中部以上或不达中部即消失。叶细胞线形或长蠕虫形，长与宽一般为 5 ～ 16:1，平滑或背面具疣或前角突，略厚或薄壁，角部细胞分化，一般短宽，常呈方形或近方形。

雌雄异株。雌苞仅着生茎上，蒴柄细长，棕红色，平滑。孢蒴卵形或长卵形，倾立、横生或垂倾，外壁细胞有时略厚壁，基部常具显型气孔。蒴齿 2 层：外齿层齿片深色，狭长披针形，常具分化的淡色边缘，外面具横脊，下部脊间有横纹、网纹或细疣，上部通常为细密疣；内齿层齿条披针形，淡黄色，基膜较高，齿毛 1 ～ 4 条，有时缺失。蒴盖短圆锥形，常具喙。蒴帽兜形或帽形，平滑。孢子球形，直径 8 ～ 25 微米，黄色，表面具细疣或近于平滑。

全世界有 15 属，多分布温带或亚热带高山林地。中国有 12 属，本地区有 5 属。

分属检索表

1. 枝、茎上常具鳞毛……………………………………………………………1. 梳藓属 *Ctenidium*

1. 枝、茎上无鳞毛……………………………………………………………………2
  2. 叶基部具叶耳……………………………………3. 小蔓藓属 *Meteoriella*
  2. 叶基部不具叶耳…………………………………………………………………3
    3. 叶先端常圆钝或呈钝尖……………………………4. 赤茎藓属 *Pleurozium*
    3. 叶先端一般不圆钝…………………………………………………………4
      4. 茎叶卵状披针形或三角状披针形，尖较长……………………………………
        ……………………………………………………5. 拟垂枝藓属 *Rhytidiadelphus*
      4. 茎叶心脏形，具短尖…………………………………2. 南木藓属 *Macrothamnium*

1. 梳藓属 *Ctenidium* (Schimp.) Mitt.

植物体纤细或粗壮，匍匐或倾立，稀近于直立。常见于树干或岩面上。茎横切面圆形或阔椭圆形，中轴略有分化，皮层由 3 ～ 5 层细胞组成，细胞较小，厚壁。假根红褐色，具细疣。分枝规则羽状或不规则羽状，稀疏或密集，平展，在幼嫩枝末端常有稀疏假鳞毛，呈小叶状，三角形或狭三角形，稀卵圆形，具短尖或长尖，边缘多少具细齿；腋生毛稀疏，由 3 ～ 4 个短而透明细胞组成，顶端细胞长于下部细胞。叶紧密排列，倾立，呈镰刀状一向偏斜，基部多为阔心脏形，较宽而下延，无纵褶或稍有纵褶，上部急狭成披针形；叶边缘具齿；双中肋，短或不明显。叶细胞长线形，多数有明显前角突，角细胞由方形或长方形细胞群组成，有时膨大。枝叶卵披针形，较狭窄。

雌雄异株，稀雌雄杂株。内雌苞叶直立，基部长卵形，上部急狭成细长尖，鞘部有多细胞组成的毛。蒴柄细长，红色，平滑或近于平滑。孢蒴倾立或平列，卵形或长卵形、弓形弯曲。环带分化，自行脱落。蒴齿 2 层：外齿层齿片基部愈合，长披针形，外面下部橙色，渐上呈金黄色，有密横脊，上部无色透明，具疣，内面有突出的横隔，边缘有突出的黄色或淡色的边；内齿层黄色，具疣，基膜低，齿条狭长披针形，中缝有连续的穿孔，齿毛 2 ～ 3 条，细长而带有节瘤。蒴盖长圆锥形，锐尖或钝尖。蒴帽多数有毛。孢子棕黄色，近于平滑。

全世界有 24 种，分布于世界温暖地区。中国有 11 种，本地区有 6 种。

分种检索表

1. 茎叶基部宽大于长；角细胞长方形；叶边具粗齿，有时为刺状齿……………………
  ……………………………………………………………5. 麻齿梳藓 *C. malacobolum*
1. 茎叶基部长大于宽；角细胞短方形或长方形；茎叶叶边不具粗齿或刺状齿………2
  2. 茎叶向外展出，或向外弯曲；枝叶不呈扁平生长……………………………………3
  2. 茎叶不向外伸展，背面叶贴生于茎上，侧面叶和腹面叶向外伸展；枝叶近于呈

扁平生长……………………………………………………………………………………… 4

3. 茎叶直立开展，尖部不弯曲，卵圆状披针形或三角状披针形，尖端渐尖，不对称，长 1.6 ～ 2 毫米；叶中部细胞长 60 ～ 70 微米，叶上部细胞平滑或稍具前角突…………………………………………………2. 毛叶梳藓 *C. capillifolium*

3. 茎叶开展或向外伸展，叶尖稍弯曲，阔卵圆状披针形，尖端突然收缩趋狭，具长尖，对称，长 1.2 ～ 1.5 毫米；叶中部细胞长 50 微米，稍具前角突……………………………………………………………………………3. 戟叶梳藓 *C .hastile*

4. 茎叶略弯曲，尖端突然变尖；叶细胞常具前角突………1. 柔枝梳藓 *C. ando*

4. 茎叶不弯曲或较少弯曲，尖端渐尖；叶细胞平滑，稀具前角突……………… 5

5. 茎叶尖部近于与叶基部等长，或稍短于叶基部；角细胞壁厚 2.5 微米以下………………………………………………… 6. 齿叶梳藓 *C. serratifolium*

5. 茎叶尖部近于与叶基部等长，或稍长于叶基部；角细胞壁厚 2.5 ～ 4.5 微米……… 4. 弯叶梳藓 *C. lychnites*

柔枝梳藓 *Ctenidium ando* N. Nishim.

生境 溪边石上；海拔：696 米。

分布地点 上杭县，步云乡，云辉村西坑。

标本 贯渝 12271；于宁宁 Y04286。

本种植物体小而柔软，茎叶三角状披针形，长渐尖，稍弯曲，枝叶披针形，叶边缘具弱的齿。

毛叶梳藓 *Ctenidium capillifolium* (Mitt.) Broth.

生境 树干，岩面；海拔：850 ～ 1392 米。

分布地点 上杭县，步云乡，桂和村油婆记。连城县，庙前镇，岩背村马家坪。

标本 韩威 125，189。

本种植物体中等大小至大形，茎叶三角状披针形，长渐尖，且叶尖扭曲，基部不对称，枝叶与茎叶相似，但基部更窄，长渐尖且扭曲。

戟叶梳藓 *Ctenidium hastile* (Mitt.) Lindb.

生境 溪边干燥石上，岩面，树干；海拔：620 ～ 1408 米。

分布地点 新罗区，江山镇，福坑村石斑坑。连城县，莒溪镇，陈地村盘坑；曲溪乡，罗胜村岭背畬。

标本 何强 11291，12364；贾渝 12397。

本种枝叶与茎叶形态上明显分化，茎叶三角状披针形，长渐尖且弯曲，枝叶披针形，渐尖。

弯叶梳藓 *Ctenidium lychnites* (Mitt.) Broth.

生境 林下土面，土面，石壁，岩面；海拔：618 ~ 1054 米。

分布地点 连城县，莒溪镇，太平僚村大罐坑。新罗区，江山镇，福坑村梯子岭。上杭县，步云乡，大斜村大坪山。

标本 何强 10260；娜仁高娃 Z2057；王钧杰 ZY1359；王庆华 1777。

本种植物体为不规则羽状分枝，茎叶略呈镰刀状弯曲，基部渐狭，叶基部稍下延，叶边缘具细齿，叶细胞多少具前角突。

麻齿梳藓 *Ctenidium malacobolum* (Müll. Hal.) Broth.

生境 树基，岩面薄土，石上；海拔：628 ~ 1272 米。

分布地点 连城县，莒溪镇，太平僚村。上杭县，步云乡，桂和村（笙竹坪－共和）。

标本 韩威 196；王钧杰 ZY273，ZY289；王庆华 1747。

本种植物体中等至大形，茎叶三角状披针形，长渐尖，叶尖强烈弯曲，具明显的锯齿，枝叶披针形，叶细胞厚壁。

齿叶梳藓 *Ctenidium serratifolium* (Cardot) Broth.

生境 岩面，林中石上，树生；海拔：690 ~ 901 米。

分布地点 新罗区，江山镇，福坑村梯子岭。连城县，莒溪镇，池家山村神坛；太平僚村；庙前镇，岩背村马家坪。

标本 韩威 172；何强 10097；贾渝 12584；王钧杰 ZY276。

本种植物体小形至中等，规则或不规则羽状分枝，假鳞毛三角形或狭三角形，茎叶略弯曲，狭三角状披针形或卵状披针形，具长渐尖，有时扭曲，叶边具齿，枝叶狭卵状披针形，直立。

2. 南木藓属 *Macrothamnium* Fleisch.

植物体中等大小至大形，黄绿色或黄褐色，色暗或略具光泽，疏松或紧密垫状生长。主茎常长而匍匐；支茎常弓形弯曲，有时近于呈树形，不规则或规则的 1 ～ 3 回羽状分枝，中轴分化不明显，中央由小的薄壁细胞及大形薄壁细胞和小形厚壁细胞，表皮层不分化，偶尔有大形薄壁而透明的细胞；无鳞毛；假鳞毛三角形或披针形。茎叶和枝叶异形。茎叶心脏形、肾形或阔卵形，具钝尖、锐尖或渐尖，基部常为心脏形，下延或不下延，多内凹，偶尔具不明显的纵褶；叶边基部背卷，上部具细齿，下部具粗齿；中肋 2，达叶片长度的 1/4 ～ 1/2，有时不明显。叶中部细胞狭椭圆形至线形，平滑或稀具细疣，基部具壁孔或略具壁孔；角细胞不分化至明显膨大。枝叶较茎叶紧密着生，卵圆形或椭圆形，锐尖或短渐尖，不下延或稍下延；中肋较弱。

雌雄异株。雌苞生于主茎。蒴柄长，平滑，红色。孢蒴直立或稍倾斜，对称，常具短台部，干燥时在孢蒴口部下收缩而有时具不规则纵褶；基部具显型气孔。环带为 2 ～ 3 列小形细胞，有时缺失。蒴盖圆锥形。蒴齿 2 层：外齿层黄色、橙黄色，基部为红棕色，齿片披针形，常具浅色边缘，外面具横纹或不规则的横纹，中缝穿孔稀少；内齿层黄色，平滑或具疣，基膜为内齿高度层的 1/4 ～ 1/2，齿毛 2 ～ 4 条，具节瘤或缺失。蒴帽兜形，平滑，无毛。孢子球形，表面具细疣，直径 8 ～ 33 微米。

全世界有 5 种，多分布于热带或亚热带林区。中国有 4 种，本地区有 1 种。

南木藓 ***Macrothamnium macrocarpum*** (Reinw. & Hornsch.) M. Fleisch.

生境 潮湿岩面；海拔：1300 ～ 1339 米。

分布地点 连城县，曲溪乡，罗胜村岭背畲。上杭县，步云乡，桂和村贵竹坪。

标本 娜仁高娃 Z2117；王钧杰 ZY1413。

本种植物体主茎长，具叶状假鳞毛，茎叶基部不下延，叶尖稍扭曲，茎叶和枝叶形态相似，宽卵形，上部边缘有细齿，枝叶较长，叶边缘具细齿，中肋为短而弱的双中肋。

3. 小蔓藓属 *Meteoriella* Okam.

植物体较粗壮，硬挺，具绢丝光泽，成片悬垂蔓生。主茎匍匐；支茎密生，长而下垂并具疏羽状分枝。叶阔卵形，强烈内凹，上部突狭窄成急短尖或长尖，基部叶耳明显，抱茎；叶边平展，近于全缘；中肋2，长达叶片中下部。叶细胞线形，厚壁，平滑，壁孔明显，角部细胞不分化。

雌雄异株。蒴柄弯曲，高出于雌苞叶。孢蒴近于圆球形，蒴口小。蒴齿单层。

全世界仅有1种，亚洲东部特有属。

小蔓藓 ***Meteoriella soluta*** (Mitt.) S. Okamura

生境 灌木基部，岩面；海拔：1806～1811米。

分布地点 上杭县，步云乡，桂和村狗子脑。

标本 何强11443；王钧杰ZY1286，ZY1290，ZY1295。

本种为东亚特有种，广泛分布于中国长江流域的热带和亚热带地区。本种植物体为褐色，叶片基部抱茎，具明显的叶耳，叶细胞具壁孔，双中肋。该种分布于保护区最高海拔点，而且只有一个分布点。

4. 赤茎藓属 *Pleurozium* Mitt.

植物体硬挺，多黄色，具光泽，匍匐，疏松成片生长。茎具不规则羽状分枝，先端常倾立，多锐尖。叶长卵圆形，内凹，有时具纵长褶，密生或稀疏覆瓦状排列；叶基部边缘常略内曲，尖部圆钝或具小短尖，具细齿或齿突；双中肋，或退化。叶细胞线形或长菱形，多略厚壁，平滑，基部细胞渐短，壁厚，具壁孔，角细胞近方形，常呈橙红色。

雌雄异株。蒴柄细长，棕红色。孢蒴长卵形或近长圆柱形，台部有时明显，倾立或略垂倾。环带不分化。蒴齿2层：外齿层齿片狭长披针形，具横脊，略具分化的浅色边缘，外面具细密网纹，尖部常具细疣；内齿层齿条棕黄色，基膜稍高，具横隔，中缝常具多数连续穿孔，齿毛1～3条。蒴盖圆锥形，具短喙。蒴帽兜形，平滑。孢子球形，表面具细疣，直径10～20微米。

全世界仅有1种，分布温寒地区。

赤茎藓* ***Pleurozium schreberi*** (Brid.) Mitt.

生境 砂土上；海拔：681米。

分布地点 上杭县，步云乡，云辉村丘山。
标本 王钧杰 ZY1338。

本种叶细胞和角细胞分化类似绢藓属植物，但其茎为红色，具中轴，枝条硬挺，孢蒴不直立，且内齿层齿毛发育良好。

5. 拟垂枝藓属 *Rhytidiadelphus* (Lindb. ex Limpr.) Warnst.

植物体大形或中等大小，多粗壮，硬挺，灰绿色、绿色至黄绿色，多具光泽，通常疏松成片群生。支茎单一或不规则 1 ～ 2 回羽状分枝，有时分枝较少；枝条短钝或纤长，枝先端常纤细或粗壮，有时略向下弯曲；假鳞毛仅见于茎上枝的着生处。叶多列，紧密排列，一般茎叶与枝叶异形。茎叶卵状或阔卵状披针形或心状披针形，先端常背仰或向一侧弯曲，多具明显纵长皱褶或无皱褶；叶边全缘或具齿；中肋 2，长达叶片中部以上。叶细胞线形，背部常有前角突，基部细胞常宽短，壁略加厚，多具壁孔，常带红褐色，有时角部细胞略分化。枝叶多为卵状披针形，叶边全缘或具细齿；双中肋，多短弱。

雌雄异株。内雌苞叶较小，鳞片状，常背仰或具长毛尖，一般无皱褶，中肋缺失。蒴柄细长。孢蒴多卵形，较短，略弯曲，稀具短台部。蒴齿 2 层：外齿层齿片狭披针形，橘红色，具横脊，中下部常具分化的浅色边缘，外侧具横纹，上部常具疣；内齿层棕黄色，基膜稍高，具横隔，齿条常具几个连续卵圆形穿孔，齿毛 1 ～ 3 条。蒴帽圆锥形，具短喙，或呈兜形，平滑。孢子球形，表面具细疣，直径 11 ～ 24 微米。

全世界有 5 种，多生于高山寒地针叶林下生长。中国有 3 种，本地区有 1 种。

拟垂枝藓* *Rhytidiadelphus squarrosus* (Hedw.) Warnst.

生境 岩面；海拔：880 米。
分布地点 连城县，莒溪镇，太平僚村风水林。
标本 何强 10235。

本种植物体大形，粗壮，茎和枝均为红色；叶片宽卵形，上部急狭成细而长的尖，反仰或背倾，无纵褶，叶背面平滑，基部呈明显鞘状，叶边缘具细齿，中肋达叶片长度的 1/4。

（三十七）绢藓科 Entodontaceae Kindb.

植物体常具光泽，交织成片，喜生于树干、岩面或土壤表面。茎匍匐或倾立，规则分枝，密生叶；无鳞毛；具中轴。茎叶与枝叶同形，对称或稍不对称，卵形或卵状披针形，少数呈狭披针形，先端钝或具长尖；中肋多2条，少数种类无中肋或中肋超过叶中部。叶中部细胞菱形至线形，平滑，角部细胞数多，方形。

雌雄同株或异株。雄苞呈芽状，较小。雌苞生于短小雌枝上。蒴柄长0.5～4厘米，平滑。孢蒴直立，对称，有时略弯曲，稍不对称；环带分化或缺失。蒴齿2层，或齿条退化至消失。外齿层齿片狭披针形或阔披针形，黄色至红褐色，生于孢蒴口部之下，外壁背面具疣或条纹，甚少为平滑，具回折中缝或穿孔；内齿层基膜不发达，齿条多呈线形，齿毛缺失或退化。孢子小形，直径不超过55微米。

全世界有4属，中国有4属，本地区有1属。

1. 绢藓属 *Entodon* Müll. Hal.

植物体中等大小至粗壮，绿色或黄绿色，具光泽，片状扁平生长。茎匍匐或倾立，规则羽状分枝或近于羽状分枝。枝较短，圆条形或扁平。叶卵形、披针形或椭圆形，先端钝或渐尖，内凹，叶基不下延；叶边平直，或基部略反卷，全缘或上部具细齿；双中肋，一般短弱。叶细胞线形，通常叶先端细胞较短；角细胞呈矩形或方形，在叶基两侧形成明显分化，有时可延伸至中肋处。

雌雄同株，少数异枝。雄苞小，呈芽状。雄苞叶阔卵形，内凹；全缘或具微齿，上部边缘内卷；无中肋。雌苞叶披针形至长椭圆状披针形，基部鞘状。蒴柄长。孢蒴直立，对称，圆柱形。蒴齿着生蒴口内侧；外齿层齿片狭披针形，外侧具条纹或疣；内齿层具低的基膜，齿条线形，与齿片等长或略短。蒴盖圆锥形，具喙。蒴帽兜形，平滑无毛。孢子球形，具疣。

全世界有115种，分布世界各大洲。中国有33种，本地区有7种。

分种检索表

1. 蒴柄黄色至黄褐色，环带缺失（少数具环带）……………………………… 2
1. 蒴柄红色或紫褐色以至栗色，具环带（少数缺失）………………………… 4
  2. 内蒴齿齿片具疣或条纹……………………………3. 长柄绢藓 *E. macropodus*
  2. 内蒴齿齿片平滑 ……………………………………………………………… 3
    3. 植物体中等大小；叶片椭圆形，上部具锐齿……………7. 绿叶绢藓 *E. viridulus*
    3. 植物体非常纤细；叶片卵状椭圆形，上部具细齿……4. 钝叶绢藓 *E. obtusatus*
      4. 枝条明显扁平 ……………………………………………………………… 5
      4. 枝条圆形 …………………………………………………………………… 6
        5. 枝叶于茎叶类似；外蒴齿具疣 ……………………1. 柱蒴绢藓 *E. challengeri*
        5. 枝叶明显小于和狭于茎叶；外蒴齿上部具疣，下部具横条纹……………

……………………………………………………6. 亚美绢藓 *E. sullivantii*

6. 雌雄异株；孢蒴长可达 4 毫米；茎羽状分枝，具多数小枝……………

……………………………………………………2. 广叶绢藓 *E. flavescens*

6. 雌雄同株；孢蒴不到 3.5 毫米；茎近于羽状分枝，单一…………………

……………………………………………………5. 横生绢藓 *E. prorepens*

柱蒴绢藓 ***Entodon challengeri*** (Paris) Cardot

生境 油菜地边石上；海拔：670 米。

分布地点 上杭县，古田镇，溪背村古田会址附近。

标本 于宁宁 Y4396。

本种茎和枝上叶片扁平着生，强烈内凹，具小短尖或圆钝，角部分化细胞延伸至中肋，内蒴齿具疣，高度仅为外蒴齿的一半。

广叶绢藓 ***Entodon flavescens*** (Hook.) A. Jaeger

生境 石生；海拔：722 米。

分布地点 连城县，莒溪镇，太平僚村七仙女瀑布。

标本 王庆华 1820。

本种植物体粗壮，羽状分枝，常产生小枝。茎叶和枝叶形态上分异：茎叶宽的三角状卵形，锐尖，整个叶边缘具齿，中肋弱，枝叶明显小，椭圆状卵形，叶边齿更明显，中肋强，叶边角部分化区域为三角形。

长柄绢藓 ***Entodon macropodus*** (Hedw.) Müll. Hal.

生境 竹林下石生，岩面，树干基部；海拔：678 ～ 957 米。

分布地点 上杭县，古田镇，吴地村（大吴地至桂和旧路）。连城县，莒溪镇，太平僚村七仙女瀑布。

标本 韩威 231；王庆华 1732；于宁宁 Y04429。

本种是该属在东亚地区最常见的一个种。植物体大形，扁平，茎叶异形，背叶椭圆状卵形，在基部明显收缩，尖部宽阔，叶边平展，侧叶宽卵形，锐尖，明显内凹，叶尖多少内曲，叶边在尖部具齿，在叶边下部稍外卷；蒴柄黄色，内外蒴齿具条形纹饰。

钝叶绢藓 ***Entodon obtusatus*** Broth.

生境 林下石生，石上，岩面；海拔：572 ～ 861 米。

分布地点 连城县，莒溪镇，太平僚村（风水林七仙女瀑布）。

标本 韩威 216，227；王钧杰 ZY208；于宁宁 Y4490。

本种植物体很小且纤细，叶片舌形，尖部圆钝，近于全缘。

横生绢藓 *Entodon prorepens* (Mitt.)A. Jaeger

生境 溪边石上；海拔：796 ～ 861 米。

分布地点 连城县，莒溪镇，太平僚村风水林。

标本 王庆华 1834。

本种枝条圆形，角部细胞多，中肋强，外蒴齿具密集的疣。

亚美绢藓 *Entodon sullivantii* (Müll. Hal.) Lindb.

生境 岩面；海拔：678 米。

分布地点 连城县，莒溪镇，太平僚村七仙女瀑布。

标本 韩威 235，236。

本种比较常见，变异也比较大。枝叶与茎叶区别明显，枝叶较茎叶小而狭窄，叶尖部具尖锐的锯齿，叶片在基部强烈的收缩，角部细胞分化明显，细胞呈方形或长方形，分化细胞延伸至中肋，中肋强，可达叶片中部。

绿叶绢藓 *Entodon viridulus* Cardot

生境 树根；海拔：654 米。

分布地点 连城县，莒溪镇，陈地村湖堀。

标本 王钧杰 ZY1151。

本种植物体柔软，茎叶和枝叶扁平，舌状椭圆形，具钝尖。

（三十八）隐蒴藓科 Cryphaeaceae Schimp.

植物体纤细或粗壮，疏松或丛集的树生或石生藓类。主茎匍匐横生；支茎直立或蔓生，不规则分枝，或羽状分枝，稀具假鳞毛。叶干燥时覆瓦状贴生，潮湿时倾立，叶基部卵圆形，略下延，先端渐尖，具短尖或长尖，略内凹；叶边全缘或近尖部具齿；中肋单一，不及叶尖即消失。叶细胞卵形、椭圆形或菱形，厚壁，平滑，叶基部细胞长菱形或近线形，稀具壁孔。

雌雄同株异苞。雄苞芽苞形，侧生。雌苞生短枝顶端。雌苞叶直立，内雌苞叶多具高鞘部。蒴柄短。孢蒴直立，长卵形。环带分化。蒴齿多为 2 层：外齿层齿片披针形；内齿层基膜低，齿条线形或狭长披针形，稀折叠形或具穿孔。蒴盖圆锥形，具短喙。蒴帽小，钟形或兜形，表面粗糙，稀平滑。孢子中等或大形。

全世界有 12 属，分布于温带地区。中国有 5 属，本地区有 1 属。

1. 毛枝藓属 *Pilotrichopsis* Besch.

植物体硬挺，大形，纤长，黄褐色，成束悬垂生长。茎、枝纤长，不规则稀疏分枝；枝纤长或弯曲。叶干燥时紧贴，潮湿时倾立，基部卵圆形，略下延，上部阔披针形；叶边下部略背卷，上部有粗齿；中肋消失于叶尖。叶细胞长椭圆形，基部细胞近中肋处近线形，叶角细胞成扁椭圆形或扁方形，排列较整齐；胞壁等厚。

雌雄同株异苞。雌苞着生短枝顶端，基部雌苞叶形小，渐上较大而成长披针形；中肋消失于叶尖。孢蒴完全隐生于雌苞叶中，卵长形，淡棕色。蒴齿 2 层，淡黄色：外齿层齿片长披针形，外面具横脊，上部具粗疣；内齿层齿条线形，齿毛不发育。蒴盖圆锥形，具短尖。蒴帽兜形，干时易脱落。

全世界有 3 种，分布于亚洲东部。中国有 2 种，本地区有 1 种。

毛枝藓 ***Pilotrichopsis dentata*** (Mitt.) Besch.

生境 石生；海拔：796 ～ 861 米。

分布地点 连城县，莒溪镇，太平僚村风水林。

标本 王庆华 1832。

本种植物体大形，硬挺，羽状分枝，叶片卵状披针形，叶上部具粗齿，中肋单一，达叶片长度的 2/3 以上，叶细胞厚壁，中上部细胞长菱形或椭圆形。

（三十九）蕨藓科 Pterobryaceae Kindb.

植物体多大形，粗壮或坚挺，稀疏或密集群生，或垂倾生长，具光泽。茎横切面无中轴分化，常分化厚壁具壁孔的基本组织和长形周边细胞。主茎细长而匍匐，有稀疏假根或鳞叶；支茎单一，或不规则分枝、羽状或树形分枝，分枝直立或在平横生长时分层垂倾。叶干时紧贴或常扭曲，不甚卷缩，基部阔卵形，不下延，稀心形下延，上部圆钝或有长尖，或呈狭长披针形，渐尖或有细长毛状尖。叶细胞近线形，多平滑，稀有前角突，近基部处细胞较疏松，角细胞有时分化或呈棕色。

多雌雄异株。雌雄生殖苞均着生枝上。雌苞叶分化。蒴柄红色，多平滑。孢蒴隐生或高出雌苞叶之外，卵圆形，直立，对称，蒴壁平滑；气孔稀少，显型气孔或缺失。环带多不分化。蒴齿 2 层：外齿层齿片披针形，外面横脊不常发育，或呈不规则加厚，具横纹或有疣，内面有横隔；内齿层多退化，基膜低，或具线形，稀呈折叠状的齿条；齿毛多缺失。蒴盖圆锥形，有短尖喙。蒴帽小，兜形或帽形。孢子多大形，具疣。

全世界有 24 属，分布于热带和亚热带山地。中国有 9 属，本地区有 2 属。

分属检索表

1. 主茎匍匐，支茎下垂，多具分枝；叶片疏松或密集倾立，叶基部具明显叶耳 ……………………………………………………………………1. 耳平藓属 *Calyptothecium*
1. 主茎匍匐，支茎倾立，单一，稀分枝；叶片多列，呈扁平两列状排列，叶基部不具叶耳 ……………………………………………………………2. 兜叶藓属 *Horikawaea*

1. 耳平藓属 *Calyptothecium* Mitt.

植物体粗大，具绢丝光泽，交织集成大片，常悬垂生长。主茎匍匐伸展，密被红棕色假根，具小形疏列而紧贴的鳞叶，有时有鞭状枝。支茎下垂，多具稀疏不规则分枝，有时呈密集规则分枝或羽状分枝；稀有鳞毛。叶疏松或密集式向外倾立，扁平排列，多卵形或舌状卵形，两侧不对称，尖部短阔，具横波纹，常有纵长皱褶；叶边全缘，或上部具细齿；单中肋，长达叶片中部或在叶尖下消失，稀缺失。叶细胞薄壁或厚壁，有壁孔，平滑，近尖部细胞狭菱形，基部细胞疏松，红棕色，角部细胞不明显分化。

雌雄异株。孢蒴隐生于雌苞叶内，卵形或长卵形。蒴齿 2 层。蒴盖圆锥形，有短喙。蒴帽帽形，仅罩覆蒴盖，基部多瓣开裂，或一侧开裂，平滑或具毛。孢子形大，具细疣。

全世界有 30 种，分布于热带、亚热带地区。中国有 8 种，本地区有 1 种。

急尖耳尖藓 *Calyptothecium hookeri* (Mitt.) Broth.

生境 岩面；海拔：638 ～ 710 米。

分布地点 连城县，莒溪镇，太平僚村大罐坑。
标本 何强 10252。

本种植物体大形，密集成片生长，茎红色，枝条下垂，叶片卵形或长卵形，具短尖，叶边缘中上部具细齿，中肋单一，达叶片中部，稀短弱，叶耳明显，叶基部细胞具壁孔，叶中部细胞长菱形。

2. 兜叶藓属 *Horikawaea* Nog.

植物体灰绿色、黄绿色至浅绿色，具光泽。主茎匍匐，有少数鳞片状叶，具平滑假根；支茎扁平或圆条形，不分枝或稀疏不规则分枝，有时具鞭状枝，稀具丝状假鳞毛。茎具透明的薄壁细胞和周边的厚壁细胞，中轴不分化。叶长卵圆形或长舌形，尖短或细长，略平展、内凹或对折，对称或不对称，常多列，而呈扁平两列状；叶边全缘或具细齿；中肋单一，较长，稀分叉，或中肋 2，短弱，有时缺失。叶细胞多长蠕虫形，平滑，壁薄或厚；角细胞方形或不规则长方形，深色，壁厚或薄，一般具壁孔，无性芽胞，棕色，多簇生叶腋，梭形或棒槌形。

雌雄异株。孢子体不详。

全世界有 4 种，中国有 3 种，本地区有 1 种。

兜叶藓 *Horikawaea nitida* Nog.

生境 林中树干；海拔：654 米。
分布地点 上杭县，步云乡，云辉村西坑。
标本 于宁宁 Y04244。

植物体大形，硬挺，具横走茎，叶片尖部兜形，中肋单一，达叶片长度的 1/2 以上，角部细胞分化明显，细胞长方形，细胞壁厚，具壁孔。

（四十）平藓科 Neckeraceae Schimp.

植物体多数粗大，少数属植物体短小，黄绿色至褐绿色，具强的绢泽光或弱光泽，疏松丛集生长。主茎匍匐，密被假根。支茎直立或倾立，1 ～ 3 回羽状分枝；一般无中轴分化。叶扁平着生，舌形、长卵形、匙形至圆卵形，常具横波纹，叶尖多圆钝或具短尖，叶基一侧内折或具小瓣，两侧多不对称；叶尖部边缘具粗齿或全缘；中肋单一或具 2 短肋，稀中肋缺失。叶细胞菱形至线形，平滑，稀具疣。雌雄多异株或同株。孢蒴侧生于茎或枝上；隐生于雌苞叶内或高出于雌苞叶。蒴齿 2 层：外齿层齿片狭披针形，常有穿孔，外面有疣或横纹，稀平滑；内齿层齿条披针形，齿毛常缺失，基膜常发育良好。

全世界有 32 属，主要分布于热带和亚热带山区。中国有 18 属，本地区有 5 属。

分属检索表

1. 植物体多 3 回扁平羽状分枝成树形或扇形，稀 1 回扁平羽状分枝，体形多粗壮，稀形小 ……………… 2. 树平藓属 *Homaliodendron*
1. 植物体单一，为羽状分枝，或不规则羽状分枝，但不呈树形或扇形，体形一般中等大小，稀粗壮 ……………… 2
 2. 支茎长可达 10 厘米以上；叶尖部多平截，稀锐尖 ………… 5. 亮蒴藓属 *Shevockia*
 2. 支茎长度一般不超过 5 厘米；叶尖部圆钝或具短钝尖 ……………… 3
  3. 叶多疏松贴生，稀密生，常具横波纹，稀平展，具弱光泽或无光泽 ……………… 4. 平藓属 *Neckera*
  3. 叶多紧密扁平贴生，一般无强横波纹，具强光泽 ……………… 4
   4. 叶片呈刀状或弯曲状椭圆形 ……………… 3. 弯叶藓属 *Isodrepanium*
   4. 叶片呈圆形或圆卵形 ……………… 1. 拟扁枝藓属 *Homaliadelphus*

1. 拟扁枝藓属 *Homaliadelphus* Dix. et P. Varde

植物体中等大小，黄绿色至褐绿色，具明显光泽。支茎不规则短羽状分枝。叶紧密贴生，圆形至圆卵形，基部腹面具狭椭圆形瓣；叶边全缘或具细齿；无中肋。叶细胞方形至菱形，基部中央细胞狭长菱形，多具壁孔。

雌雄异株。内雌苞叶椭圆状狭舌形。蒴柄平滑。孢蒴椭圆形或圆柱形。蒴齿两层；外齿层齿片披针形，淡黄色，透明；内齿层齿条狭披针形，具低基膜。蒴盖圆锥形。蒴帽被纤毛。孢子具细疣。

全世界有 2 种，分布于热带和亚热带林区。中国有 1 种。本地区 1 种。

拟扁枝藓* *Homaliadelphus targionianus* (Mitt.) Dixon & P. de la Varde

生境 树干，林中树干；海拔：640 ～ 957 米。

分布地点 连城县，莒溪镇，太平僚村（七仙女瀑布附近、百金山）。上杭县，步云乡，桂和村（大吴地至桂和旧路）。

标本 贯渝 12621；王庆华 1817；于宁宁 Y4331。

本种植物体扁平，淡绿色，具光泽，叶片呈卵状椭圆形，叶边全缘，无中肋，叶细胞平滑，方形至菱形。

2. 树平藓属 *Homaliodendron* Fleisch.

植物体大形，稀小形，黄绿色或褐绿色，具绢泽光。支茎直立或倾立，1 ～ 3 回扁平羽状分枝成树形至扇形；横切面呈圆形或椭圆形，无分化中轴，皮层具多层厚壁细胞，髓部薄壁。茎叶卵形至阔舌形，尖部圆钝或锐尖；叶边全缘，或尖部具细齿至粗齿；中肋单一，一般不达叶上部。叶细胞圆方形至卵状菱形，胞壁等厚，下部细胞长方形至长椭圆形，胞壁波状加厚。枝叶明显小于茎叶，长度约为茎叶的 1/2，与茎叶近似或异形。

雌雄异株。内雌苞叶卵状披针形。蒴柄细长。孢蒴卵形。蒴齿外齿层齿片狭披针形，具疣和横纹；内齿层的齿条具穿孔，齿毛缺失。蒴盖圆锥形。蒴帽兜形，多被纤毛。

全世界有 27 种，主要分布于亚洲热带和亚热带地区，少数种类亦见于澳大利亚。中国有 12 种，本地区有 5 种。

分种检索表

1. 叶阔舌形，先端圆钝；叶边仅具细齿……………………………2. 小树平藓 *H. exiguum*
1. 叶椭圆状舌形、卵状舌形或阔卵状椭圆形，先端锐尖或钝尖；叶边尖部多具不规则粗齿……………………………………………………………………………………………2
  2. 叶一般较宽短，上部常较阔，具短钝尖 ……………………3. 树平藓 *H. flabellatum*
  2. 叶一般较长，上下近于等宽，一般具锐尖，稀先端宽钝……………………………3
    3. 叶细胞多具粗疣……………………………………………5. 疣叶树平藓 *H. papillosum*
    3. 叶细胞平滑………………………………………………………………………………4
      4. 叶先端圆钝……………………………………………4. 西南树平藓 *H. montagneanum*
      4. 叶先端锐尖 …………………………………………1. 粗肋树平藓 *H. crassinervium*

粗肋树平藓 *Homaliodendron crassinervium* Thér.

生境 林中树根；海拔：1491 米。

分布地点 上杭县，步云乡，桂和村永安亭。

标本 贯渝 12497，12517。

本种叶片强烈内凹，最宽处在基部，叶尖具不规则的粗齿，中肋明显粗壮。

小树平藓 *Homaliodendron exiguum* (Bosch & Sande Lac.) M. Fleisch.

生境 林中阴湿石壁，林中树干，树根，枯枝；海拔：606 ~ 1491 米。

分布地点 上杭县，步云乡，桂和村永安亭。新罗区江山镇，福坑村梯子岭。连城县，莒溪镇，太平僚村大罐；陈地村湖堀。

标本 何强 10079，10081，10084；贾渝 12514；于宁宁 Y04519；王钧杰 ZY1146，ZY1154。

本种植物体小形，淡绿色，叶片顶端圆形，平滑无齿，中肋达叶片长度的 2/3 以上。

树平藓 *Homaliodendron flabellatum* (Sm.) M. Fleisch.

生境 岩面，林中树干，树干；海拔：880 ~ 1407 米。

分布地点 连城县，莒溪镇，太平僚村（风水林、大罐坑）。上杭县，步云乡，桂和村贵竹坪。

标本 何强 10224，10249；王钧杰 ZY1269；于宁宁 Y04513。

本种枝叶匙形或椭圆状卵形，尖部具钝的粗齿，枝叶角部细胞分化良好，黄色。

西南树平藓 *Homaliodendron montagneanum* (Müll. Hal.) M. Fleisch.

生境 溪边石上，河边树干，林中树干，溪边流水石上，岩面，林中树根；海拔：638 ~ 1590 米。

分布地点 上杭县，古田镇，吴地村三坑口；步云乡，桂和村（大凹门、永安亭）。连城县，莒溪镇，池家山村；太平僚村（七仙女瀑布、大罐坑）。

标本 韩威 225；何强 10294，10296；贾渝 12286，12292，12297，12338，12518；张若星 RX093。

本种的主要识别特征：植物体大，叶尖宽，中肋超过叶片中部，茎基部叶片阔三角形。

疣叶树平藓 *Homaliodendron papillosum* Broth.

生境 树干或岩石上；海拔：604～1407 米。

分布地点 连城县，莒溪镇，太平僚村大罐坑。上杭县，步云乡，桂和村贵竹坪。

标本 何强 10267，10253；王钧杰 ZY229，ZY1265。

本种最突出的特征是叶细胞具粗疣。

3. 弯叶藓属 *Isodrepanium* (Mitt.) E. Britton

植物体中等至大形，扁平，淡绿色或黄绿色，有时带红色，具光泽。主茎匍匐，偶尔悬垂；假根平滑，红褐色，密集生长于横走茎，次生茎和枝条上；叶片紧贴或伸展，弯曲状椭圆形。次生茎直立，水平状或悬垂生长，不规则分枝，有时末端形成鞭状尾尖；茎横切面具厚壁细胞层，中间细胞大，薄壁，无中轴分化；假鳞毛叶状；茎和枝上叶扁平状着生于上，伸展至斜展，片状或弯曲状椭圆形，短渐尖，叶基部不下延；叶边上部具细齿，中下部近于全缘，叶边一侧下部内卷；中肋极弱，短的双中肋；叶细胞平滑，上部细胞长菱形或长纺锤形，细胞壁中等至厚壁，具壁孔；叶基部细胞线状纺锤形，细胞壁厚，具壁孔；角部细胞部分化或稍分化。无性繁殖体偶尔出现，如，脱落的叶片或生于叶腋的丝状芽条。

雌雄异株。蒴柄长。孢蒴近于直立或倾斜，短的圆柱形，对称；气孔位于孢蒴颈部；蒴盖具斜长喙；环带发育良好；蒴齿双层，外蒴齿狭的三角形，背面下部具密的横条纹，上部具粗糙的疣，具横隔和中缝线，内蒴齿基膜高，齿片具宽的穿孔，龙骨状，齿毛退化，1～2 个，蒴帽兜形，平滑无疣。

全世界有 2 种，分布于亚洲、美洲热带至温带地区。中国有 1 种。

钝头弯叶藓 *Isodrepanium arcuatum* (Besch. & Sande Lac.) J.J.Wang & Y. Jia

生境 岩面；海拔：850 米。

分布地点 连城县，庙前镇，岩背村马家坪。

标本 何强 10044。

本种最突出的特征是叶片弯曲状椭圆形，叶尖圆钝，具细长或丝状的假鳞毛，叶原基球不明显，叶细胞顶端圆钝。

该种原一直被放置于平藓科的扁枝藓属中，1997 年 He 将其转移至灰藓科的鳞叶藓属中。2019 年，Wang 和 Jia 根据形态和分子数据将其转移至平藓科弯叶藓属中。

4. 平藓属 *Neckera* Hedw.

植物体中等大小至大形，黄绿色至褐绿色，具弱绢泽光。支茎倾立或下垂，1回羽状分枝或稀2回羽状分枝；分枝钝端或渐尖，少数种类形成鞭状枝。叶片一般呈8列状扁平着生，阔卵形至卵状长舌形，具横波纹或不规则波纹，少数种类无波纹；中肋单一或短弱分叉。叶细胞卵形至菱形，下部细胞线形或长方形，壁厚而具明显壁孔，角部细胞近方形至卵形。

雌苞多着生支茎；内雌苞叶基部呈鞘状。孢蒴隐生或高出于雌苞叶。齿毛常缺失。蒴帽兜形，具稀疏的纤毛。

全世界有73种，分布于亚洲、欧洲和北美洲热带至温带地区。中国有23种，本地区仅有1种。

曲枝平藓 ***Neckera flexiramea*** Cardot

生境 路边竹林边小树干，路边树干；海拔：870～939米。

分布地点 连城县，莒溪镇，铁山罗地村菩萨湾。上杭县，古田镇，吴地村（大吴地至桂和旧路）。

标本 贾渝12669；王庆华1715。

本种枝条多扭曲，叶片短，叶尖部常波曲。本种叶片的形态与平藓 *N. pennata* 相似，但是后者体形更大，植物体扁平，叶片具强烈的横波纹。

5. 亮蒴藓属 *Shevockia* Enroth et M. C. Ji

植物体粗大，暗黄绿色，或褐绿色，具弱光泽，疏丛集生长。匍匐茎被疏叶和密红棕色假根。主茎长可达10厘米，上部不规则分枝或近羽状分枝；茎横切面圆形，直径约0.5毫米，皮部具3～4层小形黄色厚壁细胞，髓部细胞大形，透明，薄壁，可达10层，无中轴分化。茎基叶阔卵形或卵状短披针形，两侧下延；中肋单一，达叶上部，稀分叉；叶边略内曲。茎叶疏展出，长卵形，长达3毫米，两侧明显不对称，常具不规则弱纵褶，尖部具疏粗齿；叶边两侧或一侧由基部达叶长度2/3内卷；中肋粗壮，消失于叶上部。叶尖部细胞菱形至卵形，长12～40微米，宽约10微米，厚壁，具明显壁孔，中部细胞狭长菱形，厚壁，长可达70微米，基部细胞长椭圆形或长方形，胞壁强烈加厚，具明显壁孔。

雌雄异株。雌苞着生茎上部。蒴柄细长，达3毫米，黄色至棕色，平滑。成熟内雌苞叶基部长卵形，具突收缩披针形尖，长约2.5毫米。孢蒴圆卵形，黄棕色，成熟时具强光泽，长约1.5毫米。蒴齿2层：外齿层齿片披针形，灰黄色，密被尖疣，中缝之字形；内齿层齿条淡黄色，狭披针形，中缝具穿孔，基膜高约50微米，齿毛缺失。蒴盖圆锥形，具斜喙。蒴帽兜形，平滑。孢子直径约 20 微米，具细疣。

全世界有 2 种，中国有 2 种，本地区有 1 种。

卵叶亮蒴藓 *Shevockia anacamptolepis* (Müll. Hal.) Enroth & M. C. Ji

生境 石生；海拔：796 ～ 861 米。

分布地点 连城县，莒溪镇，太平僚村风水林。

标本 王庆华 1831。

本种茎上具披针形假鳞毛，叶片明显两侧不对称，中肋常分叉。本种原属于羽枝藓属，2006 年 Enroth 和 Ji 将其从羽枝藓属中分离出来，建立以新属，亮蒴藓属 *Shevockia*。但在 2010 年 Olsson 等将其转移至台湾藓属 *Taiwanobryum* 中。

（四十一）船叶藓科 Lembophyllaceae Broth.

植物体粗壮或形稍小，硬挺，黄绿色或暗绿色，具暗光泽。植物体多附生于树干上，稀在岩面生长。主茎横展，密被棕红色假根。支茎倾立或直立，上部有时呈弓形弯曲；树形分枝或不规则羽状分枝；无鳞毛或具稀少片状鳞毛。茎横切面多为圆形，有疏松的基本组织和厚壁的周边细胞分化，中轴不明显或无中轴分化。茎叶匙形至倒长卵形，稀近圆形；叶边上部多具细齿或粗齿；中肋短弱，稀单一，达叶中部。叶细胞六角形、菱形至线形，壁厚或薄，角部细胞小而呈圆形或方形。

雌雄异株或假雌雄同株。蒴柄细长。孢蒴卵形至圆柱形，平展，或略呈弓形弯曲。蒴齿两层；外齿层齿片具密横条纹；内齿层基膜高出，齿条与齿毛发育良好。蒴帽兜形，平滑。

全世界有 16 属，多分布于温带及亚热带地区。中国有 5 属，本地区有 2 属。

分属检索表

1. 中肋短弱，分叉，或缺失 ……………………………… 2. 新悬藓属 *Neobarbella*
1. 中肋单一，消失于叶片上部 ……………………………… 1. 猫尾藓属 *Isothecium*

1. 猫尾藓属 *Isothecium* Brid.

植物体外形略粗或中等大小，绿色至淡棕色，略具光泽。支茎上部树形分枝至不规则羽状分枝；分枝多稍弯曲而锐尖。茎叶倾立，卵状披针形至长卵状披针形，强烈内凹，具短尖或长尖；叶边上部具齿；中肋单一，消失于叶片上部。叶细胞菱形至线形，厚壁；角部细胞四边形至六边形至近方形，膨起，有时具两层细胞。

雌雄多异株。内雌苞叶基部呈鞘状，具长尖。孢蒴直立或平列，卵形或长椭圆形。环带分化。蒴齿2层：外齿层黄色，外面具横条纹，齿片披针形。内齿层透明或淡黄色，齿条与外齿层等长，披针形，齿毛通常发育。

全世界有17种，多分布于温带山区。中国有3种，本地区有1种。

异猫尾藓 *Isothecium subdiversiforme* Broth.

生境 林中石上；海拔：1476米。

分布地点 上杭县，步云乡，桂和村大凹门。

标本 贾渝 12351。

本种植物体较大，不规则分枝，叶片长卵形，内凹，渐尖，叶尖扭曲，叶上部具粗齿，中肋可达叶片长度的2/3，且上部常分叉，叶中上部细胞线形，细胞壁厚，角部细胞分化明显，方形，细胞壁厚并具壁孔。

2. 新悬藓属 *Neobarbella* Nog.

植物体形较细，淡黄绿色，略具光泽。茎有分化中轴；支茎不规则密羽状分枝。茎叶椭圆形至长椭圆形，强烈内凹，先端突收缩成细长毛尖；叶边略内卷，上部具细齿；中肋短弱，分叉，或缺失。叶细胞线形，细胞壁薄，平滑；角部细胞近方形，细胞壁强烈加厚。雌雄异株或雌雄同株异苞。内雌苞叶基部呈鞘状，上部呈披针形。孢蒴卵形或椭圆形。蒴齿2层：外齿层透明，具细疣；内齿层透明，齿条线形，齿毛不发育。

全世界仅有1种，分布于亚洲热带和亚热带山区。

新悬藓 *Neobarbella comes* (Griff.) Nog.

生境 林中树干，林中树枝；海拔：640～986米。

分布地点 连城县，莒溪镇，太平僚村百金山；池家村（神坛至天玄桥）。

标本 贾渝 12614；张若星 RX096。

本种植物体较细，不规则的羽状分枝，叶片明显内凹，具长毛尖，叶上部具细齿，中肋很弱，角部细胞近方形，细胞壁强烈加厚。

（四十二）金毛藓科 Myuriaceae M. Fleisch.

本科植物属于树生暖地藓类，植物体多粗壮，分枝密而交织丛集，稀悬垂生长，常具金黄色或铁锈色光泽。主茎横生，匍匐；茎横切面圆形，无分化中轴，有透明基本组织和长形周边细胞。支茎常直立或倾立，单出或有分枝；分枝钝尖；无鳞毛。叶密集覆瓦状排列，基部圆形或卵圆形，不下延，上部突狭或逐渐成长尖；叶边下部平滑，上部常有齿；无中肋。叶细胞狭长菱形，厚壁，平滑，常有壁孔；角细胞分化，圆形，棕黄色。

雌雄异株。雌苞顶生于侧生短枝上，有线形隔丝。雌苞叶分化。蒴柄细长，平滑。孢蒴长卵形，直立，对称，平滑；气孔稀少，显型。环带不分化。蒴齿 2 层：外齿层齿片阔披针形，有细长尖，黄色透明，平滑，中缝有不连续、大小不等的穿孔，内面有稀疏横隔；内齿层仅有不高出的基膜。蒴盖圆锥形，有斜长喙。蒴帽兜形，平滑。孢子不规则球形，有细密疣。

全世界有 4 属，中国有 3 属，本地区有 3 属。

分属检索表

1. 叶片具长毛尖 ……………………………………………………………… 1. 拟金毛藓 *Eumyurium*

1. 叶片无毛尖 ……………………………………………………………………………………… 2

  2. 叶具长渐尖；叶片角细胞多棕色，厚壁；孢蒴内齿层具低基膜 ……………………… …………………………………………………………………………… 2. 金毛藓属 *Oedicladium*

  2. 叶具短尖；叶片角细胞多透明，薄壁；孢蒴内齿层一般退化或缺失 …………… …………………………………………………………………………… 3. 圆孔藓属 *Palisadula*

1. 拟金毛藓属 *Eumyurium* Nog.

植物体稍粗壮，硬挺，黄绿色或茶褐色，略具光泽，疏松丛集或片状生长。主茎匍匐，着生有稀疏假根；支茎倾垂，1 回或 2 回不规则羽状分枝，干燥时枝尖稍内卷。湿润时叶倾立，干燥时疏松贴生，阔卵形，强烈内凹，上部突狭成细长毛尖，常具少数浅纵褶，叶边内卷，近于全缘；双中肋，短弱；叶细胞长线形，具壁孔，叶角部细胞方形，浅黄棕色，胞壁强烈加厚，具明显壁孔。

雌雄异株。雌苞侧生于枝上，雌苞叶披针形。蒴柄细长，棕黄色。孢蒴长卵形。蒴齿 2 层：外齿层淡黄色，齿片披针形，上部具细疣，近基部有横纹；内齿层透明，薄而柔，齿毛不发育。蒴盖圆锥形，具斜长喙。蒴帽兜形。孢子黄色，圆形至椭圆形，具细疣。

全世界仅有 1 种。

拟金毛藓* *Eumyurium sinicum* (Mitt.) Nog.

生境 林中倒木；海拔：1520 米。

分布地点 上杭县，步云乡，桂和村大凹门。

标本 贾渝 12340。

本种植物体粗壮，硬挺，具明显的横走茎，叶片内凹具一长毛尖。

2. 金毛藓属 *Oedicladium* Mitt.

植物体多粗壮，密丛集，柔软，金黄色、黄绿色或红棕色，具光泽。主茎匍匐，被稀疏假根；支茎密生，直立或倾立，一回分枝或稀少短分枝，或为长叉状分枝。叶片干燥时覆瓦状排列，湿润时近于直立，长卵形或长披针形，强烈内凹，多数无纵褶，上部突狭窄或渐成狭长细尖；叶边平展，上部具粗齿或细齿，反曲。叶细胞常厚壁，狭长菱形，平滑，有显明壁孔，近基部细胞较疏松；角细胞多分化，棕色，厚壁，近于方形。

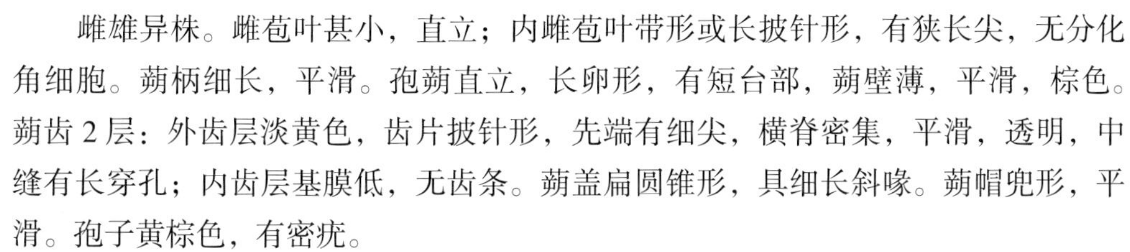

雌雄异株。雌苞叶甚小，直立；内雌苞叶带形或长披针形，有狭长尖，无分化角细胞。蒴柄细长，平滑。孢蒴直立，长卵形，有短台部，蒴壁薄，平滑，棕色。蒴齿 2 层：外齿层淡黄色，齿片披针形，先端有细尖，横脊密集，平滑，透明，中缝有长穿孔；内齿层基膜低，无齿条。蒴盖扁圆锥形，具细长斜喙。蒴帽兜形，平滑。孢子黄棕色，有密疣。

全世界现有 9 种，中国有 4 种，本地区有 2 种。本属为典型的热带分布类型。

分种检索表

1. 角部细胞不分化明显；叶边尖部全缘 …………………………… 1. 脆叶金毛藓 *O. fragile*
1. 角部细胞分化明显；叶边尖部具齿 …………………………… 2. 红色金毛藓 *O. rufescens*

脆叶红毛藓 *Oedicladium fragile* Cardot

生境 路边树干上；海拔：654 ～ 763 米。

分布地点 上杭县，步云乡，云辉村西坑。连城县，莒溪镇，太平僚村。

标本 王钧杰 ZY272；王庆华 1682。

本种叶片呈狭披针形并形成一狭长尖，叶边全缘。

红毛藓* *Oedicladium rufescens* (Reinw. & Hornsch.) Mitt.

生境 树干，岩面；海拔：1421 ～ 1770 米。

分布地点 上杭县，步云乡，桂和村（狗子脑、贵竹坪）。

标本 王钧杰 ZY1281，ZY1313。

本种体形大，茎叶卵形且内凹具一长尖，叶细胞具明显的壁孔以及角部细胞明显分化而区别于其他种。

3. 栅孔藓属 *Palisadula* Toy.

植物体黄绿色至褐色，形成紧密的垫状而附着于基质上，通常具光泽；横茎匍匐生长，茎短而直立，经常在横茎末端水平状伸展，极少分枝；假根具疣，横切面无中轴；假鳞毛叶状，边缘具刺状小齿；横茎上的叶片小于主茎上的叶片。茎叶细胞狭六边形，平滑，壁多少加厚，常具壁孔；角细胞数少，透明，薄壁；叶上部细胞变短，多少厚壁，褐色。芽胞丝状，具疣，常生于枝条上部的叶片上。

雌雄异株。雄苞和雌苞通常生于横茎上，极少生于主茎。蒴柄长 8 ~ 12 毫米，平滑。孢蒴直立，对称。蒴齿两层；外齿层透明，齿片呈网状构造；内齿层退化或缺失。蒴帽兜形。

全世界有 2 种，分布于亚洲东部。中国有 2 种，本地区有 1 种。

栅孔藓 *Palisadula chrysophylla* (Cardot) Toyama

生境 树干，岩面；海拔：762 ~ 1774 米。

分布地点 连城县，莒溪镇，陈地村湖堀。上杭县，步云乡，桂和村狗子脑。

标本 王钧杰 ZY1124，ZY1319。

本种外观为黄色或黄褐色，具光泽，假根具疣，叶片长卵圆状披针形，边缘具弱的齿，无中肋或非常弱，细胞具壁孔，外蒴齿呈网状结构。本种分布于中国亚热带和热带地区，其分布限于长江以南地区。

（四十三）牛舌藓科 Anomodontaceae Kindb.

植物体倾立或匍匐，亮绿色或黄绿色，老时呈褐绿色，疏松丛集或交织生长。主茎横展；支茎直立或倾立，不规则羽状分枝或不规则分枝，尖部有时卷曲，常着生细长鞭状枝；中轴分化或不分化；通常无鳞毛。茎叶与枝叶近于同形，干燥时贴茎或卷曲，基部卵形或椭圆形向上呈舌形或披针形，有少数横波纹；叶边平展或波曲，具细齿或细疣状突起，稀具不规则粗齿；中肋单一，消失于叶片上部或近尖部。叶细胞圆六角形、菱形或卵状菱形，胞壁薄，平滑或具多数细疣或单个疣。叶基中央细胞长大而透明。枝叶与茎叶近似。

雌雄异株。雌苞叶通常基部呈鞘状，上部渐尖或成披针形。蒴柄细长。孢蒴卵形至卵状圆柱形。蒴盖圆锥形。蒴齿内齿层齿条一般发育良好，或退化，或缺失。蒴帽兜形。孢子密被细疣。

全世界有 6 属，主要分布于温带和亚热带地区。中国有 4 属，本地区有 2 属。

分属检索表

1. 植物体相对较小或纤细；叶干燥时多贴茎，舌形或阔卵形 ……………………………… 1. 多枝藓属 *Haplohymenium*
1. 植物体较粗大；叶干燥时多卷曲，阔披针形或卵状披针形 ……………………………… 2. 羊角藓属 *Herpetineuron*

1. 多枝藓属 *Haplohymenium* Dozy et Molk.

植物体纤细，多黄绿色至褐绿色，垂倾，疏松片状生长。茎匍匐生长；无鳞毛；中轴分化或不分化；不规则羽状分枝或不规则分枝。茎叶与枝叶近于同形，卵状舌形或卵状披针形，尖部锐尖或圆钝；叶边具细齿或圆疣状突起，尖部稀具齿；中肋单一，多消失于叶片上部；叶细胞六角形或圆六角形，薄壁，具多数粗疣，叶基中肋两侧细胞较长而透明。

雌雄同株。蒴柄长 1.5 ～ 5 毫米。孢蒴卵形。蒴齿内齿层较短，平滑，仅具低基膜。蒴帽兜形，基部开裂，稀具疏毛。

全世界有 8 种，多分布于温带或亚热带山区。中国有 5 种，本地区有 1 种。

暗绿多枝藓 ***Haplohymenium triste*** (Ces.) Kindb.

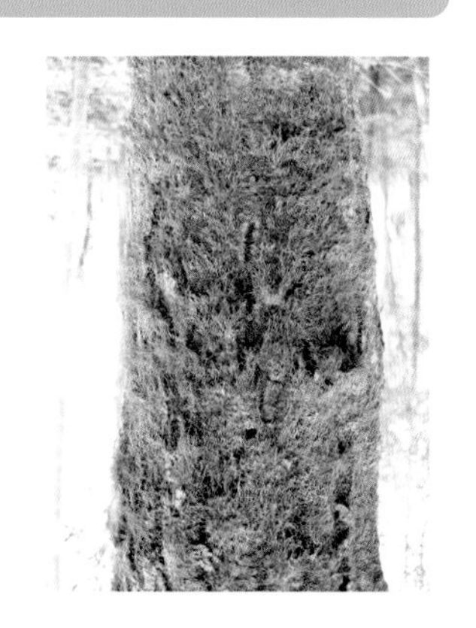

生境　林中树干，路边树干，树桩；海拔：654 ～ 1335 米。

分布地点　上杭县，步云乡，云辉村西坑；桂和村贵竹坪。连城县，庙前镇，岩背村马家坪。

标本　韩威 177；贾渝 12387；王钧杰 ZY1237；王庆华 1681a。

本种叶形类似于牛舌藓属植物，但是体形更小，叶片紧贴于茎和枝上，尖部呈短尖状，而且通常附生于树干上。

2. 羊角藓属 *Herpetineuron* (Müll. Hal.) Cardot

植物体多粗壮，稀中等大小，黄绿色至褐绿色，疏松丛集生长。主茎匍匐，常具匍匐枝；支茎直立至倾立，不规则疏分枝，干燥时枝尖多向腹面卷曲。茎叶卵状披针形或阔披针形，具多数横波纹，上部渐尖；叶边上部具不规则粗齿；中肋粗壮，尖部扭曲，消失于近叶尖部；叶细胞六角形，厚壁，平滑。枝叶与茎叶近似，较小而狭窄。

雌雄异株。孢蒴卵状圆柱形。蒴柄红棕色。蒴齿外齿层齿片披针形，中缝具穿孔，被密疣；内齿层灰白色，齿条短线形，密被疣。蒴帽平滑。

全世界现有2种，亚洲、南美洲、北美洲、大洋洲及非洲等地均有分布。中国有2种，本地区有1种。

羊角藓 ***Herpetineuron toccoae*** (Sull. & Lesq.) Cardot

生境 公路边水泥路边上，岩面，竹林下田边石生，树干，石壁，路边岩面；海拔：572～1269米。

分布地点 连城县，莒溪镇，太平僚村（七仙女瀑布附近、大罐）。上杭县，古田镇，吴地村三坑口；溪背村古田会址附近；步云乡，桂和村贵竹坪。

标本 韩威217，221；王钧杰ZY203，ZY214，ZY218；王庆华1815；于宁宁Y04287，Y04401，Y04403，Y04526；张若星RX043。

本种叶片上部具明显的锯齿，单中肋近尖部常弯曲，极易识别。本种在中国分布广泛（贾渝和何思，2013），但在本地区并不常见。

参考文献

曹同，孙军，2010. 合叶苔科 // 高谦，吴玉环，中国苔藓志（第十卷）[M]. 北京：科学出版社，90–141.

陈邦杰，吴鹏程，1964. 中国叶附苔类植物的研究 [J]. 植物分类学报，9（3）：213–276.

高谦，2010. 扁萼苔科 // 高谦，吴玉环，中国苔藓志（第十卷）[M]. 北京：科学出版社，373–429.

贾渝，吴鹏程，汪楣芝，1997. 中国和北美苔藓植物区系关系的探讨 [J]. 隐花植物生物学，3–4:1–8.

贾渝，何思，2013. 中国生物物种名录（第一卷植物苔藓植物）[M]. 北京：科学出版社，1–525.

罗健馨，1993. 中国蔓藓科的地理分布简介 [J]. 隐花植物生物学，1: 67–74.

齐金根，陈伟烈，王金亭，阎建平，1991. “华西野生植物实验保护中心”及其临近地区的植物区系与植被特征分析 [J]. 植物学集刊：87–105.

覃海宁，等，2017. 中国高等植物受威胁物种名录 [J]. 生物多样性，25（7）：696–744.

吴鹏程，李登科，高彩华，1987. 武夷山苔藓植物区系及其与邻近地区的关系 [J]. 植物分类学报，25（5）: 340–349.

吴鹏程，贾渝，2006. 中国苔藓植物的地理分区及分布类型 [J]. 植物资源与环境学报，15（1）:1–8.

吴征镒，1991. 中国种子植物属的分布类区类型 [J]. 云南植物研究（增刊 IV），1–139.

中国科学院《中国自然地理》编辑委员会，1985. 中国自然地理・植物地理（上册）[M]. 北京：科学出版社 .

周兰平，张力，邢福武，2012. 中国鞭苔属植物的分类学研究 [J]. 仙湖，11（2）：1–62.

Akiyama H, 2019. Phylogenetic re-examination of the “Gammiella ceylonensis” complex reveals three new genera in the Pylaisiadelphaceae（Bryophyta）[J].Bryoph. Diversity & Evol, 41（2）: 35–64.

Buck W R 1994. A new attempt at understanding the Meteoriaceae[J]. Journal of Hattori Botanical Laboratory, 75: 51–72.

Enroth J, M–C Ji, 2006. *Shevockia*（Neckeraceae）, a new moss genus with two species from southeast Asia[J]. Journal of Hattori Botanical Laboratory, 100: 69–76.

Frahm J P, 1984. A review of *Campylopodiella* Card[J]. Bryologist, 87: 249–250.

Frahm J P, 2000. New combinations in the genera *Atractylocarpus* and *Metzleria*[J]. Trop. Bryol,18: 115 – 117.

Frey W, Stech M, 2009. Bryophytes and seedless vascular plants. 3: I – IX Syl. Pl. Fam. ed. 13. Gebr. Borntraeger Verlagsbuchhandlung, Berlin, Stuttgart, Germany.

Furuki T, 1991. A taxonomical revision of the Aneuraceae（Hepaticae）of Japan[J]. Journal of Hattori Botanical Laboratory, 70: 293–397.

Hattori S, 1970. Studies of the Asiatic species of the genus *Porella*（Hepaticae）. III. Journal of Hattori Botanical Laboratory, 33: 41–87.

He S, 1997. A revision of Homalia（Musci: Neckeraceae）. Journal of Hattori Botanical Laboratory 81: 1–52.

He S, 2019. Disentangling the taxonomy and morphology of Ectropothecium（Bryophyta: Hypnaceae s.l.）with comments on its generic relationships, and Neoptychophyllum, a new name for the genus *Ptychophyllum*[J]. Bryoph. Diversity & Evol., 41（1）: 17–34.

Iwatsuki Z, 1987. Notes on Isopterygium Mitt.（Plagiotheciaceae）[J]. Journal of Hattori Botanical Laboratory, 63: 445–451.

Jia Y, Wu P C, Wang M Z, 2002. Studies on the Bryophytes of Sichuan, southwest China. II[J]. The Bryoflora of Dujiangyan county. Chenia 7: 161–167.

Naren Gao–Wa & Jia Yu, 2020. Taxonomic study on Meteoriaceae I. Reappraisal of some species of *Barbella* and *Pseudotrachypus*[J]. Journal of Bryology, 42（4）: 333–342.

Noguchi A, 1976. A taxonomic revision of the family meteoriaceae of Aisa[J]. Journal of Hattori Botanical Laboratory, 41: 231–357.

Olsson S, Buchbender V, Enroth J, et al, 2010. Phylogenetic relationships in the 'Pinnatella' clade of the moss family Neckeraceae（Bryophyta）[J]. Organisms Diversity Evol, 10（2）: 107–122.

Schuster R M, 1992. The Hepaticae and Anthocerotae of North America V[J]. Chicago: Field Museum of Natural History, 1–854.

Singh D, Dey M, Singh D K, 2010. A synopsis flora of liverworts and hornworts of manipur[J]. NELUMBO, 52: 9–52.

Tan B C, Buck W R, 1989. A synoptic review of Philippine Sematophyllaceae with emphasis on Clastobryoideae and Heterophylloideae（Musci）[J]. Journal of Hattori Botanical Laboratory, 66: 307–320.

Wang J J, Y Jia, 2019. Reappraisal of Taxiphyllum arcuatum（Bosch & Sande Lac.）S.He based on molecular and morphological data[J]. Bryologist 122（4）: 559–567.

Wu P C, 1992. The East Asiatic genera and endemic of the bryophytes in China[J]. Bryobrothera 1: 99–117.

Yamaguchi T, 1993. A revision of the genus *Leucobryum*（Musci）in Asia[J]. Journal of Hattori Botanical Laboratory, 73: 1–123.